Siegfried Hess
Opa, was macht ein Physiker?

Weitere Titel, die Sie interessieren könnten:

Full, Roland
Vom Urknall zum Gummibärchen
2014
ISBN: 978-3-527-33601-2

Zankl, Heinrich / Betz, Katja
Trotzdem genial
Darwin, Nietzsche, Hawking und Co.
2014
ISBN: 978-3-527-33410-0

Groß, Michael
Invasion der Waschbären
und andere Expeditionen in die wilde Natur
2014
ISBN: 978-3-527-33668-5

Hermans, Jo
Im Dunkeln hört man besser?
Alltag in 78 Fragen und Antworten
2014
ISBN: 978-3-527-33701-9

Lindenzweig, Wilfried H.
Wissen macht schlau
Große Themen leicht erzählt
2014
ISBN: 978-3-527-33750-7

Oreskes, Naomi / Conway, Erik M.
Die Machiavellis der Wissenschaft
Das Netzwerk des Leugnens
2014
ISBN: 978-3-527-41211-2

Iván Egry
Physik des Golfspiels
Mit Newton zum Tee
2014
ISBN: 978-3-527-41254-9

Krause, Michael
**Wo Menschen und Teilchen
aufeinanderstoßen**
Begegnungen am CERN
2013
ISBN: 978-3-527-33398-1

Naeser, Thorsten
Ultraschneller Tauchgang in die Atome
Attosekunden-Blitze erkunden den
Quantenkosmos
2013
ISBN: 978-3-527-41125-2

Hüfner, Jörg / Löhken, Rudolf
Physik ohne Ende
Eine geführte Tour von Kopernikus bis
Hawking
2012
ISBN: 978-3-527-41017-0

Siegfried Hess

Opa, was macht ein Physiker?

Physik für Jung und Alt

Verlag GmbH & Co. KGaA

Autor
Siegfried Hess
Technische Universität Berlin, EW 7-1
Institut für Theoretische Physik
Hardenbergstr. 36
10623 Berlin
Deutschland

Titelbild
© byheaven – Fotolia.com

Alle Bücher von Wiley-VCH werden sorgfältig erarbeitet. Dennoch übernehmen Autoren, Herausgeber und Verlag in keinem Fall, einschließlich des vorliegenden Werkes, für die Richtigkeit von Angaben, Hinweisen und Ratschlägen sowie für eventuelle Druckfehler irgendeine Haftung.

Bibliografische Information der Deutschen Nationalbibliothek
Die Deutsche Nationalbibliothek verzeichnet diese Publikation in der Deutschen Nationalbibliografie; detaillierte bibliografische Daten sind im Internet über http://dnb.d-nb.de abrufbar.

© 2014 WILEY-VCH Verlag GmbH & Co. KGaA, Boschstr. 12, 69469 Weinheim, Germany

Print ISBN 978-3-527-41263-1
ePDF ISBN 978-3-527-67940-9
ePub ISBN 978-3-527-67938-6
Mobi ISBN 978-3-527-67939-3

Umschlaggestaltung Simone Benjamin
Satz le-tex publishing services GmbH, Leipzig, Deutschland
Druck und Bindung CPI Ebner & Spiegel, Ulm, Deutschland

Gedruckt auf säurefreiem Papier.

Über den Autor

Siegfried Hess studierte Mathematik und Physik an der Universität Erlangen-Nürnberg, schloss das Studium mit dem Diplom in Physik 1964 ab, danach war er ein Jahr in den USA, die Promotion erfolgte 1967 in Erlangen, anschließend war er als Post doc In Leiden, Holland, um sich 1970 in Erlangen für Physik zu habilitieren. Er war Professor für Theoretische Physik in Erlangen und von 1984 bis 2007 Inhaber des Lehrstuhls für Statistische Physik und Transporttheorie am Institut für Theoretische Physik der Technischen Universität Berlin. Siegfried Hess war zu Forschungsaufenthalten und als Gastprofessor an Forschungsinstituten und Universitäten in den USA, Kanada, Holland, Frankreich und Australien.

Im Kurs Theoretischer Physik hielt er in Erlangen und Berlin die Vorlesungen »Mechanik«, »Quanten-Mechanik«, »Elektrodynamik und Optik«, »Thermodynamik und Statistische Physik«. Daneben bot er forschungsorientierte Vorlesungen an, die engen Bezug zu aktuellen theoretischen und experimentellen Untersuchungen der Physik der Kondensierten Materie hatten. Über seine Forschungen zur Erklärung der Materialeigenschaften von Gasen, Flüssigkeiten, Flüssigkristallen und Festkörpern aus den Eigenschaften der Atome und Moleküle und ihrer Wechselwirkung untereinander sind mehr als 250 Publikationen erschienen.

Diese Forschungsarbeiten, Rechnungen mit Bleistift und Papier, numerische Berechnungen und Computer-Simulationen, sowie Experimente zur Licht- und Neutronen-Streuung, zu Optik und Nicht-

Gleichgewichts-Phänomenen sind meistens gemeinsam mit Diplomanden, Doktoranden, wissenschaftlichen Mitarbeitern und Kollegen durchgeführt worden. Auf den daraus resultierenden Veröffentlichungen stehen die Namen von mehr als 100 Koautoren aus 20 Ländern.

Siegfried Hess hat sowohl als Projektleiter, als auch als Gutachter bei nationalen und internationalen Forschungs-Kooperationen mitgewirkt. Daran waren neben Physikern auch Chemiker, Mathematiker und Ingenieure beteiligt. Er erlebte, wie wichtig es ist, bei der Behandlung wissenschaftlicher Probleme eine über die Fachgrenzen hinweg reichende, gemeinsame Sprache zu finden. Mit seinen Kindern und Enkelkindern sprach und spricht er gerne über Physik.

Seine Geschichten zur Mechanik und Quanten-Mechanik sind hier zu finden.

Von Opa gewidmet den Enkelkindern
Rita, Lea, Jonas, Francis und Killian

Inhaltsverzeichnis

Vorwort

»Opa, was macht ein Physiker?«

»Opa, was erzählst du eigentlich den Studenten in deinen Vorlesungen?«

Diese Fragen stellten Enkelkinder mir, einem Physik-Professor an der Technischen Universität Berlin. Mit Vorlesungen ist der viersemestrige Kurs in Theoretischer Physik gemeint: Mechanik, Quanten-Mechanik, Elektrodynamik, Thermodynamik und Statistische Physik.

»Opa, erzähl uns die Physik!«

Ich begann zu erzählen, Geschichten und Fakten. Bald kam die Frage:

»Opa, kannst du das nicht aufschreiben, eine Physik für Kinder?«

»Ja«, war meine Antwort. Wir wollen hier beginnen mit der Mechanik, dabei am Anfang auch einiges behandeln, was in der Mechanik-Vorlesung schon als bekannt vorausgesetzt wird. Wir wollen etwas lernen über die Quanten-Mechanik, über die Kinder sich vielleicht weniger wundern als viele Erwachsene. Natürlich musste Opa über manches, was in den Vorlesungen an der Tafel erläutert und vorgerechnet wird, neu nachdenken. Ergebnisse von Experimenten und Theorien sollen vermittelt werden, Zusammenhänge sollen aufgezeigt und Verständnis geweckt werden.

Es ist die Absicht, die »richtige« Physik so mitzuteilen, wie sie Kindern erzählt werden kann. Teile des Textes wurden mit 10- bis 15-jährigen Enkelkindern getestet. Gelegentlich kam beim Vorlesen die Bemerkung: »Opa, hier musst du aber noch üben«. Dies war hilfreich. Ein Buch kann neugierig machen und auch mehrmals »befragt« werden.

Im geschriebenen Text soll ein Gefühl für Zahlen und physikalische Einheiten vermittelt werden, also nicht nur Geschichten, sondern dazwischen auch Fakten und Zahlen. Auch der Inhalt von Gleichungen kann in Worten verständlich gemacht werden. Aus Erfahrungen weiß ich, bei Kindern braucht man keine Scheu zu haben vor Fremdwörtern und Fachausdrücken. In Spielen, in Fantasie-Geschichten und Filmen kommen noch exotischere Ausdrücke vor, die bereitwillig akzeptiert und auch gelernt werden. Im Alter von 13 oder 14 Jahren habe ich das Buch *Evolution der Physik* von Albert Einstein und Leopold Infeld in die Hand bekommen und habe versucht darin zu lesen. Es war nicht für Kinder geschrieben, aber ohne jenes Buch wäre ich wahrscheinlich nicht Physiker geworden. Dieses Buch ist für Kinder gedacht, aber nicht kindlich gemacht. Nicht alles kann beim ersten Hören und Lesen verstanden werden, also: Nach-Lesen und Nach-Denken.

Beim Schreiben habe ich oft überlegt, was könnte in einem Hör-Buch erzählt werden. Ein Lese-Buch braucht Abbildungen. Es sind dies grafische Darstellungen und die von Enkelkindern und mir gefertigten Zeichnungen und Skizzen sowie Bilder von Physikern. Die Zeichnungen von Rita sind über mehrere Jahre hinweg entstanden, im Alter von 12 bis 15 Jahren. Technische und künstlerische Fähigkeiten haben sich dabei weiter entwickelt.

Ich habe die Hoffnung, dass die von Opa erzählte Kinderphysik auch für Studierende der Physik interessant ist, die ihrer Oma oder ihren nicht-physikalischen Kolleginnen und Kollegen erklären wollen, was sie eigentlich lernen. Selbst bei Prüfungen an der Universität ist es gut und nützlich, wenn man das Wesentliche der Physik in einfachen Worten ausdrücken kann.

Beim ersten Durchlesen können die Kapitel mit dem Stern (*) übersprungen werden. Gleiches gilt für die Formeln. In einer frühen Version des Manuskriptes waren Gleichungen nur in Worten formuliert. Von kritischen Lesern bekam ich Anmerkungen, die von »endlich ein Physik-Buch ohne Formeln« bis zu »Formeln müssen sein, denn daran kann man sich gar nicht früh genug gewöhnen« reichen. Formeln sind behutsam eingefügt, und zwar so, dass das Buch auch ohne Formeln gelesen werden kann. Dem wohlinformierten Leser, der von vorne bis hinten liest, werden viele Wiederholungen auffallen. Wiederholungen sind durchaus beabsichtigt. Wiederholungen erleichtern es auch, in einzelne Kapitel des Buches hineinzuspringen.

Nicht alles muss gleich verstanden werden. Und es gibt Dinge, die wohl kaum zu verstehen sind, die man aber doch wissen sollte. Am Ende des Buches steht noch ein Kapitel über das Verstehen, was ist das eigentlich? Eine Liste von Teekesseln, Worten mit zwei oder mehreren Bedeutungen und eine Liste mit den Lebensdaten von den im Text genannten Physikern, Mathematikern, Astronomen, Chemikern und Ingenieuren, sind angefügt.

Berlin, Mai 2014   *Siegfried Hess*

1
Physik – was ist das?

»Was ist Physik?« Auf diese Frage antwortete vor über 100 Jahren der Physiker Ludwig Boltzmann: »Physik ist die Mutter der Naturwissenschaften, welche den mathematischen Disziplinen die Nahrung, den speziellen Wissenschaften die Gesetze gibt.«

Klingt merkwürdig. Nun, Boltzmann meint, mit Physik kann man rechnen, und die Physik bestimmt, was wir in der Natur beobachten, bei Spiel und Sport machen können und was in der Technik möglich ist. Wenn ein Löffel vom Tisch nach unten zum Boden fällt, wenn ein gasgefüllter Ballon hochsteigt, eine Bananenflanke beim Fußballspiel ins Tor geht, wenn Wasser zu Eis gefriert, wenn wir einen Regenbogen sehen, wenn mit einem Schalter Licht ein- und auch wieder ausgeschaltet wird, wenn Elektromotoren in der Lokomotive einen Zug antreiben, wenn ein Flugzeug fliegt, wenn Klavier, Geige, Gitarre, Flöte oder Trompete schöne Töne erzeugen, ist all dies geregelt und bestimmt durch die Gesetze der Physik. Auch Menschen machen Regeln, erlassen Vorschriften und Gesetze. Bei Rot sollst du nicht über die Straße gehen. Und trotzdem hast du schon Leute gesehen, die dies tun. Du und deine Mitspieler kennen die Regeln eines Spiels. Und trotzdem gibt es manchmal Spieler, die mogeln. Die Gesetze der Physik sind anders. Sie gelten und niemand kann sie durch Mogeln umgehen. Die Gesetze der Physik sind auch nicht, wie die Regeln eines Spiels, von Menschen gemacht. Die Gesetze der Physik sind eben einfach »da«, manche sagen, sie sind »von Gott gegeben«. Aber die Menschen, die Forscher, die man Physiker nennt, haben über lange Zeit durch Nachdenken, Beobachten und Experimentieren und wieder Nachdenken die Gesetze der Physik entdeckt, erforscht und aufgeschrieben. Das Aufschreiben geschieht nicht nur mit Worten, sondern auch mit mathematischen Gleichungen. Wenn man diese Gleichungen kennt und gut rechnen kann, mit Bleistift und Papier und mit einem Computer, kann man Vorgänge in der Natur bei Spiel

Opa, was macht ein Physiker? Erste Auflage. Siegfried Hess.
© 2014 WILEY-VCH Verlag GmbH & Co. KGaA. Published 2014 by WILEY-VCH Verlag GmbH & Co. KGaA.

und Technik vorhersagen. Aber Vorsicht, nicht alles können wir berechnen. Die Gesetze der Physik gelten auch für das Wetter. Trotzdem kann noch niemand das Wetter in einem Monat oder gar in einem Jahr vorhersagen.

Physiker wollen auch, wie der Dichter Johann Wolfgang von Goethe sagte,»erkennen, was die Welt im Innersten zusammenhält«. Du weißt, wenn du aus Lego-Steinen ein Haus oder ein Auto baust, dann ist das Haus oder das Auto aus Lego-Steinen aufgebaut. Und du siehst die Bausteine. Nun stell dir vor, du schaust vom Balkon eines Hochhauses nach unten und siehst ein Kind mit einem Lego-Auto, die Bausteine kannst du aber nicht mehr sehen. Trotzdem sind sie natürlich noch da, sonst gäbe es das Lego-Auto ja nicht. Ähnlich ist es mit der Luft, dem Wasser, den Steinen und allen Dingen, die uns umgeben. Sie bestehen aus»Bausteinen« oder Teilchen, die man»Atome« und»Moleküle« nennt. Diese Teilchen sind eben so klein, dass wir sie mit unseren Augen nicht sehen können, auch wenn wir ganz nahe sind. Auch wir bestehen aus Atomen und Molekülen. Es gibt verschiedene Atome, so wie du verschiedene Lego-Bausteine hast. Moleküle bestehen aus zwei oder mehreren Atomen, die in enger Verbindung sich gegenseitig festhalten. Atome sind nicht unteilbar, wie man lange geglaubt hat. Sie bestehen aus viel, viel kleineren Teilchen, dem Atomkern und den Elektronen. Der Atomkern besteht aus Teilchen, die man Protonen und Neutronen nennt. Und auch diese sind aus noch kleineren Teilchen zusammengesetzt. Ein Physiker, der dies nicht glauben wollte, sagte wohl»so ein Quark«. Und so nennt man diese kleinsten Teilchen»Quarks«. Woher weiß man all dies? Physiker haben nachgedacht und geraten, haben Experimente ersonnen und Geräte gebaut, mit denen man Teilchen aufspürt, verfolgt und einfängt, die man mit den Augen nicht sehen kann.

Wenn die Sonne scheint, ist es hell. Das Licht kommt von der Sonne zu uns. Wenn wir im Sonnenschein stehen, wird uns warm. Die Sonne sendet auch Strahlung zu uns, die wir nicht sehen, aber als Wärme spüren. Solche Wärmestrahlung empfinden wir auch in der Nähe einer Heizung oder eines heißen Ofens. Unsichtbare Strahlung geht auch von Radio- und Fernsehsendern aus und bringt das, was wir an Radio- und Fernsehgeräten hören und sehen können. Die Gesetze der Physik gelten auch für die Entstehung und Ausbreitung der sichtbaren und unsichtbaren Strahlung. Man muss sie kennen, um die Farben des Regenbogens zu verstehen, um Mikroskope und Fernrohre, Radio- und Fernsehempfänger bauen zu können. Die Gesetze der Physik regeln, wie Teilchen sich miteinander verhalten und wie sie auf Strahlung reagieren.

Es ist eine spannende Geschichte wie über viele, viele Jahre, in der Zeit deiner Eltern, Großeltern und davor, die Gesetze der Physik gefunden und angewendet wurden. Noch immer gibt es ungeklärte Probleme, die vielleicht du oder erst deine Kinder werden lösen können.

2
Mechanik

Himmlische, irdische und höllische Mechanik Die Physik beginnen wir mit der Mechanik. Man teilt sie ein in *himmlische, irdische* und *höllische Mechanik* (Abb. 2.1). Die himmlische Mechanik erklärt die Bewegung der Erde um die Sonne sowie des Mondes um die Erde. Die irdische Mechanik beschäftigt sich mit der Mechanik auf der Erde, mit Hebeln und mit Stangen, mit Rädern und Maschinen, mit dem Schwimmen und dem Fliegen und mit der Reibung, die Bewegungen, wie wir sie beobachten, bremst und schließlich zur Ruhe bringt. Doch was ist die höllische Mechanik? Nein, die Physik-Prüfungen in der Schule sind nicht gemeint, sondern der Flug und die Wirkung von Kanonenkugeln und anderen Geschossen.

2.1 Hebel

Ihr habt die großen Steine gesehen, die Menschen vor Tausenden von Jahren aufgestellt haben. Diese Steine, die man Menhire nennt, mussten bewegt und transportiert werden. Und Obelix konnte ja nicht überall helfen. Wie haben die Menschen damals, ohne Bagger und Kräne, schwere Steine angehoben und bewegt? Sie verwendeten *Hebel*.

> Mit einem Hebel kannst Du einen Gegenstand anheben, der viel schwerer ist als du.

Schaukeln auf einer Wippe Denk dir, du baust mit Freunden eine Schaukel, oder vielmehr eine Wippe: Einen Balken legt ihr auf einen am Boden liegenden Baumstamm, sodass der Baumstamm in der Mitte ist. Auf jedes Ende des Balkens setzt sich ein Kind, und lus-

Opa, was macht ein Physiker? Erste Auflage. Siegfried Hess.
© 2014 WILEY-VCH Verlag GmbH & Co. KGaA. Published 2014 by WILEY-VCH Verlag GmbH & Co. KGaA.

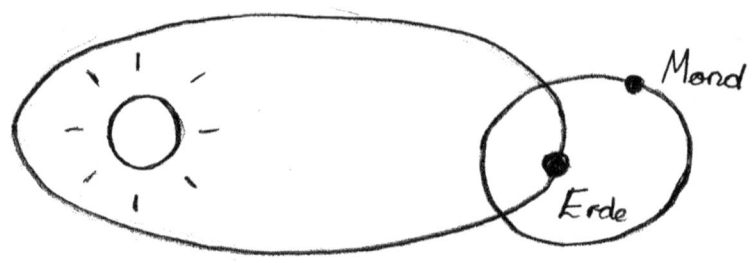

himmlische Mechanik

irdische Mechanik

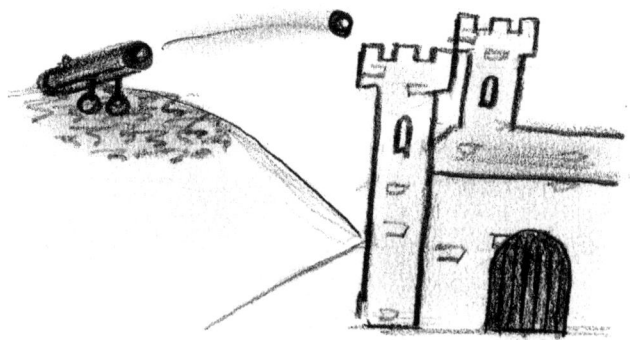

höllische Mechanik

Abb. 2.1 Himmlische, irdische und höllische Mechanik.

tig wird gewippt (Abb. 2.2). Was macht ihr, wenn ihr zu dritt seid und alle gleichzeitig schaukeln wollen? Auf einer Seite zwei Kinder! Das eine Kind ist in der Luft, die beiden anderen sitzen am Boden. Was ist zu tun? Steigt ab und verschiebt den Balken so, dass er auf der

Abb. 2.2 Zwei Kinder auf der Wippe.

eine Seite des Baumstamms doppelt so lang ist wie auf der anderen. Das eine Kind setzt sich auf den längeren Teil des Balkens, die beiden anderen auf den kürzeren. Die Wippe funktioniert wieder. Und nun wisst ihr auch, was ihr machen könnt, wenn Opa kommt und mitspielen möchte. Ihr verschiebt den Balken so, dass er auf der einen Seite vier mal länger ist als auf der anderen (Abb. 2.3). »Opa, setz dich auf den kurzen Teil des Balkens! Wir können dich hochheben!« Und siehe da, jedes der Kinder kann alleine Opa anheben, obwohl er ja viel schwerer ist als die Kinder.

Abb. 2.3 Ein Kind hebt Opa hoch.

Das Hebelgesetz, die alten Ägypter und Archimedes   Der Balken ist euer Hebel. Ihr könnt euch nun auch vorstellen, wie Menschen mit einem Hebel einen schweren Stein auf einer Seite so hoch anheben, dass sie einen runden, glatten Baumstamm unter den Stein schieben können. Das Gleiche auf der anderen Seite des Steins, noch einen runden Baumstamm in der Mitte unter den Stein, und schon kann der Stein gerollt und weiter bewegt werden. Den Hebel haben vor über viertausend Jahren die Ägypter benutzt, um die großen Steine zum Bau der Pyramiden zu bewegen und anzuheben. Wie ein Hebel funktioniert, hat vor über zweitausend Jahren der griechische Forscher Archimedes, er lebte in der Stadt Syracus in Sizilien, genauer ausprobiert und aufgeschrieben. Dieses Gesetz der Physik, genannt Hebelgesetz, hast du ja schon verstanden. Es muss nur noch besser mit Worten so gesagt werden, dass man es auch durch Messen nachprüfen kann. Die beiden Seiten des Balkens, links und rechts der Auflage, nennt man *Hebelarme*. Die Länge der beiden Hebelarme kann man mit einem Maßstab messen, zum Beispiel in Meter und Zentimeter. Die Kinder, die sich auf die Enden des Balkens setzen, kann man wiegen, das Gewicht in Kilogramm bestimmen. Sitzen zwei gleich schwere Kinder auf dem Balken, so können sie auf beiden Seiten über dem Boden schweben, wenn beide Hebelarme gleich lang sind. Wie bei einer Waage. Ist ein Kind doppelt so schwer wie das andere, so muss ein Hebelarm doppelt so lang sein wie der andere. Das leichtere Kind setzt sich auf den längeren Hebelarm. Wieder wird der Balken waagerecht, eben wie bei einer Balkenwaage. Man sagt, beide Seiten sind im *Gleichgewicht*. Gibst du einem der Kinder ein zusätzliches Gewicht in die Hand, zum Beispiel eine Trinkflasche, so wird auf dieser Seite der Balken nach unten gehen. Die Balkenwaage funktioniert natürlich auch mit Gewichten, nicht nur mit Kindern.

> Das Hebelgesetz besagt: Ist ein Gewicht zwei-, drei-, viermal ... größer als das andere, so muss ein Hebelarm zwei-, drei-, viermal ... größer sein als der andere, damit Gleichgewicht herrscht, damit der Balken waagerecht ist.

Könnte Archimedes die Erde mit einem Hebel hochheben? Ihr wisst inzwischen, das größere Gewicht gehört auf den kürzeren Hebelarm. Und wenn man einen ganz, ganz langen und festen Hebel hat, kann man ein ganz großes Gewicht anheben. Deshalb sagte Archimedes: »Gebt mir einen festen Punkt, am besten eine zweite Erde, und einen langen Hebel, dann hebe ich die Erde hoch.« Das geht natürlich nicht. Aber das Hebelgesetz gilt. Man kann es auch so sagen:

> Im Gleichgewicht, bei waagerechtem Balken, muss Gewicht mal Hebelarm auf der einen Seite gleich Gewicht mal Hebelarm auf der anderen Seite sein.

Damit kann man rechnen. Probiert aus, wie lang der zweite Hebelarm sein muss, wenn ihr die beiden Gewichte kennt – zum Beispiel 10 und 25 kg – und ein Hebelarm z. B. 1 m lang ist. Beachtet, es gibt zwei Lösungen, je nachdem, ob der Hebelarm mit einem Meter der kürzere oder der längere sein soll.

Woher wissen wir, wie Archimedes aussah? Das wissen wir nicht. Ein Künstler hat sich ein Denkmal für Archimedes ausgedacht und angefertigt, es steht im Garten einer Sternwarte in Berlin. Rita hat Archimedes dorthin gesetzt, wo er vor über zweitausend Jahren in den Sand gezeichnet haben soll (Abb. 2.4).

2.2 Auftrieb

Welcher feste Körper schwimmt im Wasser? Archimedes hat noch ein anderes Gesetz der Physik erforscht und aufgeschrieben. Dies gilt für den *Auftrieb* im Wasser. Wenn du zum Schwimmen gehst und an einer Stelle im Wasser stehst, wo du gerade noch den Boden berührst, denkst du beim Hüpfen, du seiest viel leichter geworden. Das Wasser scheint dich nach oben zu treiben, dies ist der Auftrieb. Als du ins Wasser gegangen bist, ist der Wasserspiegel ein wenig angestiegen, weil du eben Platz brauchst und das Wasser verdrängst. Im Schwimmbad kannst du dies wohl nicht feststellen, in der Badewanne kannst du aber sehr wohl beobachten, dass du Wasser verdrängst. Das Wasser, das du verdrängt hast, hat auch ein Gewicht. Je nachdem, wie groß du bist oder wie tief du ins Wasser steigst, können dies zehn,

Abb. 2.4 Archimedes zeichnet in den Sand vor Syrakus. Rita hat Archimedes nicht gesehen, aber sie hatte ein von Gerhard Thieme gefertigtes Denkmal als Vorbild. Dort sitzt Archimedes auf einem Stein im Garten der Archenhold Sternwarte in Berlin-Treptow.

zwanzig oder mehr Liter und damit zehn, zwanzig oder mehr Kilogramm sein, denn ein Liter Wasser wiegt ein Kilogramm. Und um das Gewicht des verdrängten Wassers wird dein Gewicht im Wasser kleiner. Archimedes hat dies so gesagt: »Das Gewicht eines Körpers, der ins Wasser eintaucht, wird kleiner um das Gewicht des Wassers, das er verdrängt hat.« Mit »Körper« ist hier jeder feste Gegenstand gemeint. Du kennst Gegenstände, die schwimmen, wie Holz, und andere, die im Wasser untergehen, wie Steine oder Eisen. Man sagt, »ein Gegenstand, der schwimmt, ist leichter als Wasser.« Dies ist so eigentlich nicht richtig, es sollte heißen: »Ein Gegenstand, der schwimmt, ist leichter als das Wasser, welches er verdrängt.« Holz taucht eben nur so tief ins Wasser ein, bis das Gewicht des verdrängten Wassers so groß ist wie das Gewicht des Holzes. Um genauer festzulegen, ob ein Gegenstand schwerer oder leichter als Wasser ist, muss man ein bestimmtes Volumen des Materials, aus dem der Gegenstand besteht, mit dem gleichen Volumen des Wassers vergleichen. Als Volumen kannst du dir leicht einen Würfel mit der Kantenlänge von einem Zentimeter vorstellen. Ein solcher Würfel aus Wasser wiegt ein Gramm, aus Eis ist er ein bisschen leichter. Anstatt ein Gramm schreiben wir 1 g. Ein Würfel aus Tannenholz wiegt 0,8 g, aus Aluminium 3 g, aus Eisen 8 g, aus Kupfer 9 g, aus Silber 10 g, aus Gold 19 g. Das Gewicht eines Körpers dividiert durch sein Volumen ist die *Dichte*. Der Zahlenwert, angegeben in Gramm pro Kubikzentimeter, ist gleich dem Gewicht eines solchen Würfels, dividiert durch das Gewicht von einem Kubikzentimeter Wasser. Dies ist die *relative Dichte*. Die relative Dichte von Wasser ist 1, die von Tannenholz ist 0,8, von Aluminium, Eisen, Kupfer, Silber und Gold sind es 3, 8, 9, 10, 19. Wir können nun genauer sagen:

> Ein fester Körper schwimmt im Wasser, wenn seine relative Dichte kleiner als 1 ist.

Ist des Königs Krone aus reinem Gold? Archimedes hat sein Gesetz vom Auftrieb benutzt, um seinem König die Antwort auf die Frage »Ist meine Krone aus reinem Gold?« geben zu können. Wie geht das? Er wog die Krone in Luft, und dann noch einmal voll im Wasser eingetaucht, wo das Gewicht ja um den Auftrieb verringert ist. Aus der Differenz, dem Unterschied der beiden Gewichte, weiß man das Gewicht des verdrängten Wassers. Teilt man nun das Gewicht in Luft durch die Differenz der Gewichte, so ergibt sich die *relative Dichte* des Materials der Krone. Und Archimedes fand, sie war kleiner als die von Gold. Bei der Herstellung der Krone war wohl dem Gold das weniger wertvolle Silber, oder vielleicht auch Kupfer, beigemischt worden. Auch heute wird ein goldener Ring oder ein goldenes Armband nicht aus reinem Gold gefertigt, reines Gold wäre für Schmuck zu weich. Besorgt euch eine kleine Federwaage zum Wiegen des Gegenstandes in Luft und im Wasser. Dann könnt ihr nach dem Prinzip von Archimedes auch feststellen, ob eine Kette oder ein Armband eurer Mutter aus reinem Gold ist. Aber Vorsicht! Bitte versucht dies nicht bei einer goldenen Uhr!

Woher kommt der Auftrieb? Lea hat eine gute Frage gestellt: »Woher kommt denn eigentlich der Auftrieb?« Du weißt, was auch Taucher wissen und spüren: Im Wasser wird der Druck immer größer, je tiefer ein Taucher taucht. Das Gewicht des Wassers oberhalb des Tauchers drückt auf das Wasser darunter. In 10 m Tiefe ergibt das Gewicht des Wassers einen zusätzlichen Druck, der so groß ist wie der Luftdruck an der Wasseroberfläche. In 10 m Tiefe ist damit der Druck zweimal so groß, in 20 m Tiefe dann eben dreimal so groß wie an der Wasseroberfläche. In 1 m Tiefe ist der zusätzliche Druck des Wassers nur ein Zehntel des Drucks an der Wasseroberfläche. Du kannst ein Stück Holz in die Hand nehmen und ganz ins Wasser eintauchen. Du spürst eine nach oben gerichtete Kraft, das ist der Auftrieb. Wie geht das zu? Auf die Oberfläche des Holzes, wie eines jeden festen Körpers, der ins Wasser eintaucht, übt der Druck eine Kraft aus. Diese Kraft steht immer senkrecht zur Oberfläche und zeigt in den Körper hinein. An der Oberseite des Körpers wirkt die Kraft nach unten, an der Unterseite nach oben. An der rechten Seite des Körpers wirkt die Kraft nach links, an der linken Seite nach rechts. Die Kräfte links und rechts, auf gleicher Wassertiefe sind gleich groß, aber entgegengesetzt gerichtet. Die Kräfte links und rechts heben sich gegenseitig auf und können den Körper nicht seitwärts bewegen. Aber unten ist der Druck größer als oben. Die Kraft, die von unten nach oben drückt ist größer als die von oben nach unten. Daraus entsteht eine gesamte Kraft, die nach oben zeigt. Dies ist der Auftrieb. Damit haben wir die Richtung der Auftriebskraft verstanden, aber noch nicht bewiesen, wie groß der Auftrieb ist. Es hat weit über 2000 Jahre gedauert, bis bewiesen werden konnte, dass Archimedes recht hatte: Der Auftrieb ist so groß wie das Gewicht der vom Körper verdrängten Flüssigkeit, nur eben von unten nach oben gerichtet. Für den Beweis braucht man das Gesetz der Impulserhaltung und etwas Mathematik, die Carl Friedrich Gauß erfunden hat.

Warum steigen manche Ballone hoch in die Luft? Auftrieb gibt es auch in der Luft. Luft ist aber tausendmal leichter als Wasser. In 10 m Wassertiefe ist der zusätzliche Druck so groß ist wie der Luftdruck am Boden. Du könntest rechnen: Die Luft über dem Boden muss tausendmal zehn Meter, also zehn Kilometer hoch sein, damit der gleiche Druck entsteht. Es gibt aber auch noch Luft oberhalb von zehn Kilometer Höhe. Wie kann das sein? Du weißt, der Luftdruck ist auf einem Berg kleiner als im Tal. Höhenmesser benutzen dieses Prinzip. In großer Höhe wird die Luft dünner. Die Dichte der Luft ist weiter oben kleiner als am Boden. Deshalb reicht die Luft, die unten am Boden den hier gemessenen Luftdruck erzeugt, eben weiter nach oben als zehn Kilometer.

Auch Luft hat ein Gewicht, nur ist Luft tausendmal leichter als Wasser, bei gleichem Volumen. Ein Kubikmeter Luft, dies ist ein Würfel mit der Kantenlänge von einem Meter, wiegt ein Kilogramm, abgekürzt 1 kg, also so viel wie ein Liter Wasser. Ein Liter Luft wiegt ein Gramm. Natürlich gibt es auch einen Auftrieb in der Luft, nur merken wir ihn nicht, weil wir natürlich nicht in einem luftleeren Raum wiegen wollen. Der Auftrieb in Luft ist auch recht klein. Wie klein ist klein? Wir können rechnen. Die relative Dichte unseres Körpers ist nur ein klein wenig größer als 1. Ein Kind, das 30 kg wiegt hat also ein Volumen von etwa 30 l. Soviel Luft verdrängt sein Körper, und diese Luft wiegt 30 g. Einen Auftrieb von 30 g kann man nicht spüren. Den Auftrieb in der Luft hast du aber schon beobachtet. Ein Luftballon, gefüllt mit dem richtigen Gas, steigt nach oben. Das Gas ist Helium und dieses ist leichter als Luft. Der Ballon steigt auf, weil er, mit Helium gefüllt, leichter ist als die Luft, die er verdrängt. Du hast auch schon große Heißluftballone gesehen (Abb. 2.5). Heiße Luft dehnt sich aus,

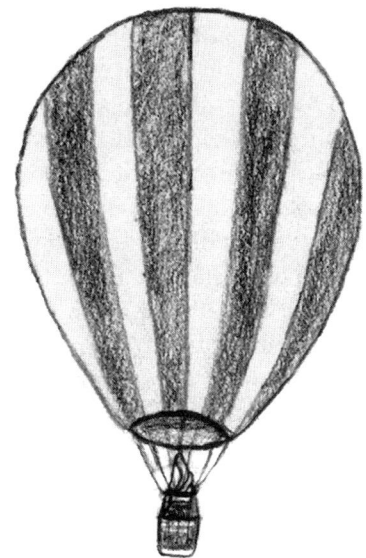

Abb. 2.5 Heißluftballon.

man sagt, sie wird dünner. Heiße Luft ist leichter als kalte Luft. Der Auftrieb des Heißluftballons trägt Personen im Ballonkorb nach oben und sie können mit dem Ballon fahren. Der Ballon sinkt nach unten, wenn die Luft im Inneren nicht mehr heiß genug ist.

Warum schwimmt ein Schiff aus Eisen? Ein Stück Eisen versinkt im Wasser. Trotzdem schwimmt ein Schiff aus Eisen, denn es ist hohl. Das Gewicht des von ihm verdrängten Wassers ist genau so groß wie das Gewicht des Schiffes. Probier aus, wie ein Topf im Spülbecken oder in der Badewanne schwimmt. Ja, er schwimmt, aber er kippt leicht um.

2.3 Stabilität, Schwerpunkt

Archimedes hat auch die *Stabilität* von Schiffen untersucht und gefunden: Ein Schiff schwimmt stabil, wenn sein Schwerpunkt unter der Wasserlinie liegt. Die Wasserlinie ist die Höhe des Wassers neben dem Schiff. Wie ist das mit dem *Schwerpunkt* und dem Umkippen? Dazu brauchen wir nicht das Schiff und den schwimmenden Topf, wir können dies auch beobachten, wenn wir mit einem Stock experimentieren.

Prüf die Stabilität eines Stockes in deiner Hand! Such dir einen Stock oder Holzstab, nicht zu lang oder zu dick, damit du ihn mit zwei Fingern so halten kannst, dass er nicht den Boden berührt. Hältst du den Stab am oberen Ende mit zwei Fingern fest und du wackelst ein wenig, so wird er ein wenig hin und her schaukeln. Versuch den Stab mit zwei Fingern am unteren Ende zu halten. Ein klein wenig gewackelt, und schon kippt er um. Halte den Stab in der Mitte. Er kippt nicht um, er schwingt aber auch nicht so lustig hin und her wie er es tut, wenn du ihn oben hältst. Wenn der Stab überall gleich dick ist, ist der Schwerpunkt in der Mitte. Hältst du ihn am Schwerpunkt fest, weiß er nicht genau, was er machen soll, wenn du wackelst. Den Schwerpunkt das Stabes findest du leichter, wenn du den Stab, etwa in der Mitte, auf einen Finger legst und die Stelle suchst, wo er nicht rechts oder links herunterfällt.

Du weißt nun: Hältst du den Stab an einer Stelle, die oberhalb des Schwerpunktes ist, schwingt er nur ein wenig hin und her. Man sagt

Abb. 2.6 Drei Kinder halten Stäbe: stabil, indifferent, instabil.

er ist *stabil*. Hältst du den Stab an einer Stelle unterhalb des Schwerpunktes, so kippt er leicht um, er ist *instabil*. Hältst du den Stab in der Mitte, so weiß er wohl nicht so recht, was er machen will. Der Stab ist unentschieden, gelehrter heißt das *indifferent* (Abb. 2.6). Wenn ein Stock an einem Ende dicker ist als am anderen, ist der Schwerpunkt näher am dicken Ende.

Ein richtig beladenes Schiff schwimmt stabil Bei einem beladenen Schiff ist der Schwerpunkt weiter unter der Wasseroberfläche als bei einem leeren Schiff. Das beladene Schiff schwimmt stabiler. Die Seeleute wussten dies schon lange und haben deshalb manchmal auch »Ballast« mitgenommen. Ballast ist eine Ladung, die sie eigentlich gar nicht transportieren wollten. Du hast vielleicht schon gesehen oder selbst erlebt, wie heftig ein Ruderboot oder ein Kajak wackeln kann, wenn jemand im Boot steht, und wie ruhig das Boot im Wasser liegt, wenn alle sitzen. Überlege, warum dies so ist.

2.4 Fallgesetze

Fallen alle Körper gleich schnell? Auf der Erde fallen alle Körper nach unten, man sagt, sie werden von der Erde angezogen. Wie schnell fällt eigentlich etwas? Wenn ein Löffel vom Tisch fällt, geht dies meist so schnell, dass ihn niemand auffangen kann, bevor er am Boden liegt. Ein Apfel fällt schnell vom Baum, ein Blatt viel langsamer, und es wird vielleicht sogar vom Wind weggeweht. So dachten die Menschen lange Zeit, ein leichter Körper fällt langsamer als ein schwerer. Das stimmt so nicht.

Vergleich zwei Fall-Experimente! Nimm einen kleinen Stein in eine Hand und einen größeren in die andere Hand, strecke die Hände aus und lass beide Steine gleichzeitig los. Sie treffen zur gleichen Zeit am Boden auf. Aber Vorsicht, mach dieses Experiment nicht im Haus und lass die Steine nicht auf deine Füße fallen. Im Haus, in der Wohnung, kannst du einen anderen Fall-Versuch machen. Nimm zwei Blätter sauberes Toilettenpapier, zerknüll eines davon und forme eine Kugel daraus. Das Blatt wird dabei nicht schwerer, klar. Lass, wie bei den Steinen, beide Blätter zur gleichen Zeit los. Das zerknüllte Blatt landet früher auf dem Boden als das andere. Das Gewicht ist gleich. Der *Luft-Widerstand*, die *Reibung* der Luft, macht den Unterschied (Abb. 2.7).

Wir wissen nun, wenn ein Gegenstand in der Luft nach unten fällt wirkt nicht nur die *Anziehung* der Erde, sondern auch die Reibung der Luft. Die Reibung bremst die Bewegung. Im einem *luftleeren Raum* fallen alle Körper gleich schnell. Wenn schwerere Körper, wie ein Apfel oder ein Stein in der Luft fallen, merkt man von der Reibung nicht viel. Leichtere Körper werden stärker gebremst. Die Wirkung der Luft-Bremse hängt von der Form des Körpers ab. Das zerknüllte Papier wird nicht so stark gebremst wie das glatte Papier.

Wie fallen Körper, wenn es die Reibung der Luft nicht gäbe? Wir wollen erst einmal die Reibung der Luft vergessen. Wie schnell fällt dann ein Körper? Du hast schon bemerkt, wenn eine Murmel zehn Zentimeter (10 cm) hoch auf deine Hand fällt, ist sie nicht so schnell wie wenn sie ein Meter (1 m) herabfällt. Ein fallender Körper wird schneller, wenn er länger fällt. Die *Geschwindigkeit* wird größer. Die *Beschleunigung* gibt an, um wie viel die Geschwindigkeit größer wird.

Rita

Abb. 2.7 Fall von Papier-Blatt und Papier-Kugel.

Die *Fall-Beschleunigung* der Erde, die *Erdbeschleunigung*, ist ungefähr zehn Meter pro Sekunde, in einer Sekunde (der genauere Zahlenwert ist 9,8 statt 10). Lässt du einen Stein aus der Hand fallen, so ist seine Geschwindigkeit nach einer Sekunde zehn Meter pro Sekunde, abgekürzt 10 m/s. So schnell ist ein schneller 100 m-Läufer. Dies sind 36 Kilometer pro Stunde, abgekürzt 36 km/h. Nach zwei Sekunden ist die Geschwindigkeit 20 m/s oder 72 km/h, nach drei Sekunden ist sie 30 m/s oder 108 km/h. Nach fünf Sekunden sind es 180 km/h, so schnell wie ein schnelles Auto auf der Autobahn.

Wie tief ist ein Körper in einer Sekunde gefallen? Wir wissen, nach einer Sekunde ist die Geschwindigkeit gleich 10 m/s. Wie hoch oder wie tief ist dann ein Körper gefallen? Nach einer Sekunde sind dies 5 m, und nicht etwa 10 m, da am Anfang die Geschwindigkeit gleich null ist und dann erst größer wird. Die zurückgelegte Fallstrecke ist nach doppelter Zeit vier mal größer, nach dreifacher Zeit neun mal größer. Nach zwei Sekunden sind dies 4 mal 5 m, also 20 m. Nach drei Sekunden ist dies das 3 mal 3 = Neunfache der Fallhöhe in einer Sekunde, also 45 m. In 1/2 s ist die Fallhöhe 1/2 mal 1/2 = 1/4 mal 5 m, also 1,25 m. Der Löffel, der vom Tisch weniger als 1 m hinab fällt, braucht weniger als 1/2 s, bis er am Boden landet.

Du musst nicht auf einen 5 m hohen Turm steigen, um das Fallen eines Körpers aus 5 m Höhe zu beobachten. Nimm einen Tennisball und wirf ihn nach oben. Der Ball braucht genauso lange, um von unten nach oben zu kommen, wie von oben nach unten zu fallen. Wenn du 5 m Höhe schaffst, ist der Ball 1 s nach oben unterwegs und braucht 1 s nach unten. Wenn du höher als 5 m wirfst, ist der Ball länger als 2 s unterwegs. Aber gib acht, der Ball kommt mit höher Geschwindigkeit als 10 m/s unten an.

Wie schnell wird ein Fallschirmspringer? Du hast sicherlich schon Fallschirmspringer im Film gesehen. Sie springen aus dem Flugzeug in 4000 m Höhe, mit zusammengefaltetem Fallschirm im Rucksack. In den ersten Sekunden wird ihre Fallgeschwindigkeit größer und größer. Die Reibung, der Luftwiderstand, wird aber auch größer. Nach ungefähr 10 s gleicht die Reibung die Wirkung der Erdbeschleunigung aus, die Geschwindigkeit nimmt nicht mehr zu. Ein Fallschirmspringer sinkt dann mit 200 km/h. Natürlich ist dies viel zu schnell für die Landung. Er öffnet zur richtigen Zeit den Fallschirm. Der Luftwiderstand ist größer. Der Fallschirmspringer wird stärker abgebremst und die Geschwindigkeit wird kleiner. Bei einer guten Landung ist die Geschwindigkeit nur noch so groß wie bei einem Sprung aus ungefähr 2 m Höhe.

Galileo Galilei und die Fallgesetze Die Gesetze des reibungsfreien Falls hat vor fast 400 Jahren der italienische Forscher Galileo Galilei aufgeschrieben (Abb. 2.8). Was sind diese Gesetze? Du kennst sie schon.

> Die Geschwindigkeit wird größer, in der doppelten Zeit wird die Geschwindigkeit doppelt so groß.
> Die Fallhöhe wird größer, in der doppelten Zeit wird die Fallhöhe 2 mal 2 gleich 4 mal größer.

Die Fallgesetze gelten auch, wenn du einen Ball wirfst. Wirfst du einen Ball waagerecht, wird er nur so lange vorwärts fliegen, wie er auch braucht, um aus deiner Hand auf den Boden zu fallen. Wirfst du ihn senkrecht nach oben, ist er länger unterwegs, kommt aber nicht vorwärts. Wie musst du den Ball werfen, damit er möglichst weit fliegt?

Abb. 2.8 Galileo Galilei.

Meter pro Sekunde oder Kilometer pro Stunde? Wie ist das mit der Geschwindigkeit in Meter pro Sekunde, also m/s, und in Kilometer pro Stunde, eben km/h? Für die gleiche Geschwindigkeit werden verschiedene Zahlenwerte genannt. Wie geht das zu? Eine Minute hat 60 Sekunden, eine Stunde hat 60 Minuten und damit 60 mal 60 gleich 3600 Sekunden. Wenn du dich, schön langsam, mit der Geschwindigkeit von 1 m/s bewegst, bist du in einer Stunde 3600 m oder 3,6 km gelaufen. Ein Fahrradfahrer kann auch zehnmal schneller sein, also die Geschwindigkeit 10 m/s haben. Nach einer Stunde ist er dann 36 km weit gefahren, also ist seine Geschwindigkeit 36 km/h. Das »h« in der Abkürzung km/h kommt von dem lateinischen Wort *hora* für Stunde. Daher kommen die englischen und französischen Worte *hour* und *heure* für Stunde. Das »s« in m/s kommt von Sekunde.

2.5 Pendel

Wir messen die Schwingungsdauer eines Pendels Galileo hat auch die *Schwingungen eines Pendels* untersucht. Bau dir selbst ein Pendel. Besorg dir eine dünne Schnur und binde an einem Ende eine größere Schraube oder Mutter aus deines Vaters Werkzeugkasten fest. Halte die Schnur zunächst mit zwei Fingern fest. Den Abstand zwischen dem Gewicht am Ende des Pendels und dem Punkt, wo die Schnur gehalten wird, ist die Länge des Pendels oder die *Pendellänge*. Du

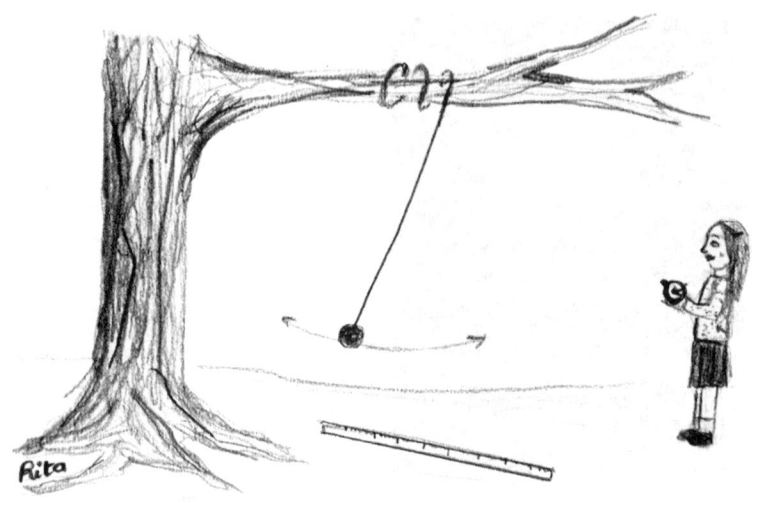

Abb. 2.9 Pendel.

kannst beobachten: Ist die Pendellänge klein, z. B. 20 cm, so schwingt das Pendel deutlich schneller hin und her, als wenn die Pendellänge groß, z. B. 1 m, ist. Die *Schwingungsdauer* ist die Zeit, die das Pendel braucht, um einmal von ganz links nach rechts und wieder nach links zu schwingen. Diese Zeit kannst du messen. Befestige zunächst die Pendelschnur so, dass das Pendel bei seinen Schwingungen nirgendwo anstößt. Besorge dir eine Uhr bei der du die Sekunden ablesen kannst. Lenke das Pendel aus und lasse es 10 mal hin und her schwingen und bestimme diese Zeit. Bei einer Pendellänge von 1 m dauert es ungefähr 20 s. Die Schwingungsdauer ist 20 s/10 = 2 s. Verändere die Pendellänge, messe sie mit einem Maßstab und wiederhole die Messung der Schwingungsdauer. Schreibe dir in einer Liste, immer in Paaren, die Werte der Pendellänge und der 10-fachen Schwingungsdauer auf. Zum Vergleich: Bei einer Pendellänge von ungefähr 30 cm ist die Schwingungsdauer nur halb so groß wie bei 1 m, also 1 s (Abb. 2.9).

Lea und Jonas fanden die Zahlenpaare (30, 11), (61, 15), (92, 18), (104, 20), (128, 22), (172, 26). Die jeweils erste Zahl ist die Pendellänge, in cm; die zweite Zahl gibt die Zeit für zehn Schwingungen an, in Sekunden. Diese Zahlenpaare können als Punkte in einem Diagramm gezeigt werden. Nach rechts ist die Pendellänge, nach oben die zehnfache Schwingungsdauer aufgetragen (Abb. 2.10). Die Mess-

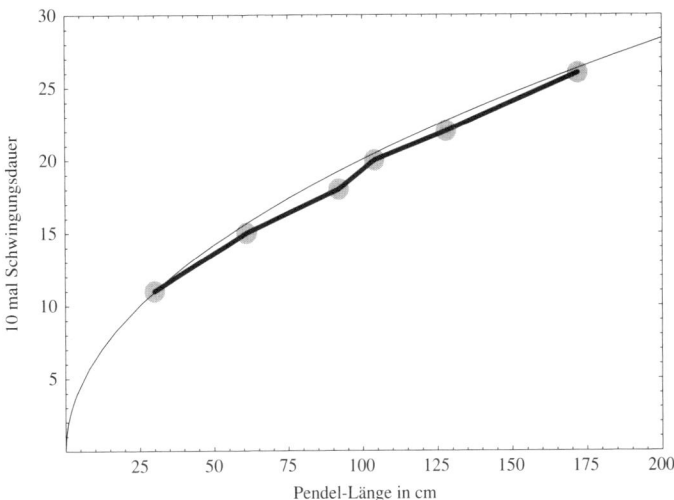

Abb. 2.10 Aufgetragen ist, nach oben: zehnmal Schwingungsdauer, nach rechts: die Pendel-Länge.

punkte sind durch dicke Striche verbunden. Die dünne Linie wurde berechnet. Die dünne Kurve zeigt an, wo die Messpunkte liegen sollten, wenn keine Reibung wirkt und wenn ganz genau gemessen wurde. Eine Messung kann aber nicht ganz genau sein, es gibt immer Messfehler. Von den berechneten Werten hatten Lea und Jonas nichts gewusst. Ihre Messpunkte sind nahe bei den berechneten Werten, sie haben also recht gut gemessen.

In der Standuhr schwingt ein Pendel Die Schwingungsdauer bei einem Pendel der Länge 1 m ist 2 s. Bei einer großen *Standuhr* gibt ein Pendel von ungefähr 1 m Länge den Takt vor (Abb. 2.11). Wozu braucht man das schwere Gewicht, das in der Uhr immer wieder hochgezogen werden muss? Du hast beobachtet: Die Ausschläge deines Pendels werden nach einigen Sekunden immer kleiner, bis es schließlich stillsteht. Die Reibung der Luft und in der Aufhängung bremst das Pendel. Dies würde auch mit dem Pendel in der Standuhr geschehen, wenn nicht immer wieder dem Pendel ein kleiner Stoß gegeben würde, der das Abbremsen ausgleicht. Bei jedem Anstoß sinkt das Gewicht ein klein wenig nach unten. Nach etwa einer Woche muss das Gewicht wieder hochgezogen werden.

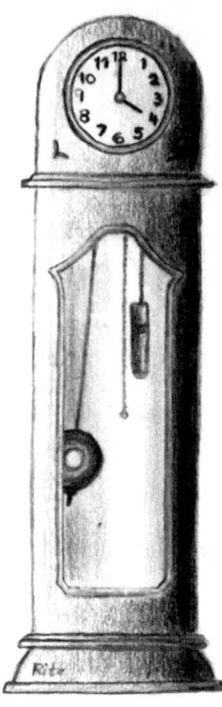

Abb. 2.11 Die Standuhr im Haus von Oma und Opa.

Am unteren Ende des Pendels einer Standuhr ist eine Schraube, mit der die Länge verändert werden kann. Überlege, was mit der Pendellänge gemacht werden sollte, wenn nach einer Woche die Uhr um einige Minuten vorgeht, das Pendel also etwas schneller war, als es sein sollte. Muss die Länge des Pendels in der Uhr kleiner oder größer werden, damit die Uhr die Zeit genauer anzeigt?

2.6 Kurven, Graphen und Funktionen

Kurven fahren, Kurven zeichnen Jeder weiß was eine Kurve ist. Mit dem Fahrrad bist du Kurven gefahren und du kannst auch Kurven zeichnen, einfach so, mit einem Stift auf das Papier. Schon dreijährige Kinder können das. Schau dir an, was Kiki gezeichnet hat. Sieht chaotisch aus, ist aber schön (Abb. 2.12).

Du hast gesehen, eine Kurve entsteht auch, wenn wir Paare von Zahlen als Punkte auf dem Papier markieren und dann die Punkte durch gerade Linien miteinander verbinden. Eine solche Kurve hat

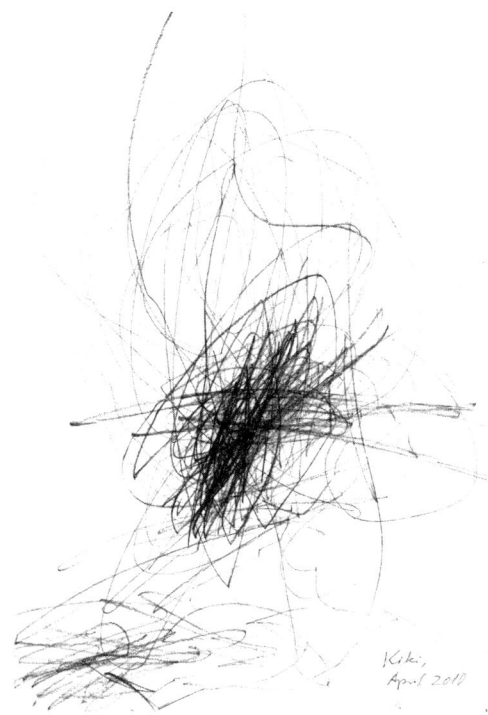

Abb. 2.12 Kinderzeichnung: chaotisch und schön.

Knicke, aber du kannst dir gut vorstellen: Die Knicke bemerkst du
nicht mehr, wenn die Punkte nahe beieinander liegen.

Physiker schauen gerne Kurven an, um die Ergebnisse von Messungen oder von Berechnungen zu zeigen und um darüber zu disku-
tieren. Auch in der Physik gibt es manchmal wilde, chaotische Kurven, aber wir wollen uns erst einmal einfachere ansehen. Die einfachsten Kurven sind Geraden. Das sind gerade Linien, wie mit dem
Lineal gezeichnet (Abb. 2.13).

Kurven brauchen Achsen In der Abb. 2.13 ist nach oben, auf der *senkrechten Achse*, die Länge des Weges in Meter angegeben. Nach rechts,
auf der *horizontalen Achse*, ist die Zeit angeben, in Sekunden. Die
schrägen Linien zeigen dir den Weg, den du in einigen Sekunden mit
dem Fahrrad schaffst, wenn du geradeaus fährst. Wie geht das? Du
kannst dir einen Wert für die Zeit auf der horizontalen Achse aussuchen, z. B. 1 s. Von dort gehst du, in Gedanken, senkrecht nach oben,

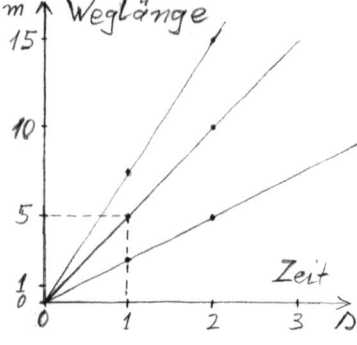

Abb. 2.13 Aufgetragen ist, nach oben: Weglänge, in Metern, nach rechts: die Zeit, in Sekunden.

bis du eine der eingezeichneten Geraden triffst. Von hier gehst du horizontal nach links und kannst dann auf der vertikalen, also der senkrechten Achse die Länge des Weges ablesen, z. B. 5 m. Die gestrichelten Linien deuten an, wie das Ablesen der Zahlenwerte geht. Für andere Werte brauchst du die gestrichelten Linien nicht mehr, du weißt wie eine solche *grafische Darstellung* gelesen werden kann. Du kannst dir auch einen Wert für die Länge des Weges aussuchen und dann die Frage beantworten, wie lange du dafür fahren musst. Wie geht das?

Gerade hast du nebenbei einen neuen »Teekessel« kennengelernt: *Achse.* Du wusstest längst: ein Rad dreht sich um seine Achse. In grafischen Darstellungen gibt es eine horizontale, also waagerechte Achse, und eine vertikale, also senkrechte Achse. Manchmal heißen diese auch *x*-Achse und *y*-Achse. An diesen Achsen kannst du Zahlenwerte ablesen.

Du hast längst bemerkt: In der Abb. 2.13, die wir gerade anschauen, sind drei schräge Geraden eingezeichnet. Die mittlere Gerade ist für die Geschwindigkeit 5 m/s, die untere, weniger steile, für die halbe Geschwindigkeit, nämlich 2,5 m/s, die obere, die steilste Gerade ist für 7,5 m/s. Geschwindigkeit ist ja die Länge des Weges dividiert durch die Zeit, die benötigt wurde, um den Weg zu schaffen. Bei größerer Geschwindigkeit ist der in einer Sekunde zurückgelegte Weg eben größer, als bei der kleineren Geschwindigkeit.

Bei gleicher Geschwindigkeit ist der zurückgelegte Weg in der zweifachen Zeit zweimal so groß, in der dreifachen Zeit dreimal so groß, und du weißt, wie das weitergeht. Mit wachsender Zeit wird der Weg *linear* größer. Wir verwenden hier das Wort »linear« eben weil in einer Zeichnung die Weglänge eine gerade Linie ist (Abb. 2.13).

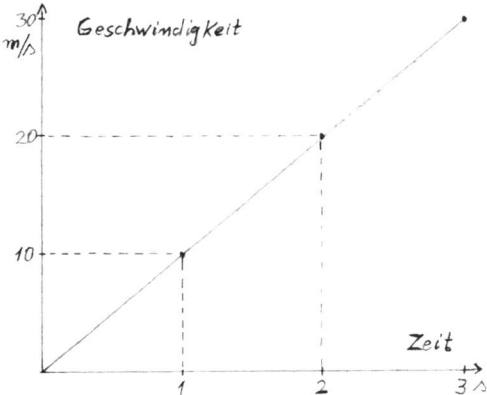

Abb. 2.14 Die Geschwindigkeit beim freien Fall nimmt linear mit der Zeit zu.

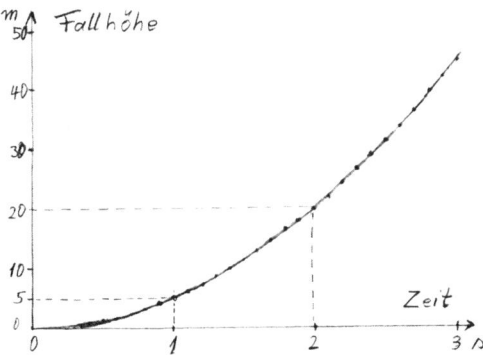

Abb. 2.15 Aufgetragen ist, nach oben: die Fallhöhe, in Metern, nach rechts: die Zeit, in Sekunden.

Du erinnerst dich: Beim freien Fall, wenn die Reibung der Luft noch keine Rolle spielt, wird die Geschwindigkeit mit der Zeit größer. Die Geschwindigkeit nimmt mit der Zeit linear zu (Abb. 2.14). Die Länge des Fall-Weges wird mit der Zeit größer wie Zeit mal Zeit oder Zeit zum Quadrat. Hier nimmt der Weg mit der Zeit *quadratisch* zu. In der Abb. 2.15 ist die Länge des Weges aufgezeichnet, die ein Ball von einem Turm fällt, wenn die Reibung der Luft keine Rolle spielt. Die Kurve, die du siehst, ist ein Teil einer *Parabel*.

Das Pendel der Standuhr schwingt harmonisch Das Pendel in der Standuhr bewegt sich hin und her. Die Bewegung der Spitze des Pendel ist in der Abb. 2.16 gezeigt. Nach oben ist die Auslenkung

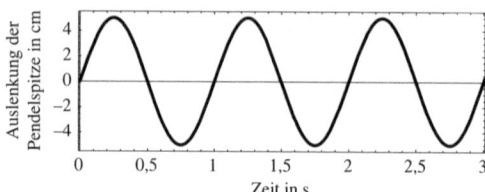

Abb. 2.16 Aufgetragen ist, nach oben und unten: die Auslenkung der Pendel-spitze in Zentimetern, nach rechts: die Zeit in Sekunden.

aufgetragen, nach rechts die Zeit. Am Anfang der Zeitachse ist das Pendel in der Mitte. Dies wurde einfach so gewählt, damit die Kur-ve zur Zeit »null«, am Ort »null« beginnt und so aussieht wie eine Kurve, die *Sinus* heißt. Diese Kurve hat eigentlich keinen Anfang und kein Ende, aber wir können natürlich nur ein Stück davon zeigen. Außerdem ist doch nichts ohne Anfang und Ende. Damit das Pendel sich bewegt, kannst du es anfangs auslenken und einfach loslassen. Du kannst auch das ruhende Pendel anfangs anstoßen, damit es sich bewegt. Es bleibt auch einmal stehen, wenn wir vergessen haben, das Gewicht rechtzeitig hochzuziehen. Natürlich können wir dann die Zeiger der Uhr wieder richtig stellen und für die Bewegung des Pendels einen neuen Anfang machen.

Dort wo die Kurve in Abb. 2.16 die waagerechte Linie schneidet, ist die Pendelspitze ganz unten. Zu den Zeiten, wo die Pendelspitze nach rechts ausgelenkt ist, verläuft die Kurve oberhalb dieser waagerechten Linie, bei Auslenkung nach links ist die Kurve unterhalb.

Die Kurve in Abb. 2.16 heißt Sinus-Kurve. Sie zeigt ein recht gleichmäßiges Auf und Ab. Diese Bewegung heißt *harmonisch*. Ei-ne schwingende Masse, die eine harmonische Bewegung ausführt, heißt *harmonischer Oszillator*. Bei kleiner Auslenkung ist das Pendel ein harmonischer Oszillator. Das gilt nicht mehr, wenn das Pendel große Auslenkungen oder gar Überschläge macht. Ohne Reibung ist die Bewegung dann immer noch periodisch, aber eben auch nicht mehr so harmonisch wie bei kleiner Auslenkung.

Weg-Zeit-Diagramme und Bahn-Kurven Eine Zeichnung, wie du sie gerade gesehen hast, heißt *Diagramm, grafische Darstellung* oder auch einfach nur *Graph*. Ist in der Zeichnung nach oben der Weg, nach rechts die Zeit aufgetragen, so heißt die Zeichnung auch *Weg-Zeit-Diagramm*. Es gibt natürlich auch andere Graphen, zum Beispiel

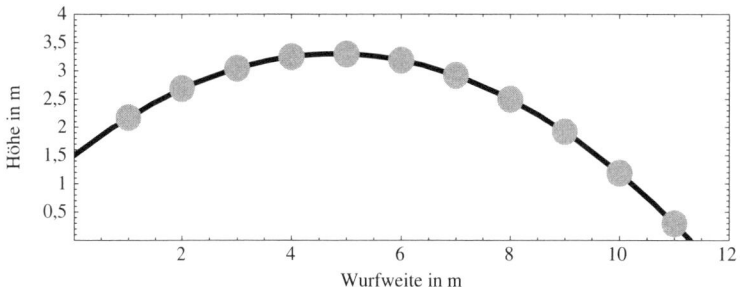

Abb. 2.17 Wurf-Bahn eines Balles. Aufgetragen ist, nach oben: die Höhe in Metern, nach rechts: die Wurfweite in Metern. Die Punkte markieren die Positionen, an denen der Ball eine, zwei, drei ... mal 0,13 Sekunden nach dem Abwurf war.

Bahn-Kurven. Wenn du einen Ball schräg nach oben wirfst, sieht seine Bahn-Kurve aus wie in der Abb. 2.17. Dort ist nach oben die Höhe des Balls über dem Boden und nach rechts der Abstand vom Abwurfpunkt aufgetragen. Diese Kurve ist Teil einer Parabel, nur auf den Kopf gestellt. Die Bahn-Kurve zeigt, welchen Weg der Ball nimmt. Die Bahnkurve zeigt dir nicht, zu welcher Zeit der Ball an welchem Ort ist. Deshalb ist zusätzlich die Position des Balles nach einer, zwei, drei ... mal ein Zehntel Sekunden (genauer 0,13 s) durch dicke graue Punkte angegeben. Stell dir vor, du siehst den Ball von der Seite an dir vorbeifliegen und du machst hintereinander, im Abstand von 0,13 Sekunden, Fotos vom Ball, ohne den Fotoapparat zu bewegen. Dann war der Ball an den im Bild grau markierten Punkten. Wenn du genau hinsiehst, erkennst du: Die Abstände zwischen den Punkten sind nicht gleich groß. Warum ist dies so? Ein Hinweis: Wie ist das mit der Geschwindigkeit und der Fallhöhe?

Die Bahn-Kurve des Balls siehst du nur auf dem Papier, nicht wenn der Ball fliegt. Du kannst aber eine solche parabelförmige Kurve sehen, wenn du im Sommer im Garten mit einem Schlauch Wasser schräg nach oben spritzt. Franz und Kiki zeigen das bei ihrer Wasserschlacht in der Abb. 2.18.

Eine andere Bahn-Kurve über die wir noch reden werden, ist der Weg der Erde oder eines anderen Planeten um die Sonne. Diese Kurve heißt *Ellipse*.

Abb. 2.18 Franz und Kiki spritzen Wasser im Garten.

Wie funktionieren Funktionen? Du hast hier Kurven gesehen, wo erst Punkte in ein Diagramm eingezeichnet wurden und andere, die mithilfe eines Computers berechnet und gezeichnet wurden. Du brauchst zwei Zahlenwerte, um einen Punkt auf dem Papier in einem Diagramm markieren zu können. Und natürlich musst du dir vorher überlegen, wie du die Zahlenwerte für deine Achsen wählst. Die Zahlenwerte für die Punkte im Diagramm kannst du gemessen oder berechnet haben. Für die Berechnung brauchst du eine Rechenvorschrift. Für ein Weg-Zeit Diagramm musst du wissen, wie lange der zurückgelegte Weg zu einer bestimmten Zeit ist. Die Physiker sagen: Du musst den Weg als *Funktion* der Zeit kennen, oder sie sagen auch: Du musst wissen, wie der Weg von der Zeit abhängt. Wieder zwei merkwürdige Worte: *Funktion* und *abhängt*, obwohl da gar nichts hängt. Diese Worte wirst du öfter hören und lesen. Die Mathematiker sagen: *y* ist eine Funktion von *x*, wenn es eine Rechenvorschrift gibt, die dir sagt, was der Zahlenwert von *y* ist, wenn du einen Zahlenwert für *x* wählst. Für Mathematiker können *x* und *y* irgend etwas sein, für Physiker sind dies physikalische Dinge, man sagt gerne *physikalische Größen*. Beispiele sind *Weg als Funktion der Zeit*, dies wird benötigt, um ein Weg-Zeit Diagramm zu zeichnen, oder *y-Koordinate als Funktion der x-Koordinate*, dies wird benötigt, um Bahnkurven zu zeichnen. Funktionen, also Rechenvorschriften, müssen auch in den Computer eingegeben werden, wenn der Computer das berechnen soll, was wir uns wünschen.

Einige Funktionen kennst du schon. Ist die Geschwindigkeit konstant, so ist der zurückgelegte Weg gleich Geschwindigkeit mal Zeit.

Der Weg ist eine *lineare Funktion* der Zeit. In Abb. 2.13 siehst du: Der Weg wird durch eine einfache Linie, eine Gerade, dargestellt. Die Zunahme der Fallhöhe, beim freien Fall ohne Reibung, ist eine *quadratische Funktion* der Zeit. In Abb. 2.15 siehst du: Die Fallhöhe wird durch eine Parabel dargestellt. Eine Funktion, wie du sie für das Uhren-Pendel gesehen hast, heißt *periodische Funktion*, weil die Kurve nach einer *Periode* sich immer wieder wiederholt. Bei der Standuhr ist die Periode die Schwingungsdauer, also die Zeit, in der das Pendel einmal hin und her schwingt.

Mathematiker und Physiker haben viele andere Funktionen erfunden und viele davon werden in der Physik gebraucht.

2.6.1 Steigung, zeitliche Änderung, Ableitung*

Physiker schauen gerne Kurven an und reden darüber. Worte wie *Steigung* und *Krümmung* der Kurve kannst du dabei hören. Schau dir die Abb. 2.13 nochmals an. Du siehst dort drei unterschiedlich steil ansteigende Geraden. Die Steigung kannst du leicht ablesen: In der Zeit von null bis eine Sekunde ist der Weg bei der mittleren Kurve fünf Meter. Also ist die Steigung dieser Geraden fünf Meter pro Sekunde oder, kürzer geschrieben: 5 m/s. Diese Steigung ist gerade die Geschwindigkeit. Du kannst aus der Zeichnung ablesen: Bei der unteren Geraden ist die Steigung 2,5 m/s, bei der oberen 7,5 m/s. Du siehst auch, bei der mittleren Geraden ist der in der Zeit von ein bis zwei Sekunden zurückgelegte Weg ebenfalls fünf Meter. Klar, die Steigung einer Geraden verändert sich ja nicht. Wie ist das aber bei einer krummen Kurve?

Steigung, erste Ableitung Stell dir vor, du rennst in zehn Sekunden 30 Meter weit. Deine durchschnittliche Geschwindigkeit ist 30/10 = 3 m/s. Dein Weg-Zeit-Diagramm ist aber sicherlich keine Gerade mit der Steigung von 3 m/s. Du startest ja mit der Geschwindigkeit null, wirst schneller, erreichst deine Höchstgeschwindigkeit, bremst dann wieder ab, um schließlich stehen zu bleiben. Am Ende ist deine Geschwindigkeit wieder null. Dein Weg-Zeit-Diagramm könnte so aussehen wie in Abb. 2.19a. Opa hat diese Kurve nicht durch eine Messung bestimmt, sondern einfach geraten und eine Funktion, nämlich Sinus zum Quadrat, gewählt. Die Punkte geben die Position zu den

Zeiten 0, 1, 2, 3 s bis 10 s an, wie sie aus der gewählten Weg-Zeit-Funktion berechnet werden können. Diese Werte sind auch in einer Tabelle gezeigt.

Zeit	0	1	2	3	4	5	6	7	8	9	10	s
Weg	0	0,734	2,865	6,183	10,36	15,0	19,64	23,82	27,14	29,27	30,0	m

Aus der Differenz der Position zu den Zeiten 1 s und 0 s kannst du die Geschwindigkeit zur Zeit 0,5 s abschätzen, ebenso aus der Differenz der Position zu den Zeiten 2 s und 1 s kannst du die Geschwindigkeit zur Zeit 1,5 s ermitteln, und so weiter. In der folgenden Tabelle sind die Werte der so bestimmten Geschwindigkeiten eingetragen. Diese Werte sind in Abb. 2.19b als Punkte markiert.

Zeit	0,5	1,5	2,5	3,5	4,5	5,5	6,5	7,5	8,5	9,5	s
Geschwind.	0,734	2,14	3,32	4,18	4,64	4,64	4,18	3,32	2,14	0,734	m/s

Die Kurve in Abb. 2.19b zeigt die Geschwindigkeit. Zur Abkürzung wird für die Geschwindigkeit der Buchstabe v, also ein kleines »Vau« verwendet, wie der erste Buchstabe im englischen Wort *velocity* für Geschwindigkeit. Die Geschwindigkeit wurde aus dem Weg-Zeit-Diagramm berechnet. Wie geht diese Berechnung? Du weißt, Geschwindigkeit ist Weg dividiert durch die Zeit, in der dieser Weg durchlaufen wurde. In der Tabelle stehen die Geschwindigkeiten, die jeweils aus dem Weg ausgerechnet wurden, der während einer Sekunde zurückgelegt wurde. Du findest Zahlenwerte, von denen einige kleiner und andere größer sind, als die durchschnittliche Geschwindigkeit von 3 m/s. Um die Geschwindigkeit in jedem Augenblick und an jedem Punkt des Weges genauer zu bestimmen, muss die Weg-Differenz und der Zeit-Unterschied möglichst klein sein.

Geschwindigkeit beim Autofahren Du kennst dies schon lange. Wenn du mit deinem Vater im Auto mitfährst und der größte Teil des Weges auf der Autobahn verläuft, hat dir dein Vater nach drei Stun-

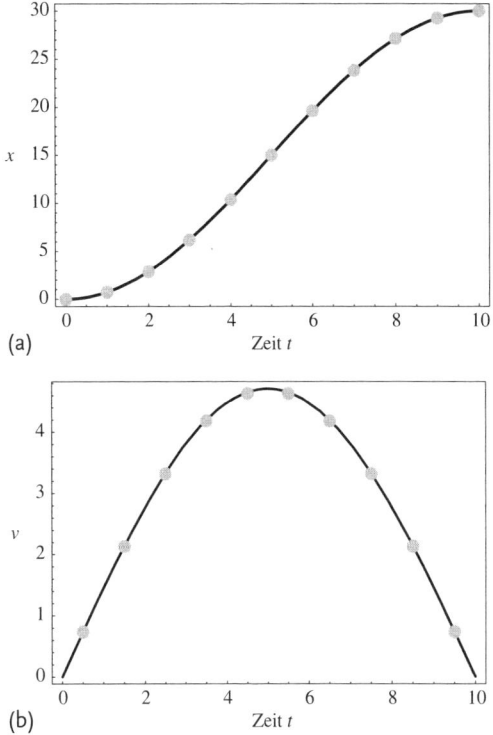

(a)

(b)

Abb. 2.19 Im Diagramm (a) ist die Position, im Diagramm (b) ist die Geschwindigkeit zu verschiedenen Zeiten gezeigt.

den Fahrt stolz berichtet: Unsere Durchschnittsgeschwindigkeit war 100 Kilometer pro Stunde, eben weil ihr in dieser Zeit 300 km geschafft habt. Aber du weißt genau, dein Vater musste unterwegs manchmal deutlich langsamer fahren und einen Teil des Weges ist er viel schneller als 100 km/h gefahren. Und wenn dein Vater in eine Radar-Falle gerät, mit 144 km/h an einer Stelle, wo höchstens 120 km/h erlaubt sind, hilft es ihm gar nichts, wenn er der Polizei erzählt: Meine durchschnittliche Geschwindigkeit war ja nur 100 km/h. Wie könnte die Polizei die Geschwindigkeit gemessen haben? Eine Methode geht mit Lichtschranken: Nicht sichtbares, infrarotes Licht geht von einem Laser auf der einen Seite der Fahrbahn zu einem Detektor auf der anderen Seite. Ein an dieser Stelle fahrendes Auto unterbricht den Lichtstrahl, der Detektor registriert genau die Zeit, wo das passiert. Gibt es einen zweiten solchen Lichtstrahl und Detektor, einen Meter in Fahrtrichtung dahinter, so wird der zweite Lichtstrahl etwas später durch das Auto unterbrochen. Bei einer Geschwindigkeit von 10 m/s, das sind 36 km/h, wäre die Zeit-Differenz für die Unterbrechung der Lichtstrahlen, den die beiden Detektoren registrieren, 1/10 Sekunde. Die 144 km/h entsprechen 40 m/s. Wie groß ist hier die Zeit-Differenz?

Differenzieren, auf den Unterschied kommt es an Zurück zu unserem Weg-Zeit-Diagramm im oberen Teil der Abb. 2.19. Um in jedem Augenblick und an jedem Punkt des Weges die Geschwindigkeit zu bestimmen, müssen die Weg-Differenz und der Zeit-Unterschied klein und kleiner werden, damit aus Weg-Differenz dividiert durch Zeit-Unterschied der genaue Wert der Geschwindigkeit erhalten wird. Diese Rechen-Methode heißt *Differenzieren* oder *die Ableitung bilden*. Wir sagen: Die Geschwindigkeit ist die zeitliche Änderung des Weges mit der Zeit. Genauer ist damit gemeint: Die Geschwindigkeit ist bestimmt durch die Steigung der Weg-Zeit-Kurve und diese Steigung kann berechnet werden durch die Ableitung des Weges nach der Zeit.

Beschleunigung Du siehst im unteren Diagramm der Abb. 2.19: Die Geschwindigkeit ändert sich mit der Zeit. Die zeitliche Änderung der Geschwindigkeit, genauer die Ableitung der Geschwindigkeit nach der Zeit heißt *Beschleunigung*. Aus der Differenz der Geschwindigkeiten zu den Zeiten 1,5 s und 0,5 s, dividiert durch die Zeit-Differenz von einer Sekunde, erhältst du die Beschleunigung zur Zeit von 1 s. Die Beschleunigung zur Zeit 2 s ergibt sich aus der Differenz der Geschwindigkeiten zu den Zeiten 2,5 s und 1,5 s, und so weiter. Die so berechneten Werte der Beschleunigung sind in der folgenden Tabelle aufgeschrieben. In der Abb. 2.20 sind diese Werte als Punkte markiert. Die Kurve wurde nach den Regeln der Mathematik für das Differenzieren, genauer aus der Ableitung der Geschwindigkeit nach der Zeit berechnet. Die Geschwindigkeit selbst ist die Ableitung der Funktion, die das Weg-Zeit-Diagramm angibt. Zur Berechnung der Beschleunigung muss also zweimal eine Ableitung berechnet werden. Deshalb wird die Beschleunigung manchmal auch die *zweite Ableitung des Weges nach der Zeit* genannt.

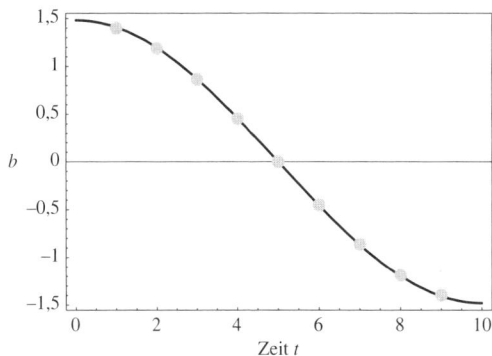

Abb. 2.20 Beschleunigung zu verschiedenen Zeiten.

Zeit	1,0	2,0	3,0	4,0	5,0	6,0	7,0	8,0	9,0	s
Beschl.	1,40	1,19	0,863	0,454	0,0	−0,454	−0,863	−1,19	−1,40	m/s^2

In der Tabelle und in der Abb. 2.20 siehst du: Anfangs ist die Beschleunigung groß, sie wird dann kleiner, wird null und schließlich negativ, also kleiner als null. Positive Beschleunigung bedeutet: Die Geschwindigkeit wird größer. Wird die Geschwindigkeit kleiner mit der Zeit, so ist die Beschleunigung eben negativ. Schau dir zum Vergleich nochmals die Abb. 2.19 an, wo der zurückgelegte Weg und die Geschwindigkeit als Funktion der Zeit gezeigt sind. Die zweite Ableitung gibt an, wie stark eine Kurve sich krümmt. Deshalb heißt die zweite Ableitung auch *Krümmung*.

In der Mathematik wurden Regeln erfunden, mit denen für viele bekannte Funktionen die ersten und zweiten Ableitungen angeben werden können. So wurden im unteren Diagramm von Abb. 2.19 und in Abb. 2.20 die durchgezogenen Kurven berechnet und gezeichnet.

Die Berechnung der Ableitungen von Funktionen heißt auch *Infinitesimal-Rechnung*. In mathematischer Strenge muss, zum Beispiel bei der Berechnung der Geschwindigkeit, der Unterschied zwischen zwei aufeinander folgenden Zeiten nicht nur klein und kleiner, sondern eigentlich unendlich klein, also *infinitesimal* klein werden, um die erste Ableitung einer Weg-Zeit-Funktion zu bestimmen. Die Infinitesimal-Rechnung wurde vor über dreihundert Jahren, praktisch gleichzeitig, von Isaac Newton und Gottfried Leibniz erfunden. Die beiden haben sich darüber gestritten, wer der erste war. Es ist aber immer gut, wenn neue Erkenntnisse der Physik und neue Regeln der Mathematik von mehr als einem Forscher unabhängig gefunden werden. Die Schreibweise der Formeln der Infinitesimal-Rechnung, wie sie heute verwendet werden, ist die von Leibniz.

2.6.2 Formeln für Funktionen[*]

Funktionen können als mathematische Formeln geschrieben werden. Diese Formeln sind Abkürzungen für Worte, mit denen Funktionen beschrieben werden und sie sind Vorschriften zum Berechnen und zum Zeichnen von Kurven. Mathematische und Physikalische Formeln sind eine »Geheimschrift«, genauer eigentlich eine »Kurzschrift«. Du kannst sie lernen. Alle anderen, die diese Geheimschrift gelernt haben, können sie auch lesen, selbst wenn sie deine Sprache nicht verstehen. Die Formeln der Mathematik und der Physik sind international. Manchmal werden aber unterschiedliche Buchstaben verwendet, für die gleiche Sache. Deshalb muss festgelegt werden, was die Buchstaben in einer Formel bedeuten, bevor sie verwendet werden kann.

Ein einfaches Beispiel: *Bewegung mit konstanter Geschwindigkeit.* Der Geschwindigkeit geben wir den Namen v. Der in der Zeit t zurückgelegte

Weg ist gleich Geschwindigkeit mal Zeit .

Wir nennen den Weg x. Dann lautet die Formel

$$x = vt .$$

Du siehst, das ist viel kürzer und die Formel gilt genauso, wenn du mit einem englischen Freund verabredet hast: v means *velocity* and t is the *time*. In der Formel ist kein »Mal«-Punkt geschrieben. In unserer Kurzschrift vereinbaren wir: Wenn zwei Buchstaben für physikalische Größen, wie v und t, nebeneinander stehen, so werden sie miteinander multipliziert. Aber gib Acht, manchmal wird eine physikalische Größe mit zwei Buchstaben bezeichnet.

Physiker schreiben gerne $x = x(t)$, um anzuzeigen: x ist eine Funktion von t. Die Funktion, die du gerade gesehen hast, ist eine lineare Funktion, wie in Abb. 2.13 gezeigt. Für größere Werte von v sind die Geraden steiler.

Noch ein Beispiel: *Freier Fall.*

Beim freien Fall nimmt die Fallhöhe, also der zur Zeit t zurückgelegte Weg, quadratisch mit der Zeit zu. Dies ist in Abb. 2.15 gezeigt. Die Rechen-Regel ist

Weg ist gleich 1/2 mal Erdbeschleunigung mal Zeit zum Quadrat .

Wir nennen nun die Fallhöhe x und die konstante Erdbeschleunigung g. Dann lautet hier die Formel

$$x = \frac{1}{2}gt^2 .$$

Berechnung der Geschwindigkeit Wir können aus $x = x(t)$ die Geschwindigkeit ausrechnen. Dazu vergleichen wir den Wert von x zu einer festen Zeit t mit dem Wert von x zu eine späteren Zeit $t + \delta t$. Das Symbol δt wird »delta te« ausgesprochen. Die zwei Buchstaben δ und t stehen für eine Sache. Die Zeitdifferenz δt soll kurz sein. Die Geschwindigkeit ist die erste Ableitung des Weges, das ist die Differenz $x(t + \delta t) - x(t)$, dividiert durch δt. Dabei soll δt so klein wie möglich sein. In Formeln wird $\frac{dx}{dt}$ für die Ableitung von x nach t geschrieben, und das ist die Geschwindigkeit v. Manchmal wird aber auch für die erste Ableitung nach der Zeit ein Punkt über den Buchstaben gesetzt, also zum Beispiel $\dot{x}$. In unserer Formel-Kurzschrift ist das

$$v(t) = \dot{x} = \frac{dx}{dt} .$$

Die erste Ableitung können wir berechnen als

$$\frac{dx}{dt} = \frac{x(t + \delta t) - x(t)}{\delta t} ,$$

wobei δt so klein wie möglich, also fast null sein sollte.

Bei der Bewegung mit konstanter Geschwindigkeit v gilt $x = vt$. Die erste Ableitung ist

$$\frac{dx}{dt} = v\frac{t + \delta t - t}{\delta t} = v ,$$

wie erwartet. Für den Fall bei konstanter Beschleunigung sagt die Formel zur Berechnung der Geschwindigkeit

$$v = \frac{1}{2}g\frac{(t + \delta t)^2 - t^2}{\delta t} .$$

Wegen

$$(t + \delta t)^2 - t^2 = t^2 + 2t\delta t + (\delta t)^2 - t^2 = (2t + \delta t)\delta t \,.$$

kann durch δt dividiert werden. Dann gilt

$$\frac{(t + \delta t)^2 - t^2}{\delta t} = 2t + \delta t$$

und

$$v = \frac{1}{2}g(2t + \delta t) \,.$$

Nun kann δt gleich null gesetzt werden. Wir erhalten für die Geschwindigkeit beim freien Fall

$$v = gt \,,$$

wie in Abb. 2.14 gezeigt. Wir haben die erste Ableitung berechnet, wir haben differenziert. Bei der Berechnung der Geschwindigkeit siehst du auch, warum der Faktor 1/2 in der Formel für die Fallhöhe gebraucht wird.

Du hast bemerkt: δt wurde erst zum Schluss der Berechnung gleich null gesetzt. Teilen durch null ist nämlich gefährlich! Früher, als Opa noch Student war, gab es eine mechanische Rechenmaschine, in der sich Zahnräder drehten, die von einem Elektromotor angetrieben wurden. Diese Maschine ratterte ganz lustig, wenn sie das Ergebnis von Multiplikationen und von Divisionen berechnete. Aber wehe, ein Student gab ihr die Aufgabe: 1 geteilt durch 0. Die Maschine ratterte und hörte nicht auf zu rattern, bis sie jemand ausschaltete. Das Ergebnis wäre ja *unendlich* gewesen, das konnte die Maschine nicht berechnen. Teilst du irgendeine Zahl, die nicht gleich null ist, durch null, so ergibt sich unendlich. Für unendlich wird auch ∞ geschrieben. Wie ist das aber bei *null geteilt durch null?* Dabei muss genauer gerechnet werden, wie wir es gerade beim Differenzieren getan haben. Hätten wir gleich $\delta t = 0$ benutzt, so hätten wir $v = 0/0$ gefunden. Aber wir haben eben zuerst mit einem kleinen δt gerechnet und erst danach $\delta t = 0$ gesetzt, als nicht mehr durch δt geteilt werden musste.

Die *Beschleunigung* $b = b(t)$ ist die erste Ableitung der Geschwindigkeit nach der Zeit und die zweite Ableitung des Weges nach der

Zeit. In Formeln geschrieben:

$$b = \dot{v} = \ddot{x}\,.$$

Zwei Punkte über x deuten die zweite Ableitung nach der Zeit an. Für den freien Fall gilt $b = g$.

2.7 Energie

Es gibt verschiedene Formen der Energie Das Wort *Energie* hast du schon gehört, vielleicht auch *Energie-Krise, erneuerbare Energie, Wind- und Wasser-Energie, Solar-Energie* oder *Kern-Energie.* Energie, was ist das? Kann man Energie messen? Ja, man kann! Wenn deine Eltern die Stromrechnung bezahlen, so bezahlen sie für die *elektrische Energie*, die im Haus in Lampen, im Bügeleisen, in der Waschmaschine, im Kühlschrank, im Fernseher, im Computer verbraucht worden ist. Die elektrische Energie wird in Kilowattstunden, abgekürzt kWh, gemessen.

Es gibt verschiedene Formen der Energie, die ineinander umgewandelt werden können. Im Bügeleisen und im Tauchsieder wird elektrische Energie in *Wärme* oder *thermische Energie* umgewandelt. Mit einem Elektromotor, der eine Lokomotive antreibt, wird elektrische Energie in *Bewegungs-Energie* umgewandelt. Aus Bewegungs-Energie kann auch elektrische Energie erzeugt werden. Dies geschieht in einem Wasserkraftwerk, wo fließendes Wasser eine Turbine antreibt, welche wiederum einen Stromgenerator antreibt, der elektrischen Strom erzeugt.

Kinetische Energie ist die Energie der Bewegung Jeder Körper, der sich bewegt, hat Bewegungsenergie. Die Bewegungsenergie nennt der Physiker *kinetische Energie.* Die kinetische Energie ist größer, wenn die Geschwindigkeit größer ist. Bei doppelter Geschwindigkeit ist die kinetische Energie 2 mal 2 = 4 mal größer, bei dreifacher Geschwindigkeit ist die kinetische Energie 3 mal 3 = 9 mal größer. Bei gleicher Geschwindigkeit ist die kinetische Energie größer, wenn die Masse eines Körpers größer ist. Kennst du die Masse eines Körper, in Kilogramm, abgekürzt kg, und seine Geschwindigkeit, in Meter pro Sekunde, abgekürzt m/s, so kannst du die kinetische Energie ausrechnen:

> Die kinetische Energie ist gleich (1/2) mal Masse mal Geschwindigkeit mal Geschwindigkeit.

Für Geschwindigkeit mal Geschwindigkeit sagt man auch *Geschwindigkeit hoch zwei*, manchmal geschrieben als Geschwindigkeit² oder *Geschwindigkeit zum Quadrat*. Warum hier das Wort *Quadrat*? Du weißt, die Fläche eines Rechtecks ist Länge mal Breite. Beim Quadrat ist eben die Länge gleich der Breite und die Fläche ist Länge mal Länge oder Länge zum Quadrat. Bei einer kleinen Veränderung der Geschwindigkeit, wo die Geschwindigkeit ein wenig größer wird, ist die Veränderung der kinetischen Energie gleich Masse mal Geschwindigkeit mal Veränderung der Geschwindigkeit. Damit dies so ist, wird bei der Berechnung der kinetischen Energie Masse mal Geschwindigkeit zum Quadrat durch zwei geteilt.

> Bei größerer Geschwindigkeit wird die kinetische Energie größer, wie die Geschwindigkeit zum Quadrat.

Also: Bei doppelter Geschwindigkeit ist die kinetische Energie viermal größer, bei dreifacher Geschwindigkeit ist sie neunmal größer.

> Merke dir auch: Bei gleicher Geschwindigkeit ist die kinetische Energie größer, wenn die Masse größer ist.

Bei doppelter Masse ist die kinetische Energie doppelt so groß, bei dreifacher Masse ist sie dreimal größer.

Wir können die kinetische Energie auch als *Formel* schreiben. Dazu kürzen wir die kinetische Energie als E_{kin} ab, nennen die Masse m und die Geschwindigkeit v. Die Formel ist dann

$$E_{kin} = \frac{1}{2}mv^2 \,.$$

Du siehst, hier wird der Buchstabe E für die Energie mit den tiefge-

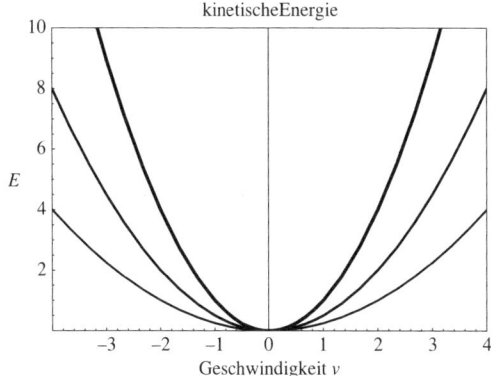

Abb. 2.21 Kinetische Energie E als Funktion der Geschwindigkeit v für die Massen $m = (1/2), 1, 2\,$kg.

stellten, kleineren Buchstaben »kin« versehen, damit die kinetische Energie von anderen Arten der Energie unterschieden wird. Die Funktion für die kinetische Energie können wir auch zeichnen, es ist eine Parabel, wie in Abb. 2.21 gezeigt. Positive und negative Werte von v bedeuten Bewegung nach rechts und Bewegung nach links.

Wie groß ist die kinetische Energie? Wir können die kinetische Energie berechnen. Wenn du 40 kg wiegst, ist deine Masse 40 kg. Wenn du mit der Geschwindigkeit von 4 m/s rennst, hast du die kinetische Energie (1/2) mal 40 kg mal 4 m/s mal 4 m/s gleich 320 kg (m/s)^2, gleich 320 Joule. Die Einheit der hier verwendeten Skala für die Energie heißt *Joule*, benannt nach englischen Physiker James Joule. Wenn du mit der Geschwindigkeit von 1 m/s läufst, ist deine kinetische Energie nur 20 Joule. Wenn ein Auto mit 1000 kg mit der Geschwindigkeit von 50 m/s, das sind etwa 180 km/h, fährt, ist die kinetische Energie (1/2) mal 1000 kg mal 50 m/s mal 50 m/s = 1 250 000 Joule. Dies ist eine große Zahl. Du weißt, die elektrische Energie wird in kWh gemessen. Merkwürdig, einmal wird die Energie in kWh, einmal in Joule angegeben. Oder doch nicht so seltsam, du hast ja schon gehört, dass die Temperatur, die du in Grad Celsius angibst, in anderen Ländern, zum Beispiel in den USA, in Grad Fahrenheit angegeben wird. Auf der Fahrenheit-Skala ist deine Körpertemperatur nicht 37, sondern fast 100 Grad und das Wasser gefriert nicht bei 0, sondern bei 32 Grad. Verschiedene Skalen für die gleiche Sache sind nicht schön, aber auch nicht schlimm, wenn du weißt wie du von der einen zur anderen kommst. Nun, bei der Energie ist 1 kWh gleich 3 600 000 Joule. Die kinetische Energie des Autos ist also ungefähr ein Drittel kWh. Eine 60 Watt Glühbirne verbraucht soviel Energie in 5 Stunden.

Warum die große Zahl 3 600 000 bei der Umrechnung von kWh in Joule? Ein Joule ist nur ein anderer Name für eine Wattsekunde, abgekürzt 1 Ws. Hier steht »W« für Watt, benannt nach dem englischen Forscher und Ingenieur James Watt, der eine gut funktionierende Dampfmaschine erfunden hat. Und »s« in Ws steht für Sekunde. Ein kW bedeutet 1000 Watt. Eine Stunde hat 3600 Sekunden. Also ist 1 kWh gleich 1000 mal 3600 gleich 3 600 000 Ws gleich 3 600 000 Joule.

Potenzielle Energie gewinnen wir beim Hochsteigen Wenn du eine Treppe, oder gar einen Berg hochsteigst, spürst du die Anstrengung. Das Hochsteigen kostet dich Energie. Es gibt eine Form der Energie, die der Physiker *potentielle Energie* nennt. Hebst du hier auf der Erde einen Körper hoch, so wird seine potentielle Energie größer. Das kannst du berechnen:

Die Vergrößerung der potentiellen Energie ist gleich Masse mal Erdbeschleunigung mal der Höhe, um die gehoben wurde.

Kann dies auch als Formel geschrieben werden? Na klar. Wir nennen die beim Anstieg um die Höhe h gewonnene potentielle Energie E_{pot}, die Erdbeschleunigung ist g. Dann gilt

$$E_{pot} = gh .$$

Wie schnell bist du, wenn du nach unten springst? Die Erdbeschleunigung ist ungefähr $10 \, m/s^2$. Steigst du 1 m hoch, so ist deine potentielle Energie um 40 mal 10 mal 1 kg $(m/s)^2 = 400$ Joule größer geworden. Springst du nun 1 m hinab, so wandelt sich deine potentielle Energie in kinetische Energie um. Kurz bevor du am Boden landest, ist deine kinetische Energie gleich der potentiellen Energie, die zum Hochsteigen benötigt wurde. So kannst du die Geschwindigkeit ausrechnen: (1/2) mal Masse mal Geschwindigkeit zum Quadrat gleich Masse mal Erdbeschleunigung mal Höhe.

Als Formel geschrieben, bedeutet $E_{kin} = E_{pot}$

$$\frac{1}{2}mv^2 = mgh \; .$$

Die Masse steht auf beiden Seiten dieser Gleichung und kann wegge-kürzt werden. Also

$$\frac{1}{2}v^2 = gh \; ,$$

und damit ist

$$v^2 = 2gh \; .$$

In Worten sagen diese Gleichungen: Es gilt (1/2) mal Geschwindig-keit zum Quadrat gleich Erdbeschleunigung mal Höhe oder:

> Geschwindigkeit zum Quadrat ist gleich 2 mal Erdbeschleuni-gung mal Höhe.

Steigst du vor dem Absprung 0,8 m hoch, so ist Geschwindigkeit mal Geschwindigkeit gleich $16\,(m/s)^2 = (4\,m/s)^2$. Deine Geschwindigkeit, kurz vor dem Auftreffen auf dem Boden, ist 4 m/s.

Die folgende Tabelle zeigt dir, wie viele Meter die Fallhöhe für eini-ge Geschwindigkeiten beträgt. In der oberen Zeile sind die Geschwin-digkeiten in m/s, also Meter pro Sekunde angegeben. In der zweiten Zeile stehen die Zahlenwerte für die gleichen Geschwindigkeiten in km/h, also in Kilometer pro Stunde. Mit welcher dieser Geschwindig-keiten hast du dich schon bewegt, beim Rennen, Fahrradfahren oder beim Mitfahren im Auto?

Geschwindigkeit	2	5	10	20	30	40	50	m/s
	7,2	18	36	72	108	144	180	km/h
Fallhöhe	0,2	1,25	5	20	45	80	125	m

Beim Skifahren gibst du potentielle Energie ab, doch wohin? Die Um-wandlung von potentieller Energie in kinetische Energie erlebst du beim Skifahren (Abb. 2.22). Fährst du mit dem Lift nach oben, ge-winnst du potentielle Energie. Beim Abfahren gibst du die potentielle

Abb. 2.22 Kind fährt mit dem Ski-Schlepp-Lift, Kind fährt Ski.

Energie wieder her und du gewinnst Geschwindigkeit und bekommst kinetische Energie. Aber nicht alle potentielle Energie wird in kinetische Energie umgewandelt, zum Glück, sonst wärst du viel zu schnell. Die Reibung bremst dich, und du fährst auch Bögen und Schwünge, um Tempo wegzunehmen. Ein Teil der potentiellen Energie wird durch die Reibung in Wärme umgewandelt.

Noch mehr Energie-Umwandlung Die Umwandlung von potentieller in kinetische Energie und wieder in potentielle Energie hast du schon beim Pendel beobachtet. Lenkst du das Gewicht des Pendels nach rechts aus, so wird es angehoben, es hat potentielle Energie gewonnen. Lässt du es los, so bewegt es sich nach links. Wenn es ganz unten ist, hat es die größte Geschwindigkeit und die größte kinetische Energie. Ganz links, am Umkehrpunkt, verschwindet die kinetische Energie, aber die potentielle Energie ist wieder fast so groß wie am Anfang. Durch Reibung wird der Ausschlag des Pendels immer kleiner, bis es zur Ruhe kommt. Die potentielle Energie ist am Ende durch die Reibung in Wärme umgewandelt. Wärme ist auch eine Form der Energie, der Physiker nennt sie *thermische Energie*.

Energie geht nicht verloren Energie kann von einer Form in eine andere Form umgewandelt werden. Aber nicht jede Form der Energie ist nützlich für uns.

Rechne aus, wie viel potentielle Energie du gewinnst, wenn du mit einer Seilbahn hochfährst, deren Bergstation 1000 m höher ist als die Talstation. Wie viel elektrische Energie muss dafür aufgewendet werden?

Auch eine Schaukel ist ein Pendel. Wo kommt eigentlich die Energie her, wenn du höher schaukelst?

2.8 Arbeit, Leistung

Veränderung der potentiellen Energie ist Arbeit Die Veränderung der potentiellen Energie nennt der Physiker auch *Arbeit*. Hebst du ein Kilogramm einen Meter hoch, so ist die potentielle Energie dieses Körpers um 10 Joule größer geworden. Du hast dabei die Arbeit von 10 Joule erbracht. Die Arbeit von einem Joule oder einer Wattsekunde, abgekürzt Ws, wendest du auf, wenn du ein Kilogramm nur 10 cm hochhebst. Klar, das ist keine große Arbeit. Um den Zahlenwert einer großen Arbeit oder einer großen Energie anzugeben, ist es geschickter Kilowattstunden, abgekürzt KWh, zu verwenden. Du erinnerst dich: 1 kWh ist gleich 1000 mal 3600 gleich 3 600 000 Ws.

Arbeit pro Zeit ist Leistung Bei einer Arbeit ist es manchmal auch wichtig wie schnell sie gemacht wird. Die Physiker nennen Arbeit pro Zeit: *Leistung*. Die Leistung ist also Arbeit dividiert durch die Dauer der Zeit, die nötig war, um die Arbeit auszuführen. Die Größe der Leistung wird in Watt, abgekürzt W, angegeben. Wenn du ein Kilogramm in einer Sekunde um 10 cm hochhebst, ist deine Leistung 1 W. Hebst du in einer Sekunde ein Kilogramm um einen Meter hoch, oder in ein zehntel Sekunde um 10 cm, so ist die Leistung 10 W. Es gibt Glühbirnen, die ein solche Leistung haben. Die Leistung eines Autos ist viel größer. Seine Leistung wird deshalb in Kilowatt, abgekürzt kW angegeben. James Watt, der Erfinder der Dampfmaschine, hat die Stärke seiner Maschinen mit der Stärke von Pferden verglichen und die Leistung in *horse power* angegeben. Das deutsche Wort dafür ist »Pferdestärke«, abgekürzt PS. Es wurde festgelegt: 1 PS entspricht 736 W. Ein Auto mit der Leistung von 100 kW hat 136 PS. Die Leistung einer Lokomotive kann noch einhundertmal größer sein.

Physiker verwenden merkwürdige Worte Du hast dich gewundert über die Worte »kinetische Energie« und »potentielle Energie«. Physiker und Mathematiker benutzen manchmal Worte, die du kennst, aber mit einer anderen Bedeutung. Das ist ähnlich wie beim Teekessel-Spiel, wo ein Wort mit mehr als einer Bedeutung erraten werden muss, wie »Bank«, »Hahn« oder »Schloss«. Für die Physiker sind »Arbeit«, »Leistung« und »Kraft« solche Wörter. Manchmal erfinden die Physiker auch neue Worte und wandeln dazu Worte aus der altgriechischen oder der lateinischen Sprache ab. Das Wort »Energie« kommt vom griechischen Wort *energeia*. Das bedeutet »Wirksamkeit«, also »etwas tun können«. Das Wort »kinetisch« wurde aus dem griechischen Wort für »Bewegung« abgeleitet. »Kinetische Energie« ist also nur ein gelehrter klingendes Wort für »Bewegungsenergie«. Das Wort »potentiell« in »potentielle Energie« und der von Physikern verwendete Begriff »Potential« stammen von dem lateinischen Wort *potentia*. Das bedeutet »Macht« und »Können«. Beachte: Inzwischen wird anstelle von »potentiell« und »Potential« auch »potenziell« und »Potenzial« geschrieben, so wie diese Worte gesprochen werden.

2.9 Masse, Trägheit, Impuls

Was ist Masse? Was ist Gewicht? Wir haben oft von *Masse* gesprochen, die in g oder kg angeben wird. Wenn du dich auf die Waage stellst, bestimmst du dein *Gewicht*. Und dieses gibst du auch in kg an. Wie ist das nun, »Masse« und »Gewicht«? Sind dies nur verschiedene Worte für die gleiche Sache? Nein! Jeder Körper, du, auch ein Stein oder das Wasser in einer Flasche hat eine Masse. Das Gewicht ist die Kraft, mit der ein Körper von der Erde angezogen wird. Diese Kraft ist Masse mal Erdbeschleunigung. Ist deine Masse 40 kg, so ist dein Gewicht 40 kg mal 10 m/s^2 = 400 Newton. Diese Einheit für die Kraft ist nach dem englischen Physiker Newton benannt. Physiker und Ingenieure haben sich geeinigt, dass wir beim Wiegen eine andere Skala verwenden. In den meisten Ländern zeigt die Waage für das Gewicht eine Zahl an, die gleich der Masse ist. Die Skala ist eben nicht in Newton, sondern in kg geeicht. Es gibt aber Länder wo das

Gewicht in *pounds* angezeigt wird. Ein Kilogramm ist ungefähr zwei pounds. Die Zahlen sind dann doppelt so groß. Es ist einfach bequem, Masse und Gewicht mit dem gleichen Zahlenwert und in Kilogramm anzugeben. Den Unterschied zwischen Masse und Gewicht merkten die Astronauten auf dem Mond. Die Masse ihres Körpers und ihres Raumanzuges war die gleiche wie auf der Erde. Sie fühlten sich aber viel leichter. Die Anziehung des Mondes ist deutlich kleiner als die Anziehungskraft der Erde. Dort ist das Gewicht gleich Masse mal Fall-Beschleunigung auf dem Mond. Diese Mondbeschleunigung ist nur etwa ein Sechstel der Erdbeschleunigung. Auf dem Mond zeigt eine Waage für die gleiche Masse eine kleinere Zahl an als auf der Erde, statt 120 nur 20.

Die Masse ist schwer und träge   Du weißt, eine Masse ist schwer. Die Masse hat noch eine wichtige Eigenschaft: Sie ist *träge*. Was bedeutet die *Trägheit der Masse*? Vor über 300 Jahren hat dies der englische Physiker Isaac Newton so gesagt:

> Ein Körper, der in Ruhe ist, möchte in Ruhe bleiben.
> Ein Körper, der eine Geschwindigkeit hat, bewegt sich mit der gleichen Geschwindigkeit geradeaus weiter, wenn keine Reibung bremst und keine anderen Kräfte auf ihn einwirken.

Klingt zunächst merkwürdig. Aber denke nach. Die Trägheit der Masse deines eigenen Körpers hast du schon gespürt. So wie die Funken von einem Schleifstein geradlinig wegfliegen, so möchte sich dein Körper geradlinig bewegen, wenn du auf einem drehenden Karussell sitzt. Du spürst dies als Fliehkraft, die dich nach außen treibt. Wenn du beim Schlittschuhfahren oder beim Skifahren eine Kurve fährst, spürst du die Trägheit: Du musst einiges dafür tun, damit du nicht geradeaus weiterfährst.

Ein Experiment mit Wasser im Eimer über deinem Kopf   Du hast schon gesehen, dass man im Garten einen kleinen Eimer mit Wasser, zuerst wie ein Pendel mit kleinem Ausschlag, und dann wie bei der Überschlag-Schaukel in einer drehenden Bewegung über den Kopf bewegen kann. Selbst wenn oben der Eimer umgedreht ist, fließt das Wasser nicht heraus. Die Trägheit der Masse hält das Wasser im Eimer

Abb. 2.23 Das Wasser bleibt im Eimer.

(Abb. 2.23). Das Wasser wird gegen den Boden des Eimers gedrückt. Gib Acht, wenn du diesen Trick deinen Freunden zeigst. Wenn dir beim Drehen der Eimer aus der Hand rutscht, wirkt auch die Trägheit der Masse und der Eimer kann recht weit fliegen. Du hast bei einer Sportschau im Fernsehen Hammerwerfer beobachtet. Sie nutzen diesen Effekt aus.

Experiment: Trägheit eines Buches Du kannst ein einfaches Experiment machen. Lege ein Buch quer auf ein Blatt Papier. Ziehe langsam am Papier, das Buch bewegt sich mit dem Papier über den Tisch. Ziehe nun das Papier ganz schnell weg. Das Buch bleibt am Tisch liegen. Wie geht das zu? Wenn du langsam ziehst, sorgt die Haft-Reibung zwischen Papier und Buch dafür, dass das Buch vom Blatt Papier mitgenommen wird. Wenn das Papier unter dem Buch rutscht oder gleitet, wirkt die kleinere Gleit-Reibung. Das passiert, wenn du das Papier schnell bewegst. Die Trägheit der Masse des Buches macht sich viel stärker bemerkbar. Das Buch kann nicht mitkommen. Schon Newton wusste, das Buch möchte in Ruhe bleiben.

Impuls ist Masse mal Geschwindigkeit Masse mal Geschwindigkeit nennen die Physiker *Impuls*. Warum und wieso ein neuer Name? Wenn man die Bewegung eines Körpers ändern will, kommt es auf die Masse und die Geschwindigkeit, eben auf den Impuls an. Ein Torwart weiß: Einen langsamen Ball, den er nicht mehr fangen kann, kann er leicht ablenken oder weg fausten. Ein sehr schneller Ball mit sehr großem Impuls kann so viel Wucht haben, dass er doch noch ins Tor geht. Ihr habt im Sommer im Garten mit Bällen gespielt, die Wasser aufsaugen können wie ein Schwamm. Ohne Wasser kannst du einen solchen Ball leicht fangen. Mit Wasser ist seine Masse viel größer. Bei gleicher Geschwindigkeit hat er einen größeren Impuls. Er ist nicht so leicht zu fangen und die Trägheit lässt des Wasser aus dem Ball herausspritzen.

Der Impuls ist konstant, wenn keine Kraft wirkt Der Impuls ändert sich nicht, er ist konstant, wenn keine Kraft wirkt. Dies ist das Gesetz der *Impuls-Erhaltung* oder der *Impuls-Satz*. Du hast schon gesehen oder selbst erlebt, was passiert, wenn jemand aus einem ruhenden Boot ans Ufer springen will. Stell dir vor, du möchtest springen. Vor dem Absprung ist der gesamte Impuls von dem Boot und dir gleich null. Nach dem Absprung hast du eine Geschwindigkeit in Richtung Ufer und einem Impuls. Der gesamte Impuls ist aber nach wie vor null. Wie geht das? Durch den Rückstoß bekommt das Boot einen gleich großen, aber entgegengesetzt gerichteten Impuls. Das Boot bewegt sich vom Ufer weg. Der Impuls-Satz sagt: Masse mal Geschwindigkeit des Bootes ist gleich Masse mal Geschwindigkeit des Springers. Bei einem großen Boot mit einer großen Masse ist die Geschwindigkeit des Bootes klein und du hast kein Problem, ans Ufer zu kommen. Bei einem kleinen Boot mit kleiner Masse kann seine Geschwindigkeit so groß sein, dass du beim Absprung das Gefühl hast, der Boden rutscht unter dir weg. Du springst ins Wasser, nicht ans Ufer (Abb. 2.24). Natürlich sieht die Sache ganz anders aus, wenn das Boot vorher ordentlich festgebunden wurde. Der Rückstoß-Impuls wird vom Boot, über das Tau, auf das Ufer und auf die Erde übertragen. Und deren Masse ist so riesengroß, dass die Änderung ihrer Geschwindigkeit unmessbar klein ist.

2.10 Kraft, Bewegungsgleichung

Vor über 300 Jahren hat Isaac Newton die wichtigste Gleichung der Mechanik erfunden und aufgeschrieben:

Die zeitliche Änderung des Impulses ist gleich der Kraft.

Abb. 2.24 Kind versucht von einem Boot ans Ufer zu springen.

Wir wissen: Impuls ist Masse mal Geschwindigkeit. Wenn die Masse sich nicht ändert, ist die Änderung des Impulses gleich Masse mal Änderung der Geschwindigkeit. Die zeitliche Änderung der Geschwindigkeit ist die Beschleunigung. Also sagt die Bewegungsgleichung auch:

> Masse mal Beschleunigung ist gleich der Kraft.

Was ist hier *zeitliche Änderung*? Zur Erinnerung: Stell dir vor, du misst die Geschwindigkeit zweimal, möglichst kurz hintereinander. Die zeitliche Änderung der Geschwindigkeit erhältst du, wenn du die Differenz der beiden Werte der Geschwindigkeit, genauer den zweiten Messwert minus den ersten Messwert, durch die kurze Zeit dividierst, die zwischen der zweiten und der ersten Messung lag. Die Beschleunigung gibt an, wie schnell eine Geschwindigkeit größer oder kleiner wird.

Die Gleichung von Newton ist sehr wichtig. Wir wollen uns auch die Formel merken. Den Impuls nennen wir p, die zeitliche Änderung, also die erste Ableitung nach der Zeit zeigen wir mit einem Punkt darüber an, und der Kraft geben wir den Namen K. Dann ist die Gleichung von Newton

$$\dot{p} = K \,.$$

Der Buchstabe K erinnert an »Kraft«. Oft wird die Kraft auch mit F bezeichnet. Das kommt von dem englischen Wort »force« für Kraft.

Impuls ist Masse m mal Geschwindigkeit v, als Formel: $p = mv$. Wenn die Masse sich nicht ändert, ist die zeitliche Änderung des Impulses $\dot{p} = m\dot{v}$. Die zeitliche Änderung der Geschwindigkeit ist die Beschleunigung b, also $\dot{v} = b$. Die Bewegungsgleichung von Newton ist dann

$$mb = K .$$

Klar, der Buchstabe b kommt von »Beschleunigung«. Manchmal wird aber für die Beschleunigung auch a verwendet. Dies erinnert an das englische Wort *acceleration*. Geschwindigkeit, Impuls, Beschleunigung und Kraft sind Vektoren, deshalb werden dafür in den Formeln fette Buchstaben verwendet. Es gibt Regeln für das Rechnen mit Vektoren, später mehr dazu.

Für was ist das alles gut? Nun, wenn keine Kraft wirkt, ist die zeitliche Änderung des Impulses gleich null. Der Impuls ändert sich nicht. Dies ist die Impuls-Erhaltung, über die wir vorher gesprochen haben. Wenn die Kraft nicht verschwindet muss man wissen, was die Kraft ist. *Kraft*, was ist das? Die Gleichung von Newton sagt: Eine Kraft verändert die Geschwindigkeit. Ein Wagen, der anfangs still steht, hat die Geschwindigkeit null. Wenn du ihn ziehst brauchst du zunächst Kraft, um seine Geschwindigkeit zu vergrößern. Ist der Wagen schwerer beladen, hat er eine größere Masse. Ziehst du mit der gleichen Kraft, brauchst du länger bis der Wagen sich mit der gewünschten Geschwindigkeit bewegt. Wenn der Wagen auf einer ebenen Straße rollt, musst du immer noch ziehen, um den Wagen in Bewegung zu halten. Du musst die Reibungskraft ausgleichen. Wenn du eine schwere Schultasche hochhebst, brauchst du Kraft. Um die Tasche nach oben in Bewegung zu setzen muss deine Kraft größer sein als die Schwerkraft, die die Tasche nach unten zieht. Die Schwerkraft ist gleich der Masse mal Erdbeschleunigung. Hast du mehr Bücher in der Tasche, ist die Masse größer. Du brauchst eine größere Kraft, um die Tasche hochzuheben.

Kräfte wirken, auch wenn wir nichts dazu tun   Ein Ball, den du los lässt, fällt nach unten. Die Erdanziehung ist die Kraft, die ihn nach unten beschleunigt. Und da ist noch die Reibung. Dies ist eine Kraft, die entgegengesetzt zur Geschwindigkeit wirkt und eben abbremst.

Bremsen ist eine Verringerung der Geschwindigkeit, eine negative Beschleunigung.

Einen Ball kannst du nicht nur fallen lassen, sondern auch werfen oder mit dem Fuß wegschießen. Während der Ball fliegt, wirken wieder die Schwerkraft und die Reibungskraft. Die Schwerkraft zieht immer nach unten, die Reibungskraft ist entgegengesetzt zur Geschwindigkeit. Die Geschwindigkeit ändert ihre Richtung während des Fluges. Beide Kräfte wirken in unterschiedliche Richtungen. Während des Fluges wirkt die Summe der beiden Kräfte.

Geschwindigkeiten und Kräfte sind Vektoren Der Physiker sagt: Geschwindigkeiten und Kräfte sind Vektoren. *Vektoren* haben eine Größe und eine Richtung. Bei der Geschwindigkeit wusstest du das schon lange. Es kommt nicht nur darauf an, wie schnell ein Ball fliegt, sondern auch wohin. Es kommt nicht nur darauf an, wie groß eine Kraft ist, sondern auch in welche Richtung sie wirkt. Die Geschwindigkeit eines fliegenden Balles hat einen Teil, man sagt eine Komponente, in horizontaler oder waagerechter Richtung und eine Komponente in senkrechter Richtung. Gleiches gilt für die Kraft. Um die Summe der Kräfte zu berechnen, musst du Komponenten addieren. Die horizontale Komponente der gesamten Kraft ist nur die horizontale Komponente der Reibungskraft. Die senkrechte Komponente der gesamten Kraft ist die senkrechte Komponente der Reibungskraft und die Schwerkraft, die nur nach unten wirkt.

Impuls und Beschleunigung sind auch Vektoren Die Bewegungsgleichung von Newton gilt für jede Komponente. Lassen wir die Reibung außer acht, so ändert sich die Geschwindigkeit in horizontaler Richtung nicht.

Wie weit fliegt der Ball? Wir benutzen Abkürzungen, um mit Formeln zu rechnen. Die Fluglänge nennen wir L, die größte Höhe H. Die horizontale Geschwindigkeit am Anfang, bezeichnen wir mit V_x, die vertikale oder senkrechte Geschwindigkeit mit V_y. Die Länge L ist gleich der horizontalen Komponente der Geschwindigkeit am Anfang mal der Flug-Zeit T, also

$$L = V_x T \, .$$

Nun ist T auch die Zeit, die der Ball braucht, um hochzusteigen und wieder nach unten zu fallen. Die Bewegungsgleichung für die senkrechte Komponente der Geschwindigkeit, nämlich für v_y, gibt die Antwort: Nach dem Start des Fluges ist zu einem späteren Zeitpunkt die senkrechte Komponente der Geschwindigkeit gleich ihrem Wert am Anfang minus Erdbeschleunigung mal Zeit t, also

$$v_y = V_y - gt \,.$$

Wenn der Ball seinen höchsten Punkt erreicht, ist seine senkrechte Geschwindigkeit v_y gleich null. Diese Zeit ist gleich der senkrechten Anfangsgeschwindigkeit dividiert durch die Erdbeschleunigung. Die Flug-Zeit T ist doppelt so groß, also

$$T = 2\frac{V_y}{g} \,.$$

Damit finden wir

$$L = 2V_x\,\frac{V_y}{g}$$

oder in Worten:

Die horizontale Fluglänge des Balls ist gleich zwei mal horizontale Anfangsgeschwindigkeit mal senkrechte Anfangsgeschwindigkeit, dividiert durch die Erdbeschleunigung.

Fliegt der Ball anfangs steil nach oben, ist die senkrechte Komponente der Anfangsgeschwindigkeit größer als die horizontale Komponente. Bei einem flachen Ball ist es umgekehrt. Sind anfangs beide Komponenten gleich groß, ist der Winkel 45 Grad. Wie viele Meter weit fliegt ein Fußball, wenn beide Komponenten der Anfangsgeschwindigkeit gleich 15 m/s sind? Der Zahlenwert für die Erdbeschleunigung ist 10. Rechne! Kannst du mit dem Fußball so weit schießen? Nach einer Vorschrift der FIFA ist ein Fußballplatz, auf dem Länder-Spiele oder Europa-Pokal-Spiele ausgetragen werden, 68 m breit und 105 m lang. Vergleiche! Beachte: Bei unserer Rechnung wurde die Reibung der Luft weggelassen. Und wenn der Ball sich dreht, kann seine Flugbahn komplizierter sein, denke nur an eine Bananen-Flanke!

Der Weg, den der Ball durch die Luft fliegt, ist seine *Bahnkurve*. Mit der Bewegungsgleichung und bekannten Kräften kann die Bahnkurve berechnet werden, wenn die Position und die Geschwindigkeit am Anfang bekannt sind. Dies geht nicht nur für fliegende Bälle. In manchen Fällen ist die Berechnung einfach und die Bahnkurve kann leicht auf einem Blatt Papier skizziert und gezeichnet werden. In anderen Fällen braucht man einen Computer mit einem guten Rechenprogramm, um herauszufinden, wo ein Gegenstand sich hinbewegt. Denke nur an eine Rakete, die ein Fahrzeug, mit weicher Landung, auf den Mond oder den Mars bringen soll.

Newton hat in England die Bewegungsgleichung nicht erfunden, damit dort besser Fußball gespielt werden kann. Er hat sich auch für die Bewegung des Mondes um die Erde und die Bewegung der Erde und der anderen Planeten um die Sonne interessiert.

2.11 Sonne und Planeten

Planeten bewegen sich um die Sonne, aber wie? Heute weiß jedes Kind: Die Erde bewegt sich um die Sonne, in einem Jahr einmal ganz herum. Die Erde dreht sich um ihre eigene Achse, einmal in einem Tag. Der Mond läuft um die Erde, einmal herum in knapp 28 Tagen. Der Mond dreht sich einmal um seine Achse in der gleichen Zeit. Deswegen sehen wir von der Erde aus immer nur eine Seite des Mondes. Lange Zeit glaubten die Menschen: Die Erde steht im Mittelpunkt der Welt, alles dreht sich um die Erde. Blickst du in einer klaren Nacht und weit genug weg von den Lichtern der Stadt auf die Sterne am Himmel, so ahnst du, warum die Menschen so dachten. Aber da sind die *Planeten* oder *Wandelsterne*. Venus und Jupiter sind meist leicht zu finden, Saturn und Mars etwas schwerer. Diese laufen ganz anders über den Himmel als die vielen, vielen Fixsterne. Seit Tausenden von Jahren haben Menschen darüber nachgedacht, warum dies so ist. Schon vor über 2000 Jahren wurden komplizierte Regeln gefunden, mit denen der Lauf der gut sichtbaren Planeten vorherzusagen war. Auch damals gab es schon Astronomen, die erkannten: Der Lauf der Planeten, den wir beobachten, ist viel leichter zu erklären, wenn wir denken: Die Erde und die anderen Planeten laufen um die Sonne. Diese Idee hat sich nicht durchgesetzt, wurde vergessen, wiederentdeckt und einige Zeit von der katholischen Kirche sogar verboten. Galileo Galilei, der als erster die Monde des Jupiters mit einem Fernrohr entdeckt hat, musste darunter leiden. Heute wissen wir: Die Planeten bewegen sich um die Sonne, aber die Sonne ist auch nicht der Mittelpunkt der Welt. Die Sonne ist einer von vielen Millionen Sternen in unserer *Milchstraße*, die sich um das Zentrum der Milchstraße bewegen. Dort ist wahrscheinlich ein schwarzes Loch mit einer ungeheuer großen Masse. Unser Sonnensystem ist näher am Rande der Milchstraße. Eine Ansammlung von Sternen, wie unsere Milchstraße, heißt Galaxie. Und es gibt Millionen von Galaxien im Weltall.

Vor 500 Jahren hat der Astronom Nikolaus Kopernikus (Abb. 2.25) erzählt und aufgeschrieben: Die Erde ist ein Planet, sie und die anderen Planeten bewegen sich auf Kreisbahnen um die Sonne. Die Radien der Kreise, die Abstände von der Sonne zu den Planeten sind verschieden. Je größer dieser Abstand ist, umso länger dauert der Umlauf um die Sonne. Die sonnennahen Planeten sind Merkur, Venus, Erde und Mars. Weiter weg sind Jupiter und Saturn sowie Uranus und Neptun, die erst später entdeckt wurden. Schon Kopernikus bemerkte: Die Bahnkurven sind fast, aber doch nicht genau kreisförmig. Genaue Beobachtungen und Messungen der Bahnen der Planeten machte der Astronom Tycho Brahe knapp 100 Jahre später. Der Astronom und Mathematiker Johannes Kepler (Abb. 2.26) kannte diese Beobachtungen. Vor etwa 400 Jahren konnte er sie erklären mit folgender Idee:

Abb. 2.25 Nikolaus Kopernikus, Denkmal in Krakau, Polen. Fotografie: Sigmund Knoll.

Abb. 2.26 Johannes Kepler.

Die Bahnkurven der Planeten sind Ellipsen, die Sonne steht in einem der *Brennpunkte* der Ellipse.

Dies ist das *erste Gesetz von Kepler*. Aber was ist eine *Ellipse*?

Wir zeichnen eine Ellipse Du weißt, wie du im Sand einen Kreis zeichnen kannst. Binde an beiden Enden einer kurzen Schnur je einen dünnen Stock fest. Stecke einen Stock in den Sand und verwende den anderen, um einen Kreis zu zeichnen. Halte den Zeichen-Stock senkrecht, die Schnur sollte stets gespannt sein. Der feste Stock ist der Mittelpunkt des Kreises. Jeder Punkt auf dem Kreis ist vom Mittelpunkt gleich weit entfernt. Binde die beiden Stöcke nun an einer etwas längeren Schnur fest und stecke beide in den Sand, nicht zu weit auseinander. Halte den dritten Stock so, dass die Schnur gespannt ist. Zeichne nun mit dem dritten Stock in dem Sand und achte darauf, dass die Schnur gespannt bleibt. Wenn du dies auf beiden Seiten gemacht hast, hast du eine Ellipse gezeichnet (Abb. 2.27). Die beiden festen Stöcke sind an den Brennpunkten. Der Mittelpunkt ist in der Mitte zwischen den Brennpunkten. Von jedem Punkt auf der Ellipse ist die Summe der Abstände zu den beiden Brennpunkten gleich groß, eben so lang wie die Schnur. Du bemerkst: Wenn

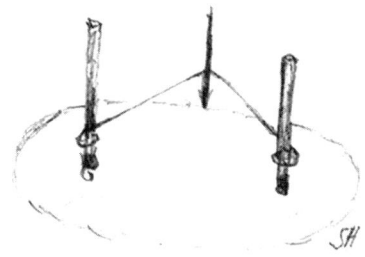

Abb. 2.27 Zwei feste Stöcke im Sand, eine Schnur und ein dritter Stock zum Zeichnen der Ellipse.

die Brennpunkte sehr nahe beieinander sind, ist die Ellipse fast ein Kreis. Wenn sie weit auseinander sind, ist die Ellipse schlank und lang gestreckt. Eine Ellipse hat eine große und eine kleine Halbachse. Dies sind die Abstände vom Mittelpunkt zu einem der beiden am weitesten und am nächsten entfernten Punkte.

Warum Brennpunkte? Warum heißen die ausgezeichneten Punkte innerhalb der Ellipse *Brennpunkte*? Da brennt doch nichts! Oder doch? Lass das Licht der Sonne auf die Linse einer Lupe fallen und halte ein Blatt Papier dahinter. Du findest einen Abstand zwischen der Linse und dem Papier, wo das Licht hell leuchtend in einem Punkt vereinigt wird. Dort kann es so heiß werden, dass das Papier zu brennen beginnt. Also Vorsicht! Der Punkt, wo das von weit herkommende Licht mithilfe der Linse in einem Punkt vereinigt wird, heißt deshalb Brennpunkt. Auch der Hohlspiegel einer Fahrradlampe oder eines Autoscheinwerfers hat einen Brennpunkt, wo Lichtstrahlen vereinigt werden. Aber wie ist das bei einer Ellipse? Stell dir vor, in einem der Brennpunkte der Ellipse ist eine hell leuchtende Lampe und die Ellipse reflektiert das von dort in alle Richtungen ausgehende Licht, wie ein Hohlspiegel. Alle Lichtstrahlen werden dann im anderen Brennpunkt wieder vereinigt, dort ist es dann besonders hell.

Der Planet ist unterschiedlich schnell auf seiner Bahn Nun zurück zur Himmels-Mechanik. Kepler hat noch zwei weitere Gesetze gefunden und aufgeschrieben. Das *zweite Gesetz von Kepler* heißt Flächensatz. Stell dir vor, wir könnten von einem Planeten, von Erde zur Sonne, zum Beispiel mit einem Laserstrahl eine gerade Linie markieren. Die Erde bewegt sich weiter auf ihrer Bahn und auch die Linie, die immer auf die Sonne zielt. Nach einiger Zeit hat diese Linie eine Fläche überstrichen. Du kannst eine solche Fläche bei deiner Ellipse im Sand

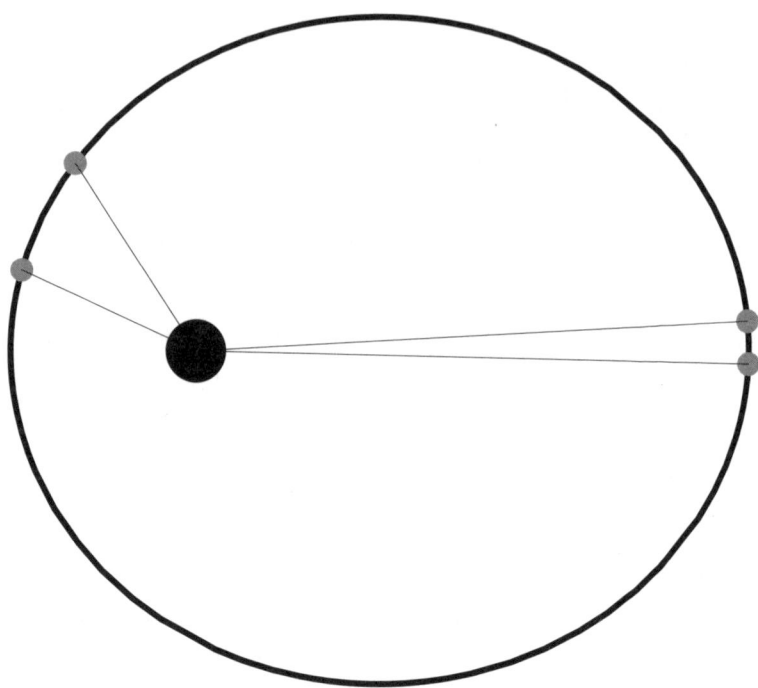

Abb. 2.28 Bahn eines Planeten um die Sonne. Der Weg zwischen den beiden Punkten rechts und links wird in der gleichen Zeit durchlaufen.

einzeichnen. Du kannst dir auch die Bahnkurve in der Abb. 2.28 ansehen. Der *Flächensatz* sagt: In gleicher Zeit wird die gleiche Fläche überstrichen. Daraus folgt:

> Ist der Planet nahe bei der Sonne, so bewegt er sich schneller, als wenn er weiter von der Sonne weg ist.

In der Abb. 2.28 sind links und rechts je zwei Punkte gezeigt. Der Planet durchläuft den Weg zwischen diesen Punkten in der gleichen Zeit. Die geraden Linien zeigen von der Sonne zu den markierten Punkten auf der Bahn. Kepler sagt: Die Flächen zwischen den linken und den rechten Linien sind gleich. Weil die linken Linien kürzer sind, müssen sie weiter auseinander liegen als die rechten Linien.

Ist die Erde im Sommer näher an der Sonne als im Winter? Auch wenn du es nicht vermutest, auf der Nordhalbkugel ist die Erde im Winter näher an der Sonne als im Sommer. Wie merkt man das? Das Winterhalbjahr, vom Herbstanfang bis zum Frühlingsanfang, ist um einige Tage kürzer als das Sommerhalbjahr, vom Frühlingsanfang bis zum Herbstanfang. Du glaubst das nicht? Wie groß ist der Unterschied? Nimm einen Kalender, wo du findest: Frühlingsanfang 21. März, Herbstanfang 23. September, wenn es nicht gerade ein Schaltjahr ist. Zähle die Tage dazwischen. Diese Zahl ziehst du von 365 ab. Die Differenz ist die Zahl der Tage im Winterhalbjahr.

Die kleinste Entfernung der Erde von der Sonne ist 147 Millionen Kilometer, die größte Entfernung ist 157 Millionen Kilometer. Die Bahnen der Planeten weichen nicht stark von einer Kreisbahn ab, wie die Ellipse in der Abb. 2.28. Kometen aber laufen auf lang gestreckten Ellipsen um die Sonne. In der Nähe der Sonne, wo wir sie sehen können, bewegen sie sich sehr schnell. Weit weg von der Sonne bewegen sie sich viel langsamer. Der Komet Halley war 1986 zu sehen. Das nächste mal wird er im Jahre 2061 zu sehen sein.

Aber warum ist es dann im Winter kälter als im Sommer? Du weißt: An einem wolkenlosen Tag im Sommer scheint die Sonne viel länger und steht mittags höher am Himmel als im Winter. Warum ist das so? Die Achse, um die sich die Erde dreht, ist geneigt gegenüber der Ebene, in der sich die Erde um die Sonne bewegt. In der Abb. 2.29 ist die Erde an vier Positionen auf ihrer Bahn um die Sonne gezeigt, wo sie

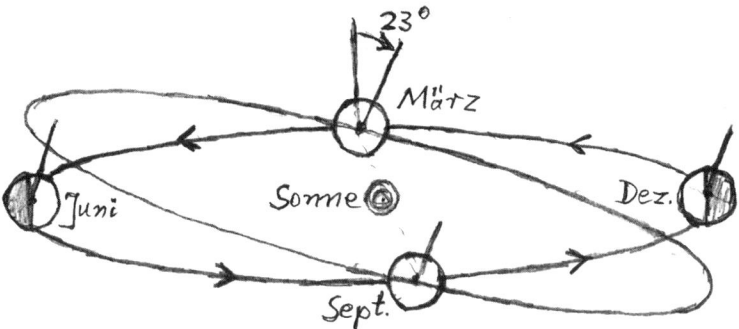

Abb. 2.29 Ekliptik: Die Neigung der Achse der Erde gegen die Bahnebene ist im Laufe eines Jahres gleich. Die gegenüber der Erdbahn geneigte Ellipse markiert die Lage des Himmels-Äquators.

am 20. März, am 21. Juni, am 22. September und am 21. Dezember steht. Die Erde ist im Vergleich zur Sonne und zum Durchmesser ihrer Bahn natürlich viel kleiner als in der Skizze. Die Richtung der Erdachse ist durch einen Strich angedeutet. Der Winkel zwischen der Erdachse und einer Linie senkrecht auf der Erdbahn ist ungefähr 23 Grad. Dieser Winkel ändert sich nicht beim Umlauf um die Sonne. In unserem Sommer wird deshalb ein größerer Teil der nördlichen Hälfte der Erde länger von der Sonne beleuchtet als im Winter. Der Himmels-Äquator ist der Rand einer gedachten Ebene, die senkrecht ist zur Erdachse. Nachts können wir nur Sterne sehen, die oberhalb des Himmels-Äquators sind. Weil der Himmels-Äquator geneigt ist gegenüber der Bahnebene, gibt es Sterne, die wir nur im Winter und nicht im Sommer sehen, zum Beispiel die Sterne im Sternbild des Orion. Die Erdachse zeigt zum Polarstern. Sterne in seiner Nähe sind das ganze Jahr über zu sehen.

In Zeichnungen wird oft die Erdachse in senkrechter Richtung und der Himmels-Äquator in waagerechter Richtung dargestellt. Die Bahn der Erde ist dann geneigt in einem solchen Bild. Die Erdbahn selbst und auch der scheinbare Weg des Sonnen-Aufganges oder des Sonnen-Unterganges durch die Sternbilder am Himmel werden mit dem Namen *Ekliptik* bezeichnet. Wäre die Erdachse senkrecht zur Erdbahn so würden Ekliptik und Himmels-Äquator in der gleichen Ebene liegen und auf der Erde gäbe es keinen Unterschied zwischen Sommer und Winter.

Die Richtung der Erdachse ändert sich aber langsam mit der Zeit, die Neigung gegenüber der Erdbahn bleibt aber ungefähr gleich. Diese Bewegung heißt *Präzession*. Wie die Achse eines sich am Boden drehenden Spiel-Kreisels bewegt sich die Spitze der Drehachse auf einem Kreis, so wie in Abb. 2.30 angedeutet. Die senkrechte Linie ist senkrecht zur Erdbahn.

Die Präzessions-Bewegung der Richtung der Erdachse ist sehr langsam, erst in ungefähr 26 Tausend Jahren einmal rund herum. Das bedeutet, in 13 Tausend Jahren kann Weihnachten auf der Nord-Halbkugel im Sommer gefeiert werden, so wie die Australier es jetzt tun. Die Erdachse zeigt dann nicht mehr zum Polarstern. Das Kreuz des Südens ist auch dann nur von der Süd-Halbkugel der Erde aus zu sehen. Von der Erde aus gesehen erscheinen am Nacht-Himmel, dort wo die Sonne untergeht, verschiedene Sternbilder im Laufe eines Jahres. Seit vielen tausend Jahren haben dies Menschen beobachtet

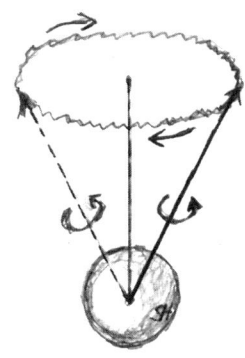

Abb. 2.30 Die Präzessions-Bewegung der Richtung der Erdachse. Die senkrechte Linie ist senkrecht zur Erdbahn. Rechts ist die heutige Richtung der Erdachse, links die Richtung in 13 Tausend Jahren.

und wie in unserem Kalender das Jahr in zwölf Teile geteilt. Schon vor über zweitausend Jahren wurde der scheinbare Lauf der Sonne am Himmels-Äquator mit zwölf Sternbildern mit den Namen »Fische«, »Widder« und so weiter angegeben. Die Tierkreiszeichen mit den gleichen Namen, die du in Kalendern finden kannst, sind aber gegenüber den heutigen Sternbildern am Himmel um einen Monat verschoben. Wir wissen auch warum: Der Grund ist die Präzessions-Bewegung der Erdachse von mehr als zweitausend Jahren.

Warum gibt es die Präzession? Nun, die Erde ist ein wenig abgeplattet, der Durchmesser am Äquator ist ungefähr 40 Kilometer größer als die Entfernung vom Südpol zum Nordpol. Die Erde ist also am Äquator etwas dicker, hat dort etwas mehr Masse, die von der Sonne angezogen wird. Die Sonne möchte deshalb die Erdachse aufrichten. Weil die Erde sich dreht, weicht die Drehachse seitwärts aus, so wie ein am Boden tanzender Kreisel nicht umfällt, sondern eine Präzessions-Bewegung ausführt, so lange er sich schnell genug dreht.

In Abb. 2.30 bewegt sich die Spitze der Linie, die die Richtung der Erdachse anzeigt, auf einem Kreis, der etwas wackelig gezeichnet ist, als ob Opa beim Zeichnen gezittert hätte. Das Wackeln war Absicht. Damit ist angedeutet: Es gibt kleinere Veränderungen der Richtung der Erdachse. Darunter ist eine regelmäßige Veränderung mit einer Periode von ungefähr 18 Jahren. Diese Bewegung der Erdachse wird *Nutation* genannt. Sie hängt zusammen mit dem Mond, genauer mit der Neigung der Bahn des Mondes um die Erde gegenüber der Bahn der Erde um die Sonne. Die Schnittpunkte der Mondbahn mit der Ekliptik laufen einmal rund herum in etwas mehr als 18 Jahren.

Die Bewegung des Planeten um die Sonne ist periodisch Der Planet durchläuft immer wieder seine Bahn. Die Bewegung wiederholt sich nach der Umlaufzeit, für die Erde ist dies eben ein Jahr. Du weißt schon, eine solche sich immer wieder wiederholende Bewegung heißt periodisch. Die periodische Wiederholung siehst du im Weg-Zeit-Diagramme für die x- und y-Koordinaten des Planeten, gesehen von der Sonne aus. In der Abb. 2.31 ist dies für 7 Umläufe unseres berechneten Planeten gezeigt. Warum ist bei der horizontalen x-Koordinate die Null-Linie nicht in der Mitte des Weg-Zeit-Diagramms wie bei der senkrechten y-Koordinate? Betrachte die Bahnkurve 2.28.

Beim Rechnen und in dem Diagramm in der Abb. 2.31 sind die Länge, Zeit und Masse nicht in Meter, Sekunden und Kilogramm angegeben. Die Einheiten werden so gewählt, dass für den Abstand des Planeten von der Sonne mit dem Zahlenwert 1 die potentielle Energie den Wert -1 hat. Für die Geschwindigkeit mit dem Zahlenwert 1 ist die kinetische Energie gleich 0,5. In der Zeit mit dem Wert 1 würde der Planet mit der Geschwindigkeit 1 einen geraden Weg der Länge 1 zurücklegen, wenn die anziehende Kraft der Sonne ausgeschaltet wäre. Für die hier gezeigten Kurven wurden am Anfang $x = -1,5$ und $y = 0$ für die Position gewählt. Die Koordinaten der Sonne sind $x = 0$ und $y = 0$. Die Geschwindigkeit war gleich 0 in die x-Richtung und -1, für die y-Richtung. Die gesamte Energie hat den Wert $-1/6$. Die Bewegung beginnt links und geht zunächst nach unten. Der Planet läuft links herum. Der Bahnkurve siehst du das nicht an. Aus dem Weg-Zeit-Diagramm kannst du das aber wohl ablesen.

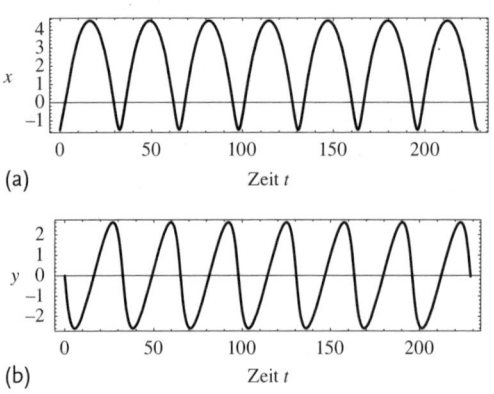

(a)

(b)

Abb. 2.31 Weg-Zeit-Diagramm: die x- und y-Koordinaten des Planeten für 7 Umläufe.

Vergleiche doch einmal das Weg-Zeit-Diagramm in der Abb. 2.16 für das Uhren-Pendel mit dem für die x-Komponente unseres Planeten. Beide Kurven sind periodisch, aber doch verschieden. Die Kurve in der Abb. 2.16 ist einfacher und gleichmäßiger, eben durch eine Sinus-Funktion beschrieben.

Längere Umlaufzeit des Planeten bei größerer Bahn-Ellipse Das dritte Gesetz von Kepler sagt, wie die Zeit für den Umlauf eines Planeten größer wird, wenn die große Halbachse der Bahnellipse des Planeten größer ist. Der Planet Jupiter ist viel weiter weg von der Sonne als die Erde. Er braucht fast zwölf Jahre, zwölf mal länger als die Erde, um auf seiner Bahn einmal um die Sonne zu laufen. Mit dem dritten Gesetz von Kepler kann man ausrechnen, wie viel weiter er von der Sonne weg ist, als die Erde: etwas mehr als 5 mal weiter. Saturn braucht ungefähr 30 Jahre für einen Umlauf. Er ist 9 bis 10 mal weiter weg von der Sonne als die Erde. Wie wird das berechnet? Nun, gebe die Umlaufzeit eines Planeten in Jahren an und dividiere die Halbachse seiner Bahn-Ellipse durch die Halbachse der Erd-Bahn, dann sagt das *dritte Gesetz von Kepler*:

Umlaufzeit mal Umlaufzeit ist gleich Halbachse mal Halbachse mal Halbachse.

Nennen wir die Umlaufzeit eines Planeten T, die Umlaufzeit der Erde T_{erd}, die Halbachsen H und H_{erd}, so ist die Formel für das dritte Gesetz von Kepler:

$$\left(\frac{T}{T_{\text{erd}}} \right)^2 = \left(\frac{H}{H_{\text{erd}}} \right)^3 .$$

Auch für Monde gelten die Gesetze von Kepler Die Gesetze von Kepler für die Bewegung der Planeten um die Sonne gelten auch für die Bewegung des Mondes um die Erde. Die Bahn des Mondes ist fast ein Kreis. Newton kannte die Gesetze von Kepler. Vor 300 Jahren hat er darüber nachgedacht, wie er diese Gesetze verstehen und erklären könnte. Es wird erzählt: Als er unter einem Apfelbaum saß und ihm ein Apfel auf den Kopf fiel, hatte er die Idee: Die Kraft, die den Apfel fallen lässt, hält auch den Mond auf seiner Bahn um die Erde. Diese

Idee ist richtig, aber Newton wusste das schon vorher. Die Geschichte war wohl doch etwas anders.

2.12 Newton, Mond und Erde

Das Gravitations-Gesetz von Newton Isaac Newton (Abb. 2.32) überlegte: Woher kommt die Kraft, die den Mond zwingt auf seiner Bahn um die Erde zu laufen. Der Mond hat eine Masse, und es gilt der Trägheits-Satz. Stell dir vor, die Kraft, die ihn auf der Bahn hält, wird abgeschaltet. Der Mond würde von seiner Bahn gerade aus weglaufen, wie die Funken vom sich drehenden Schleifstein. Doch niemand kann diese Kraft ausschalten. Massen ziehen sich gegenseitig an. Dies ist die *Gravitation*. Newton hatte eine Idee:

> Die Kraft zwischen zwei Körpern ist gleich Gravitationskonstante mal der Masse des einen mal der Masse des anderen Körpers dividiert durch deren Abstand zum Quadrat.
> Denke bei den »zwei Körpern« an Sonne und Erde oder an Erde und Mond.

Das Gravitations-Gesetz besagt: Bei doppeltem Abstand ist die Kraft nur noch ein Viertel, bei dreifachem Abstand ein Neuntel.

Die Richtung der Kraft zeigt in die Richtung der Verbindungslinie zwischen den beiden Körpern. Die Kraft auf den einen Körper ist entgegengesetzt gleich der Kraft auf den anderen. Dieses Gesetz hat den schönen Namen: *actio* gleich *reactio*.

Die deutschen Worte »Aktion« und »Reaktion« sind verwandt mit den lateinischen Worten *actio* und *reactio*.

Die Erde zieht den Mond an, der Mond übt eine gleichgroße, anziehende Kraft auf die Erde aus. Dies spürt auch das Wasser der Meere: Es gibt Ebbe und Flut.

Relativbewegung zweier Körper Für die Bewegung jeden Körpers gilt eine Bewegungsgleichung. Gibt es nur zwei Körper, auf die entgegengesetzt gleiche Kräfte wirken, so macht der Schwerpunkt der beiden Massen eine geradlinige Bewegung oder ist in Ruhe. Spannend ist die Relativbewegung, der eine Körper gesehen vom anderen. Für die

Abb. 2.32 Rita hat Newton in England gezeichnet.

Relativbewegung gilt eine Bewegungsgleichung mit einer *reduzierten Masse*: Masse des einen Körpers mal Masse des anderen Körpers dividiert durch die Summe der beiden Massen.

Wir nennen die Massen der beiden Körper m_1 und m_2. Dann können wir die reduzierte Masse m als Formel schreiben:

$$m = \frac{m_1 m_2}{m_1 + m_2} \, .$$

Ist eine der Massen sehr groß, die andere sehr klein, so ist die reduzierte Masse gleich der kleineren Masse. Anstelle der Berechnung der Bewegung von zwei Körpern ist die einfachere Berechnung der Bewegung von einem Körper zu machen. Newton wusste das. Er hat für die Kraft die von ihm ausgedachte Gravitationskraft verwendet und gefunden: Die drei Gesetze von Kepler für die Bewegung der Planeten um die Sonne und der Bewegung des Mondes um die Erde folgen aus der Bewegungsgleichung. Ein schöner Erfolg. Aber er wollte es noch genauer wissen.

Stimmt das mit der Gravitationskraft? Nimmt die Gravitationskraft bei größerem Abstand wirklich so ab, wie Newton das sich ausgedacht hatte? Der Mond ist ungefähr 60 Erdradien von uns entfernt. Die Stärke der dort wirkenden Anziehungskraft bestimmt, wie schnell der Mond um die Erde läuft. Wir sind auf der Erde und spüren die Gravitation als Schwerkraft. Wir kennen den Wert der Erdbeschleunigung. Aber wie ist das mit der Gravitationskraft, wenn ein Stein nach unten fällt? Die Masse der Erde ist doch in der ganzen Erde verteilt. Und was ist der Abstand zu den verschiedenen Teilen der Massen der Erde unter dem Stein? Es wird erzählt: Als der Apfel Newton auf den Kopf fiel, hatte er die richtige Lösung für dieses Problem: Rechne so, als ob die ganze Masse der Erde im Erdmittelpunkt vereinigt wäre. Der Abstand des Steines vom Mittelpunkt ist gleich dem Radius der Erde, mehr als 6000 km, plus die Höhe, um den der Stein gehoben wurde. Ist die Höhe nur einige Meter, so kann sie bei dieser Rechnung weggelassen werden.

> Die Erdbeschleunigung ist gleich Gravitationskonstante mal Masse der Erde dividiert durch Radius der Erde zum Quadrat.

Aus dem Vergleich der Zahlenwerte für die Erdbeschleunigung und der Umlaufzeit des Mondes konnte Newton sehen: Bei größerem Abstand nimmt die Gravitationskraft so ab, wie er es vermutet hatte: Ist der Abstand zweimal größer, so ist die Kraft viermal kleiner, ist der Abstand zehn mal größer, so ist die Kraft 100 mal kleiner. Ist der Abstand 60 mal größer, wie beim Mond, so ist die Kraft 3600 mal kleiner. Dazu brauchte er den Wert der Gravitationskonstanten nicht zu wissen. Ist das nicht bewundernswert? Newton konnte nachweisen: Es ist die gleiche Kraft, die den Apfel vom Baum fallen lässt und die den Mond auf seiner Bahn hält. Das schaffte er, obwohl er den Zahlenwert der Gravitationskonstanten und die Massen von Erde und Mond nicht kannte.

Die Erdbeschleunigung g können wir auch als Formel angeben. Wir nennen die Gravitationskonstante G, die Masse der Erde M und ihren Radius R. Dann gilt:

$$g = G \frac{M}{R^2} \, .$$

Können wir die Erde wiegen?   Deine Masse, oder die Masse eines Steines, kannst du mit einer Waage bestimmen. Die Waage misst zwar Gewicht gleich Masse mal Erdbeschleunigung. Die Skala ist aber so geeicht, dass du den Wert der Masse ablesen kannst. Kann man die Erde wiegen? Nein, natürlich nicht! Aber die *Masse der Erde* kann man aus dem Wert der Erdbeschleunigung bestimmen, wenn man die Gravitationskonstante kennt. Die Gravitationskonstante ist vor etwa 200 Jahren gemessen worden, also erst 100 Jahre nach Newton. Die Gravitationskraft zwischen zwei Massen von 10 kg im Abstand von 10 cm ist sehr klein. Wie klein? Nun, etwa gerade so groß wie die

Gewichtskraft, die die Erde auf ein Haar ausübt. Der englische Physiker Henry Cavendish musste sehr, sehr genau messen, um die Größe der Gravitationskonstanten zu finden. Er hat es geschafft, mit einem trickreichen Experiment, mit einer Drehwaage.

Wir kennen nun die *Masse der Erde:* 6 mal eine Million mal eine Million mal eine Million mal eine Million Kilogramm. Eine große Zahl! Eine Million hat 6 Nullen hinter der 1. Die Masse der Erde hat 24 Nullen hinter der 6. Aber die Masse von Jupiter ist noch 320 mal, die Masse der Sonne ist noch 330 Tausend mal größer als die Masse der Erde.

Eine *Drehwaage,* was ist das? Betrachte die Abb. 2.33. Zwei Bleikugeln sind am Ende eines Stabes befestigt. In der Mitte wird der Stab an einem Draht aufgehängt. Der Stab hängt horizontal und zeigt in eine bestimmte Richtung. Es kostet Kraft, den Stab zu verdrehen, weil der Draht gestreckt bleiben und nicht verdrillt werden möchte. Grosse Kugeln werden in die Nähe der kleinen Kugeln gebracht. Die Gravitation, also die Anziehungskraft zwischen den großen und den kleinen Kugeln verdreht den Stab ein wenig. Der Abstand zwischen den großen und den beiden kleinen Kugeln wird verändert. Bei kleinerem Abstand ist die Kraft größer und damit ist auch die Drehung des Stabes größer. Ganz kleine Drehungen werden durch einen Lichtzeiger sichtbar. Am Draht ist nämlich ein kleiner Spiegel befestigt, auf den ein Lichtstrahl fällt und reflektiert wird. Eine kleine Drehung des Spiegels am Draht gibt eine deutlich sichtbare Veränderung der Rich-

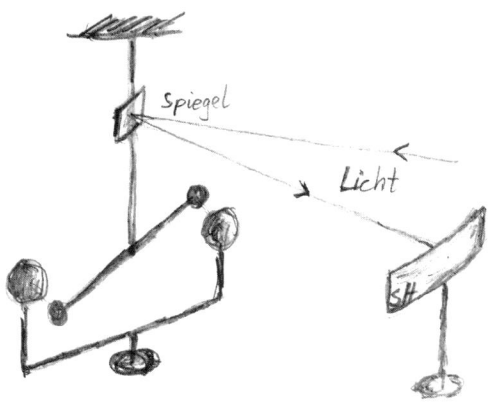

Abb. 2.33 Drehwaage mit Lichtzeiger. Der Schirm auf den der reflektierte Lichtstrahl fällt ist oft weiter weg als gezeigt.

tung des reflektierten Lichtstrahls. Natürlich ist das Experiment nicht ganz so einfach. Zuerst muss die Drehwaage geeicht werden: Es muss bestimmt werden, wie groß die Kraft ist, damit der Stab der Drehwaage sich um ein Grad verdreht. Du weißt: Eine Viertel-Drehung entspricht 90 Grad. Bei einem Lichtstrahl von zehn Metern Länge wird der Strahl bei der Drehung um ein Grad um 18 cm verschoben. Bei einer Drehung von einem Zehntel Grad ist die Verschiebung des Auftreffpunktes des Lichtstrahls noch immer fast 2 cm und damit noch gut sichtbar. Die Drehwaage ist ein sehr empfindliches Messinstrument. Deshalb dürfen kein Luftzug und keine Erschütterungen stören.

Es wird erzählt: In Berlin, genauer in einem Keller in der Festung Spandau, wo es keine Erschütterungen durch den Straßenverkehr von außen gibt, wurde vor über 100 Jahren eine solche Messung der Gravitationskonstanten gemacht. Die neue Messung sollte genauer sein, als alle vorherigen Messungen. Dazu musste sehr lange und sehr oft gemessen werden. Und es ergab sich: Die Gravitationskonstante scheint sich im Laufe eines Jahres zu verändern, zwar nicht viel, aber doch deutlich messbar. Wie verwunderlich! Aber, die Gravitationskonstante hatte sich gar nicht verändert. Die Kraft, die die Drehwaage anzeigt, änderte sich durch die Veränderung der Masse der vielen Kohlen, die im Keller neben der Drehwaage im Herbst eingelagert wurden und im Sommer verbraucht waren.

Relative Dichte der Erde Wir kennen den Radius der Erde und können ihr Volumen berechnen. Die Dichte ist Masse dividiert durch Volumen. Für die ganze Erde finden wir den Zahlenwert 5,5. Sand, Lehm und Steine und was wir sonst noch auf der Erdoberfläche und im Boden finden hat eine kleinere Dichte, nur etwa halb so groß. Im Inneren der Erde muss also etwas Schwereres sein, etwas mit größerer Dichte. Vermutlich ist dort viel Eisen, geschmolzenes Eisen. Die relative Dichte von Eisen ist ungefähr 8.

Die relative Dichte unseres Mondes ist ungefähr 3,3. Die Dichte von Venus und Mars liegen zwischen der von Erde und Mond. Bei den sonnenfernen Planeten ist die Dichte kleiner. Bei Jupiter ist es 1,3. Jupiter besteht aus viel Gas. Auf seiner Oberfläche könnte kein Astronaut laufen. Im Inneren ist vielleicht doch ein schwererer, fester Kern. Saturn, Uranus und Neptun sind ähnlich.

Fall-Beschleunigung am Mond Wie ist das mit der Fall-Beschleunigung auf dem Mond? Wir wollen schätzen. Die Masse des Mondes ist nur ein Achtzigstel der Erdmasse. Der Radius ist ungefähr ein Viertel des Erdradius. Zur Berechnung der Fall-Beschleunigung brauchst du die Masse dividiert durch Radius mal Radius. Die Mondbeschleunigung ist also 1/80 dividiert durch 1/4 mal 1/4 = 1/16, das ist 16/80 = 1/5 mal der Erdbeschleunigung. Mit genaueren Zahlen findet man den genaueren Wert: Die Fall-Beschleunigung auf dem Mond ist ein Sechstel der Erdbeschleunigung.

Wie schwer wären wir auf einer größeren oder kleineren Erde? Stell dir vor, es gäbe eine Erde mit der gleichen Dichte, aber mit doppeltem Radius. Wie groß wäre dann die Erdbeschleunigung? Das Volumen ist 8 mal größer. Die Masse ist gleich Dichte mal Volumen. Also ist die Masse auch 8 mal größer als die unserer Erde. Zur Berechnung der Erdbeschleunigung brauchst du die Masse, dividiert durch Radius mal Radius. Radius mal Radius ist 2 mal 2 gleich 4 mal größer. Die Beschleunigung auf der neuen Erde ist 8 dividiert durch 4 gleich 2 mal größer. Alles wäre doppelt so schwer. Du weißt nun auch wie es wäre, wenn der Radius nur halb so groß ist. Die Beschleunigung auf einer solchen kleineren Erde wäre nur halb so groß wie bei uns. Alles wäre dort nur halb so schwer. Wäre das nicht schön? Aber Halt! Auf einer solchen Erde wäre viel weniger Platz, die Erd-Oberfläche wäre kleiner, nur ein Viertel unserer Erd-Oberfläche.

Was tut der Mond für Ebbe und Flut? Du weißt jetzt schon viel über Mond und Erde. Aber wie ist das mit *Ebbe und Flut*? Vielleicht hast du es schon erlebt: Wenn das Wasser früh morgens am höchsten stand, gab es abends, also ungefähr zwölf Stunden danach, wieder eine Flut. Wie kann das sein? Es dauert doch einen ganzen Tag, bis die Erde sich um ihre eigene Achse so weit gedreht hat, bis das Wasser, das du gerade siehst, wieder näher am Mond ist. Nun, es gibt auf den Weltmeeren nicht nur einen *Wasserberg* auf der Seite der Erde, die dem Mond am nächsten ist, sondern einen zweiten auf der entgegengesetzten Seite. Wie kann dieser zweite Wasserberg entstehen? Erde und Mond drehen sich um ihren gemeinsamen Schwerpunkt. Wo liegt dieser Schwerpunkt? Natürlich auf der Verbindungslinie zwischen dem Mittelpunkt der Erde und dem Mittelpunkt des Mondes. Genau wie beim Hebelgesetz gilt:

Masse der Erde mal Abstand Erdmittelpunkt–Schwerpunkt ist gleich Masse des Mondes mal Abstand Mondmittelpunkt–Schwerpunkt.

Die Masse der Erde ist ungefähr 80 mal größer als die Masse des Mondes. Der Abstand Erdmittelpunkt–Schwerpunkt ist also gleich dem Abstand Mondmittelpunkt–Schwerpunkt dividiert durch 80. Die Entfernung Erde–Mond ist ungefähr 60 mal Radius der Erde. Der Abstand Erdmittelpunkt–Schwerpunkt ist also $60/80 = 3/4$ mal Radius der Erde. Der gemeinsame Schwerpunkt von Erde und Mond liegt noch innerhalb der Erde. Die Drehung der Erde um diesen gemeinsamen Schwerpunkt in ungefähr 28 Tagen bewirkt eine Fliehkraft, die auf den Weltmeeren den zweiten Wasserberg verursacht.

Wenn du einige Tage hintereinander am Meer warst, hast du bemerkt: Ebbe und Flut treten nicht zu gleichen Uhrzeiten auf. Der Mond bewegt sich ja von Tag zu Tag weiter auf seiner Bahn um die Erde. Außerdem werden die Wassermassen in den Meeres-Becken und Buchten zwar von der Anziehung des Mondes und von Fliehkraft der Erde-Mond-Drehung angetrieben, aber eigentlich möchten die Wassermassen in einem Teil des Meeres sich mit einer eigenen Schwingungs-Frequenz bewegen. Ähnlich wie ein Pendel einer bestimmten Länge, das seine Eigen-Frequenz hat, haben verschiedene Teile des Meeres und Meeres-Buchten verschiedene Eigenschwingungen. Die Bewegung des Mondes und die Überlagerung von Antrieb und Eigenschwingungen machen das Auftreten von Ebbe und Flut abwechslungsreich.

2.12.1 Formeln für Newton und die Gravitation[*]

Das Gravitationsgesetz von Newton kann auch als Formel geschrieben werden. Dazu verwenden wir Abkürzungen: K für die Kraft, G für die Gravitationskonstante, m_1 und m_2 für die Massen der beiden Körper, die wir mit 1 und 2 nummeriert haben, und r für den Abstand zwischen den beiden Massen. Doch halt! Auf jede der beiden Massen wirkt ja eine Kraft, und *actio* gleich *reactio* sagt uns, beide sind entgegengesetzt gleich (Abb. 2.39). Was ist dann K? Die Kraft, die auf die Masse 1 ausgeübt wird, nennen wir K_1, die Kraft. Die, die auf die

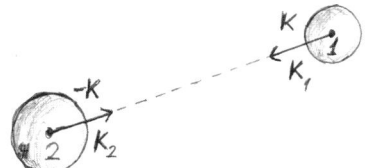

Abb. 2.34 Die Kraft $K_1 = K$ wirkt auf die Masse 1, die Kraft $K_2 = -K$ wirkt auf die Masse 2. Der Einheitsvektor $\hat{r}$ ist parallel zu der Verbindungslinie von 2 nach 1.

Masse 2 wirkt, heißt K_2, und wir wissen: $K_2 = -K_1$, das ist *actio gleich reactio*. Wir wählen nun den Namen 2 für die größere Masse und $K = K_1$. Das also ist die Kraft, die die kleinere Masse 1 spürt. Die Formel für das Gravitationsgesetz ist dann

$$K = -G\,\frac{m_1 m_2}{r^2}\,\hat{r}\,.$$

Was ist denn hier das lustige Zeichen $\hat{r}$, ein fettes r mit einem Dach darüber? Mit dem fetten r bezeichnen wir den Vektor, der von 2 nach 1 zeigt, zum Beispiel vom Mittelpunkt der Erde zum Mittelpunkt der Mondes. Das Dach über diesem Buchstaben deutet an: Es ist ein *Einheitsvektor*, der die Richtung von r anzeigt. Der Vektor r hat die Länge r, die in Meter oder Kilometer angegeben werden kann. Der Einheitsvektor $\hat{r}$ hat die Länge 1, deshalb sein Name.

Die Masse 1 kann auch ein Stein sein, den du hier auf der Erde in der Hand hast. Wir nennen diese Masse m, also $m_1 = m$ und die Masse der Erde ist M, also $m_2 = M$. Der Radius der Erde ist R, also $r = R$. Aus der vorherigen Formel wird dann

$$K = -G\,\frac{m M}{R^2}\,\hat{r}\,.$$

Der Einheitsvektor $\hat{r}$ zeigt vom Mittelpunkt der Erde nach oben, $-\hat{r}$ zeigt dann also nach unten, hin zum Mittelpunkt der Erde. Die Kraft ist das Gewicht, das den Stein nach unten zieht. Die Formel können wir nun auch schreiben:

$$K = -mg\hat{r}\,.$$

Dabei ist

$$g = G\,\frac{M}{R^2}\,,$$

die Erdbeschleunigung. Wir wissen schon: Sind g, R und die Gravitationskonstante G bekannt, so kann mit dieser Formel die Masse M der Erde bestimmt werden.

2.13   Energie bei der Planetenbewegung

Die Energie des Pendels   Du erinnerst dich: Das Pendel hat kinetische Energie und potentielle Energie. Die kinetische Energie ist die Energie der Bewegung. Die kinetische Energie nimmt zu mit der Masse und mit der Geschwindigkeit: doppelte Masse, zweifache kinetische Energie; doppelte Geschwindigkeit bedeutet $2 \times 2 = 4$-fache kinetische Energie. Die potentielle Energie des Pendels wird größer, wenn das Pendel ausgelenkt und das Gewicht gegen die Schwerkraft angehoben wird. Schwingt das Pendel hin und her, so wandelt sich ständig potentielle in kinetische Energie um und umgekehrt. Ohne Reibung würde das immer so weitergehen. Die Summe der kinetischen und der potentiellen Energie würde sich nicht ändern, wäre konstant.

Ein Planet hat kinetische und potentielle Energie   Wie ist das bei der Bewegung eines Planeten um die Sonne? Klar, der Planet hat Masse und Geschwindigkeit, also hat er kinetische Energie. Gibt es eine potentielle Energie? Ja! Der Planet wird auf seiner Bahn gehalten durch die Gravitationskraft, die die Sonne auf ihn ausübt. Dazu gehört eine Energie, die Gravitations-Energie. Was ist der Unterschied zwischen Kraft und potentieller Energie? Du weißt, die Kraft ist ein Vektor, sie hat eine Richtung. Der Planet wird in die Richtung zur Sonne hin gezogen. Sie hängt auch vom Abstand ab. Bei halbem Abstand ist die Gravitationskraft $2 \times 2 = 4$ mal so groß. Die Gravitationskraft ist anziehend. Die potentielle Energie der Gravitation ist negativ, kleiner als null. Die kinetische Energie ist immer größer als null. Potenzielle Energie kleiner als null, was soll das? Bei der potentiellen Energie kommt es, wie beim Bergsteigen, nur auf Unterschiede an. Wenn du auf der Höhe von 1100 m eine Wanderung beginnst, ist es wohl nicht anstrengender, einen Berg von 1500 m Höhe zu besteigen, als wenn du bei 500 m startest, um auf die Höhe von 900 m aufzusteigen. Und am Gipfel kannst du sagen: Auf dieser Höhe ist mein neuer Nullpunkt. Du steigst hinab und erreichst deinen Ausgangspunkt, vom Gipfel aus gezählt, auf der Höhe −400 m. Das Minuszeichen sagt: Von deinem neuen Nullpunkt aus bist du nach unten gegangen. Bei der Gravitationsenergie wird der Nullpunkt dorthin gelegt, wo der Planet sehr, sehr weit von der Sonne entfernt ist. Nähert sich der Planet der Sonne, wird die potentielle Energie kleiner. Der Zahlenwert der Gravitationsenergie, die Zahl hinter dem Minuszeichen, wird aber größer. Bei halbem Abstand ist er doppelt so groß.

> Aus der Bewegungsgleichung von Newton folgt: Die gesamte Energie ist konstant.

Bei der himmlischen Mechanik gibt es keine Reibung. Die gesamte Energie ist gleich kinetische Energie plus potentielle Energie. Da die potentielle Energie kleiner als null ist, kann auch die gesamte Energie kleiner als null sein. So ist es bei dem Planeten. Seine Bahnkurve ist eine Ellipse, die er wieder und wieder durchläuft. Die Ellipse ist eine geschlossene Kurve.

Hyperbel-Bahnen Kann die gesamte Energie auch größer als null sein? Ja, dann ist die Bahnkurve aber keine Ellipse, sondern eine Hyperbel. Wie sieht eine Hyperbel aus? Zeichne zunächst zwei Geraden, eben gerade Linien, die sich schneiden. Zeichne dann zwischen die Geraden eine Kurve wie ein »U«, das oben immer weiter wird und die Geraden fast berührt, so ähnlich sieht eine Hyperbel aus. In der Abb. 2.35 siehst du eine Hyperbel, bei der die Kurve mit dem Computer wie ein liegendes »U« gezeichnet wurde. Der große Punkt markiert die Position der Sonne, die im Brennpunkt der Hyperbel steht. Sehr weit weg von der Sonne nähert sich die Bahn den beiden dünnen, geraden Linien. Diese Geraden heißen *Asymptoten*. Vom Schnittpunkt der Asymptoten kannst du, in Gedanken oder mit Lineal und Bleistift, zum Brennpunkt eine Gerade zeichnen. Diese Gerade schneidet die Bahn am Scheitel der Hyperbel. Das ist der Punkt, wo die Bahn am nächsten bei der Sonne ist. Aus der Bahnkurve kannst du nicht ablesen, ob der Himmelskörper auf der Hyperbel-Bahn von oben nach unten oder von unten nach oben läuft.

Die Hyperbel ist keine geschlossene Kurve. Ein Himmelskörper, der sich auf einer solchen Bahn der Sonne nähert, wird um sie herum laufen und dann in den Weiten des Weltalls auf Nimmerwiedersehen verschwinden.

Raumsonden verlassen unser Sonnen-System Ein Satellit läuft auf einer Ellipsen-Bahn um die Erde. Auf einer solchen Bahn kann sich

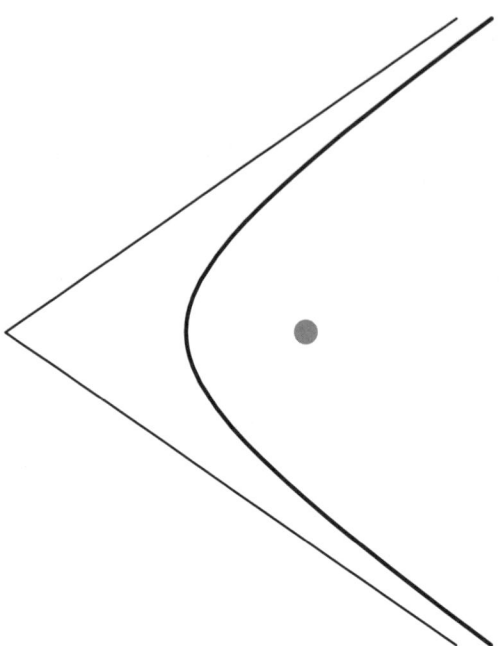

Abb. 2.35 Hyperbel-Bahn. Der große Punkt markiert die Position der Sonne. Die beiden dünnen, geraden Linien sind die Asymptoten der Hyperbel.

auch eine Raumsonde bewegen. Durch Zündung kleiner Raketen kann sie eine Rückstoß-Kraft erhalten, die sie auf eine Hyperbel-Bahn um die Erde bringt. Sie kann sich dann im Planetensystem weiter nach außen bewegen und vom Jupiter angezogen werden. Die Bewegung um den Jupiter gibt der Raumsonde zusätzlichen Schwung, eben zusätzliche kinetische Energie. Diese kann ausgenutzt werden, wenn sie sich noch weiter von der Sonne wegbewegen soll, um in die Nähe der äußeren Planeten zu gelangen. Zur Berechnung einer solchen Bahn braucht man die Gravitationskräfte der Erde, der Sonne und der anderen Planeten. Dazu muss man in jedem Augenblick wissen, wo sich die Planeten und die Raumsonde befinden. Diese Aufgabe kann gelöst werden, sie ist aber komplizierter als die Berechnung der Bahn eines Planeten um die Sonne. Die Bahnkurve kann auch so sein, dass eine Raumsonde unser Sonnensystem verlässt. Im Jahre 1972 und 1973 wurden die Sonden Pioneer 10 und Pioneer 11 in das Weltall hinausgeschickt. Ihnen folgten 1977 die Sonden Voyager 1 und Voyager 2. Im Vorbeiflug haben sie Jupiter und die anderen

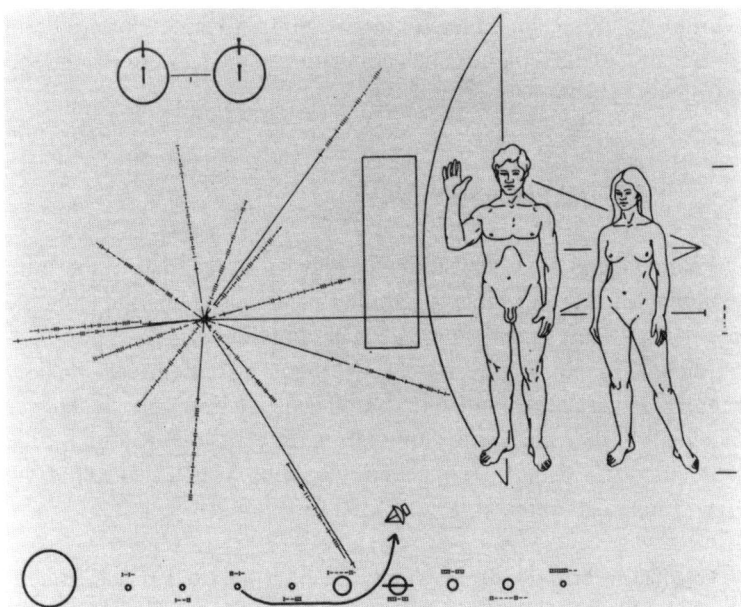

Abb. 2.36 Die Zeichnungen auf der Raumsonde.

äußeren Planeten beobachtet, Bilder und Daten von Messungen zur Erde gesendet. Mit an Bord der Sonden sind Metallplatten, auf denen Symbole eingeritzt sind. Intelligente außerirdische Lebewesen könnten damit herausfinden, woher die Sonde herkommt. Die Zeichnung auf Pioneer 10 ist in Abb. 2.36 gezeigt. Was bedeuten die Kreise und der krumme Pfeil am unteren Rand?

Wie wurden neue Planeten entdeckt? Bei der Berechnung der Bahnen eines Planeten um die Sonne tut man so, als seien die Gravitationskräfte der anderen Planeten ausgeschaltet. Du weißt schon, die Gravitation kann nicht ausgeschaltet werden. Zum Glück ist aber die Störung der Bewegung eines Planeten durch die anderen sehr klein. Die Störung ist aber nicht unmessbar klein. Vor über 150 Jahren hatten französische und englische Astronomen bemerkt: Die Bahnkurve des siebten, erst 1781 entdeckten Planeten Uranus stimmt nicht ganz genau. Sie vermuteten, es gäbe noch einen weiteren Planeten und berechneten, wo dieser neue Planet am Himmel zu finden sein sollte. Und er wurde 1846 von einem deutschen Astronomen gefunden: Der neue Planet bekam den Namen Neptun. Dieses Spiel ging weiter. So wurde schließlich auch Pluto entdeckt. Nur der kleine Pluto soll nun kein Planet mehr sein, nur noch ein Planetoid oder Zwerg-Planet. Ihn kümmert es sicherlich nicht.

2.14 Kraft und Potential[*]

Potential und Kraft sind unterschiedliche Dinge, haben aber miteinander zu tun. Aus einer bekannten potentiellen Energie kann die zugehörige Kraft berechnet werden. Die Physiker sagen: Es gibt Kräfte, die aus einem Potential abgeleitet werden können. Den Zusammenhang zwischen Potential und Kraft wollen wir uns gleich genauer ansehen. Vorher noch eine Anmerkung: Es gibt auch Kräfte, für die kein Potential existiert. Dazu gehören Reibungskräfte, also Kräfte, die Bewegungen abbremsen.

Potential der Schwerkraft Ein einfaches Beispiel für den Zusammenhang von Kraft und Potential kennst du schon. Das ist die Schwerkraft auf der Erde und das Potential dazu: Die potentieller Energie nimmt linear mit der Höhe über dem Boden zu. Nennen wir die Höhe über dem Boden z. Diese potentielle Energie ist in Abb. 2.37 aufgezeichnet als Funktion der Höhe z für die Masse 1 kg. Die Ableitung dieser Kurve, also die Steigung der Geraden, gibt die Stärke der wirkenden Kraft an. Wir wissen: Die Stärke der Kraft ist Masse mal Erdbeschleunigung. Das bestimmt die Steigung der gezeichneten Geraden der linken Kurve der Abb. 2.37. Die Richtung der Kraft zeigt aber nach unten, ist also entgegengesetzt zum Anstieg der Potential-Kurve. Es gilt:

Kraft ist gleich minus eins mal der Steigung der Potential-Kurve.

In großer Höhe über dem Erdboden wird die Erdanziehung schwächer. Die Potential-Kurve ist für große Höhen gekrümmt und hat dort eine kleinere Steigung, wie die dicke Kurve im rechten Teil der Abb. 2.37 zeigt. Wenn die Erdbeschleunigung bei großen Höhen nicht abnehmen würde zeigt die dünnere Gerade, wie groß dann die potentielle Energie wäre.

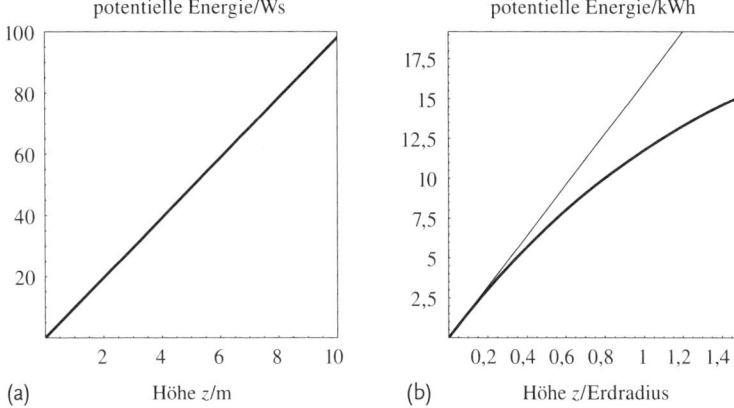

Abb. 2.37 Schwerepotential, (a) für kleine Höhen, (b) für große Höhen.

Im linken Diagramm ist die Höhe in Meter (m) und die Energie in Joule gleich Watt-Sekunde (Ws) angegeben. Die Zahl 1 für die Höhe im rechten Diagramm entspricht dem Radius der Erde, also etwa 6000 Kilometer. Hier ist die Energie in Kilo-Watt-Stunden (kWh) angegeben. Zur Erinnerung: 1 kWh ist gleich 3 600 000 Ws.

Wir leben in einem dreidimensionalen Raum, es gibt Länge, Breite und Höhe. Um einen Punkt im Raum anzugeben, brauchen wir drei Koordinaten, oft x, y, und z genannt. In unserem bisher betrachteten Beispiel hängt das Potential nur von der Höhe z ab und konnte deshalb leicht in Abb. 2.37 gezeichnet werden. Wie ist das aber, wenn eine Potential-Funktion von x, y, und z abhängt? Wie ist dann die Richtung und die Stärke der Kraft zu berechnen?

Flachland Stellen wir uns vor, wir sind in einem Flachland, wo es nur Länge und Breite, also nur x und y gibt. Dort wirke eine Kraft, zu der es ein Potential gibt, das von x und y abhängt. Können wir uns ein solches Potential vorstellen? Wie können wir es zeichnen? Klar, das geht. Das Potential stellen wir uns vor wie Berge und Täler. Die Werte des Potentials entsprechen der Höhe über der x-y-Ebene. Das kann man als ein Panorama zeigen, wie in Abb. 2.38.

Von einer solchen Landschaft kann auch eine Land-Karte gemacht werden mit Höhenschichtlinien, wie du sie in Wanderkarten findest. Die Höhenschichtlinien verbinden Punkte gleicher Höhe. In der Potential-Karte sind es Punkte, an denen die potentielle Energie gleiche

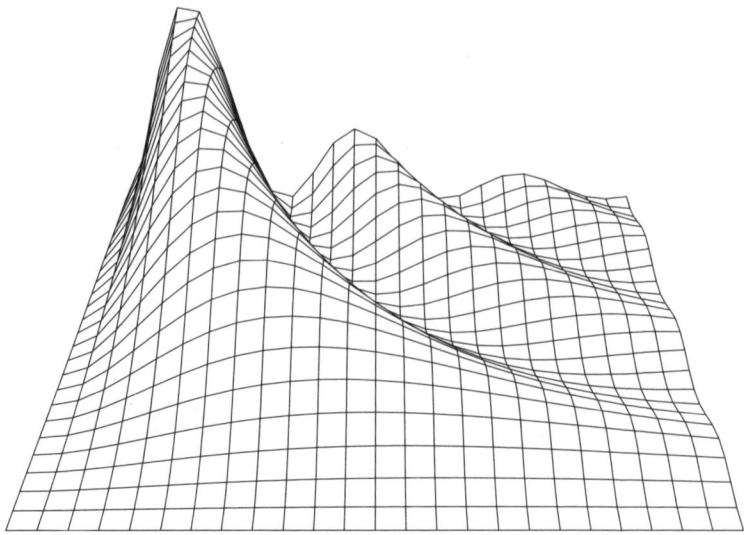

Abb. 2.38 Ein Gebirge als Panorama.

Werte hat. Die Abb. 2.39 ist die Karte des gerade gezeigten Gebirges. Die Schattierung deutet die Höhe an, je höher, umso dunkler.

Wir wissen schon: Die Kraft hängt zusammen mit der Steigung des Potentials. Wie ist das in unserem zweidimensionalen Fall? Vom Anschauen und Lesen in einer Wanderkarte weißt du: Ein Weg, der nicht auf einer Höhenschichtlinien verläuft, steigt oder fällt. Du kannst auf der Karte herausfinden, wo der steilste Weg sein könnte. Nun, dieser verläuft senkrecht zu den Höhenschichtlinien und die Steigung ist umso stärker, je näher die Höhenschichtlinien beieinander sind. Denn die Steigung ist ja die Differenz zweier benachbarter Höhen, dividiert durch den Abstand der Höhenschichtlinien. So kann an jedem Punkt in der Potential-Karte die Richtung und Stärke der größten Steigung gefunden werden. Das ist ein zweidimensionaler Vektor, der auch *Gradient des Potentials* genannt wird. Der *Gradient zeigt in Richtung des steilsten Anstieges*. Er ist senkrecht zu den Höhenschichtlinien. Die zugehörige *Kraft ist gleich minus eins mal dem Gradienten des Potentials*. Die Kraft, an einem bestimmten Punkt wirkt also in Richtung des dortigen stärksten Abfalls des Potential-Gebirges. Das ist die Richtung, in der ein Ball den Berg hinab rollt.

Die Richtung der Kraft ist senkrecht zu den Höhenschichtlinien.

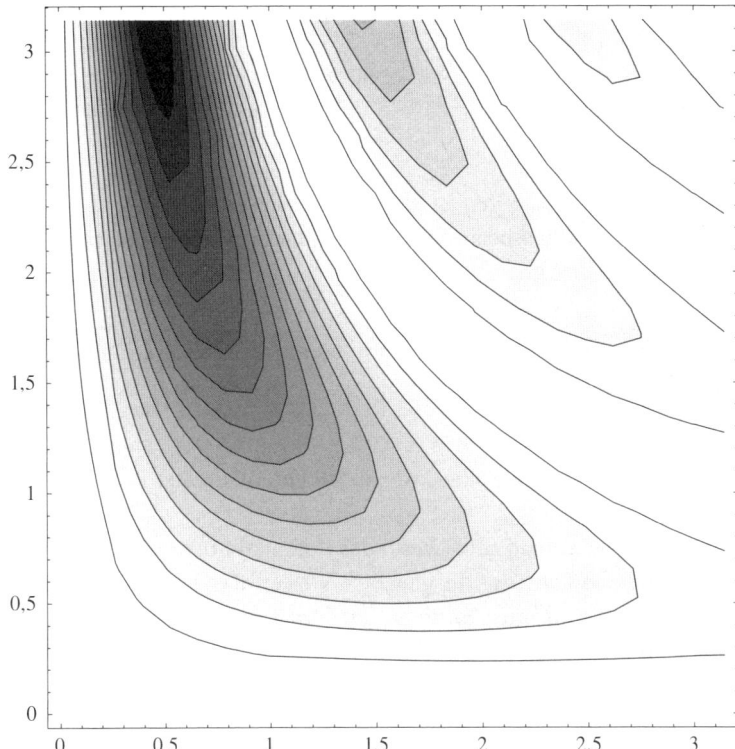

Abb. 2.39 Landkarte des Gebirges mit Höhenschichtlinien. Dunklere Schattierung deutet größere Höhe an.

Potential im dreidimensionalen Raum: 3D Wie ist das mit der Kraft, wenn die Potential-Funktion von allen drei Koordinaten des Raumes abhängt? In einer Panorama-Darstellung müssten die Höhen, also die Werte des Potentials in eine vierte Dimension gehen. Das können wir uns wohl nicht vorstellen. Aber so etwas wie Höhenschichtlinien gibt es. Im dreidimensionalen Fall sind die Punkte mit jeweils gleichen Werten der potentiellen Energie Flächen im Raum. Die Lage solcher Flächen können wir uns vorstellen. Sie haben den schönen Namen *Equipotential-Flächen*.

Der Gradient des Potentials zeigt in die Richtung des stärksten Anstieges des Potentials und steht senkrecht auf der Fläche gleichen Potentials.

Der Betrag des Gradienten ist gleich der Differenz der Potentialwerte dividiert durch den Abstand der benachbarten Flächen gleichen Potentials. Auch hier gilt:

Die zugehörige Kraft ist gleich minus eins mal dem Gradienten des Potentials.

Ein wichtiger, aber spezieller Fall, ist das Potential einer Zentralkraft.

Potential einer Zentralkraft   Wenn das Potential nur vom Abstand abhängt, sind die Flächen mit gleichen Werten des Potentials Kugeln mit einem gemeinsamen Mittelpunkt, dem Zentrum. Stell dir vor, wir schneiden diese Kugeln in der Mitte durch, dann sehen wir Kreise mit einem gemeinsamen Mittelpunkt, so wie in der Abb. 2.40. Dort ist das Gravitations-Potential gezeigt, je dunkler die Schattierung, umso tiefer ist hier das Potential.

Schau dir die Abb. 2.40 nochmals an. Dort, wo der Abstand der Kreise voneinander enger ist, ändert sich das Potential stärker als dort wo die Kreise weiter auseinander sind. Wenn keine Zahlen an den Kreisen stehen, wie bei den Höhenschichtlinien auf einer Landkarte, weißt du nicht, ob die Potential-Werte negativ oder positiv sind. Das aber kannst du erkennen in Abb. 2.41. Dort ist die potentielle Energie der Gravitation gezeigt als Funktion der Koordinate x. Der Punkt $x = 0$, $y = 0$, $z = 0$ ist der Mittelpunkt der Flächen gleichen Potentials und der Mittelpunkt der Kreise in Abb. 2.40. Aus der Abb. 2.41 kannst du ablesen: Das Potential ist negativ für Werte von x größer als null und ebenfalls für Werte von x kleiner als null. Negatives Potential bedeutet hier: Die zugehörige Kraft ist anziehend.

Bei kugelförmigen Flächen gleichen Potentials ist die *Kraft* entweder zum Zentrum hin gerichtet, wenn sie anziehend wirkt, oder sie zeigt vom Zentrum weg, wenn sie abstoßend ist. Eine solche Kraft heißt *Zentralkraft*. Beispiele dafür sind Gravitations-Kraft zwischen

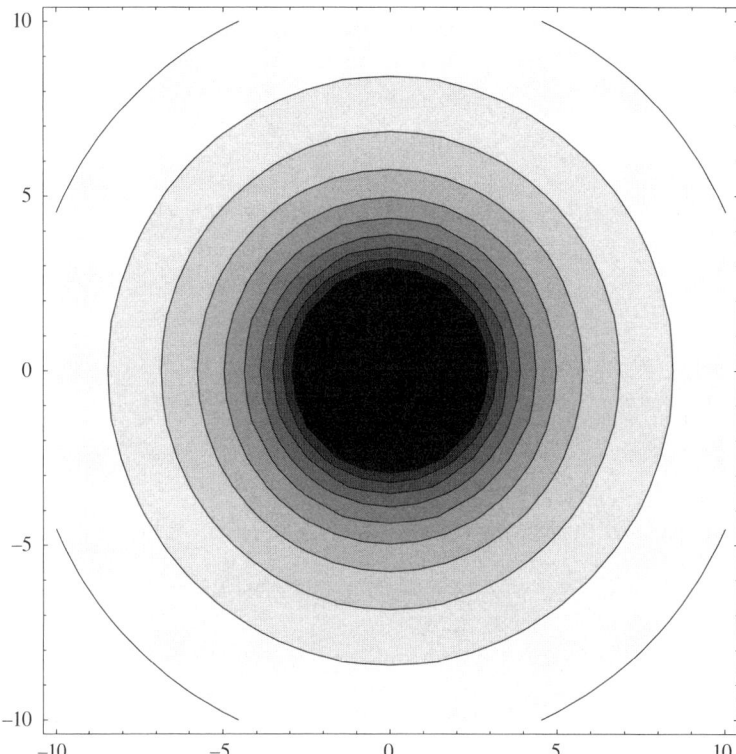

Abb. 2.40 Schnitt durch die Kugel-Flächen gleichen Potentials einer Zentral-kraft.

zwei Massen oder die Coulomb-Kraft zwischen zwei elektrischen La-dungen. Die *Gravitations-Kraft* ist stets *anziehend*. Die *Coulomb-Kraft* zwischen einer positiven und einer negativen Ladung ist auch *anzie-hend*. Die Coulomb-Kraft ist *abstoßend*, wenn beide Ladungen das glei-che Vorzeichen haben.

Das Potential einer Zentral-Kraft hängt nur vom Abstand ab. Ein solches Zentral-Potential kann als Funktion des Abstandes r gezeich-net werden. Beachte: Die Koordinaten x, y, z können positive und negative Werte haben. Der Abstand r vom Zentrum ist stets positiv. Beispiele für Potentiale als Funktion von r sind in Abb. 2.42 zu fin-den. Im linken Diagramm zeigt die untere, dicke Kurve das Potential der Gravitation oder der anziehenden Coulomb-Kraft zwischen zwei Ladungen mit unterschiedlichen Vorzeichen. Die obere dünne Kurve

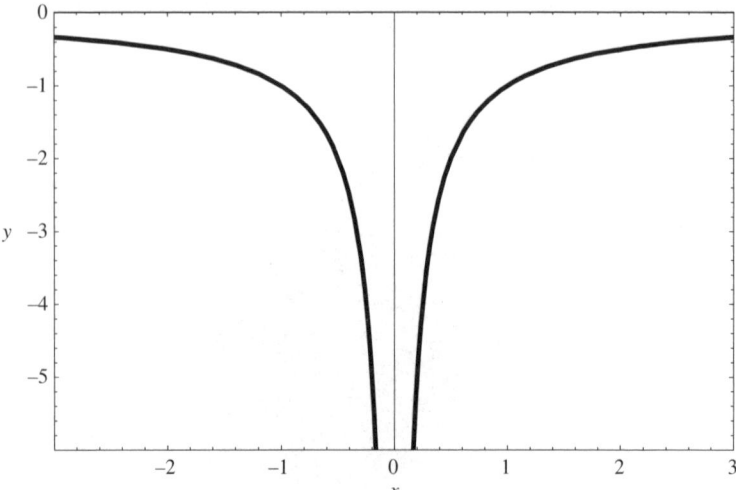

Abb. 2.41 Das Gravitations-Potential als Funktion der Koordinate x.

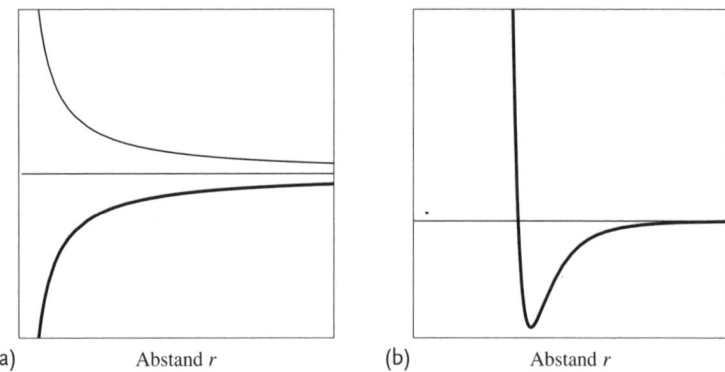

(a)   Abstand r (b)   Abstand r

Abb. 2.42 Potential-Kurven. (a) untere Kurve: Gravitation oder anziehendes Coulomb-Potential, obere Kurve: abstoßendes Coulomb-Potential. (b): Potential zwischen zwei Atomen.

ist das Potential für die abstoßende Coulomb-Kraft zwischen Ladungen mit gleichem Vorzeichen. An den Achsen sind keine Zahlenwerte angegeben. Die Kurven sollen den prinzipiellen Verlauf des Potentials zeigen.

Im rechten Diagramm der Abb. 2.42 ist das Potential zwischen zwei elektrisch neutralen Atomen oder Molekülen gezeigt. Das Potential hat ein Minimum, das ist ein tiefster Wert, bei einem bestimmten Abstand. Bei kleineren Abständen geht das Potential steil nach oben. Das bedeutet: Es gibt dort eine abstoßende Kraft. Bei größeren Abständen steigt das Potential mit zunehmendem Abstand an. Das bedeutet: Es gibt dort eine anziehende Kraft. Der abstoßende Teil der Kraft sorgt dafür, dass Atome und Moleküle sich nicht gegenseitig durchdringen. Der anziehende Teil der Kraft sorgt dafür, dass Atome und Moleküle in einer Flüssigkeit gerne beieinander bleiben. Solche Potentiale und die zugehörige Kraft werden in Computer-Simulationen für Gase und Flüssigkeiten verwendet.

Felder Funktionen, die von x, y, und z abhängen, heißen auch *Felder*. Schon wieder ein Teekessel. Es werden auch die Worte Potential-Feld und Kraftfeld benutzt. Du hast auch ja auch schon die Worte elektrisches Feld und magnetisches Feld gehört.

2.15 Drehimpuls

Warum liegt die Bahn eines Planeten in einer Ebene? Ein Zimmer, in dem du bist, hat eine Länge, Breite und Höhe. Um zu sagen wie lang, breit und hoch das Zimmer ist, brauchst du drei Zahlen. Ein glattes Blatt Papier hat eine Länge und Breite, du brauchst nur zwei Zahlen, um mitzuteilen, wie groß das Blatt ist. Ein gerader Stab hat eine Länge, hier genügt eine Zahl. Man sagt, der Stab ist *eindimensional*, das glatte Blatt Papier ist *zweidimensional*, das Zimmer ist *dreidimensional*. Wir leben im dreidimensionalen Raum. Na klar, es gibt vor und zurück, links und rechts, oben und unten. Ein Planet, der sich um die Sonne läuft, bewegt sich im dreidimensionalen Raum. Du hast gelernt: Die Bahn des Planeten ist eine Ellipse, und eine Ellipse kann man auf ein Papier zeichnen. Die Bahnkurve liegt in einer Ebene, ist also nur zweidimensional. Ist dies nicht verwunderlich? Kann die Bewegungsgleichung von Newton dies auch erklären? Ja, dazu brauchen wir den Drehimpuls.

Der Drehimpuls ist konstant *Drehimpuls*, was ist denn das schon wieder? Die Sonne steht in einem der beiden Brennpunkte der Ellipse. Von dort kannst du, wenigstens in Gedanken, eine gerade Linie ziehen zum Planeten. Der Endpunkt dieser Linie gibt den Ort des Planeten an. Diese Linie hat eine Länge und eine Richtung, es ist ein

Vektor, der *Ortsvektor*. Der Ortsvektor des Planeten ändert seine Länge und Richtung, wenn der Planet auf seiner Bahn läuft. Beim Umlauf ändert der Planet auch seine Geschwindigkeit. Die Geschwindigkeit ist auch ein Vektor. Die Physiker haben den Drehimpuls erfunden. Der Drehimpuls ist ebenfalls ein Vektor. Seine Richtung ist senkrecht zum Ortsvektor und senkrecht zum Impuls. Du weißt ja, Impuls ist Masse mal Geschwindigkeit. Die Länge des Drehimpuls-Vektors ist gleich der Länge des Ortsvektors mal der Masse mal der Geschwindigkeit, wenn der Ortsvektor und der Impuls senkrecht zueinander sind, sonst ist sie kleiner.

> Aus der Bewegungsgleichung von Newton folgt: Der Drehimpuls ändert sich nicht, wenn die Kraft in Richtung der Verbindungslinie wirkt.

So ist es eben bei Sonne und Planet. Weil die Richtung des Drehimpuls-Vektors sich nicht ändert, müssen die dazu senkrechten Orts- und Geschwindigkeitsvektoren immer in einer Ebene bleiben. Die Bahnkurve des Planeten liegt in einer Ebene.

In der Abb. 2.43 siehst du einen Teil der Bahnkurve eines Planeten bei seiner Bewegung um die Sonne. Der Ortsvektor und der Impuls

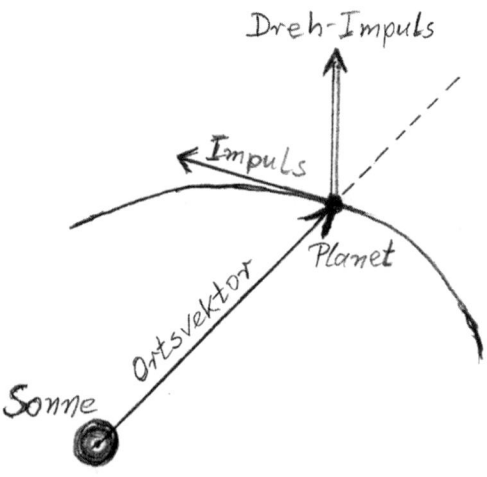

Abb. 2.43 Der Drehimpuls-Vektor steht senkrecht zum Ortsvektor und senkrecht zum Impuls.

sind als Pfeile eingezeichnet. Der nach oben zeigende Pfeil markiert den Drehimpuls. Die Richtung des Drehimpulses wird mit den Fingern der rechten Hand festgelegt. Halte den Daumen in Richtung des Ortsvektors und den Zeigefinger in Richtung des Impulses. Der Mittelfinger zeigt dann in Richtung des Drehimpulses. Probier es aus! Was wäre, wenn du die Finger der linken Hand benutzt?

Der Drehimpuls ist ein Vektor, er hat Richtung und Länge. Wir wissen schon: Konstante Richtung bedeutet Bewegung in einer Ebene. Weil ja auch die Länge des Drehimpulses konstant ist, gilt der Flächensatz, also das zweite Gesetz von Kepler. Dieses Gesetz ist allgemeiner als die beiden anderen Gesetze von Kepler.

2.16 Laplace-Runge-Lenz-Vektor und Perihel-Drehung[*]

Die Bahn-Ellipse des Planeten hat eine lange Achse: die Verbindungslinie vom nächsten Punkt bei der Sonne zum fernsten Punkt. Diese Linie bleibt im Raum fest stehen, wenn die Kraft der Sonne auf den Planeten so wirkt, wie Newton sich das ausgedacht hat: vierfache Kraft bei halbem Abstand. Der nächste Punkt bei der Sonne heißt *Perihel*. Der Vektor, der vom Brennpunkt der Ellipse zum Perihel zeigt, ist parallel zur langen Achse und bleibt genauso im Raum fest stehen. Die Mathematiker Pierre-Simon Laplace (1749–1827), und Carl Runge (1856–1927) haben das wohl unabhängig voneinander entdeckt. Deshalb heißt dieser Vektor auch Laplace-Runge-Vektor. Die Physiker Wolfgang Pauli (1900–1958) und Wilhelm Lenz (1888–1958) haben die Eigenschaften dieses Vektors bei quantenmechanischen Rechnungen für das Wasserstoff-Atom benutzt. Manchmal wird dieser Vektor auch Lenz-Vektor, Runge-Lenz-Vektor oder *Laplace-Runge-Lenz-Vektor* genannt.

Die Sonne dreht sich recht schnell um ihre eigene Achse. Deshalb ist die Sonne nicht genau eine Kugel, sondern ein wenig abgeplattet, am Sonnenäquator etwas dicker. Dann wirkt die anziehende Kraft der Sonne nicht mehr nur so, als wäre all ihre Masse im Zentrum vereinigt, es gibt noch eine kleine zusätzliche Kraft. Bei halbem Abstand ist die Kraft ein wenig größer als vierfach so stark. Dies spürt der Merkur, weil er der Sonne viel näher kommt als die anderen Planeten. Und deshalb dreht sich die lange Achse seiner Bahn-Ellipse ein wenig, so, wie in Abb. 2.44 gezeigt.

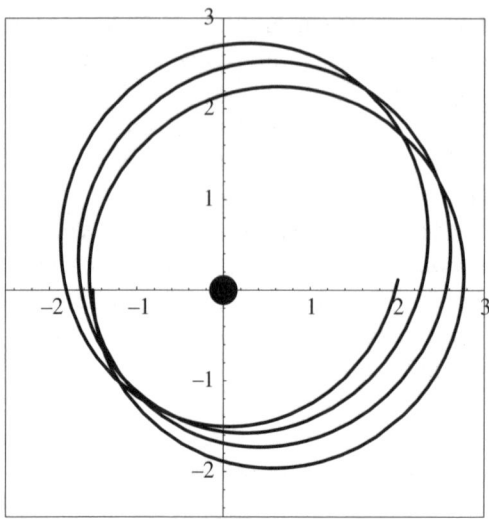

Abb. 2.44 Perihel-Drehung der Bahn eines Planeten um die Sonne.

Beim Merkur dreht sich das Perihel: Dies ist die Perihel-Drehung. Mit der Bewegungsgleichung von Newton kann die Perihel-Drehung berechnet werden. Der gemessene Wert der Perihel-Drehung des Merkur ist aber größer. Der Physiker Albert Einstein hat dies vorhergesagt mit einer neuen Theorie, der *Allgemeinen Relativitätstheorie*.

2.17 Rechnen mit Vektoren*

Du hast nun schon oft von Vektoren gehört. Vektoren sind wie Pfeile, sie haben eine Länge und zeigen in eine Richtung, vom Ende zur Pfeilspitze. Mit Vektoren können wir rechnen. Hier einige Beispiele.

Multiplikation eines Vektors mit einer Zahl Multiplikation eines Vektors mit einer positiven Zahl, also mit einer Zahl, die größer als null ist, bedeutet: Die Länge des Vektors wird mit dieser Zahl multipliziert, die Richtung des Vektors bleibt gleich.

Multiplikation eines Vektors mit einer negativen Zahl, also mit einer Zahl, die kleiner als null ist, bedeutet: Die Länge des Vektors wird mit dieser Zahl multipliziert, die hinter dem Minuszeichen steht und

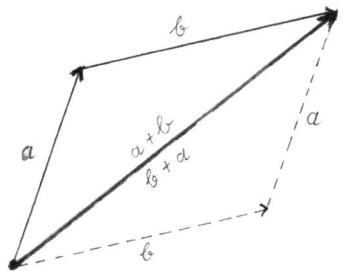

Abb. 2.45 Vektor-Addition.

die Richtung des Vektors wird genau umgekehrt. Pfeilende und Pfeilspitze werden vertauscht.

Addition und Subtraktion von Vektoren Bei der Addition von zwei Vektoren wird das Pfeilende des zweiten Vektors an die Pfeilspitze des ersten angesetzt. Die Summe der beiden Vektoren ist ein neuer Vektor, der vom Pfeilende des ersten zur Pfeilspitze des zweiten zeigt. Für Vektoren in einer Ebene kannst du diese Operation in einer Zeichnung auf Papier ausführen. In Abb. 2.45 ist ein Beispiel gezeigt. Die Vektoren heißen a und b, die Vektor-Summe ist $a + b$. Vertausche in deiner Zeichnung die Rollen des ersten und zweiten Vektors, so wie die gestrichelt gezeichneten Vektoren in Abb. 2.45. Es entsteht der gleiche Summen-Vektor. Also gilt auch für Vektoren $a + b = b + a$. In gedruckten Texten werden für Vektoren oft fette Buchstaben verwendet. Manchmal wird über einen Buchstaben auch ein Pfeil gesetzt, wie hier: $\vec{a}$ oder unterstrichen, wie hier: $\underline{a}$, um zu zeigen, dass a ein Vektor ist.

Aus der Zeichnung erkennst du: Die Länge des Summen-Vektors ist kleiner als die Summe der Längen der addierten Vektoren. In welche Richtung muss der zweite Vektor zeigen, damit die Länge des Summen-Vektors gleich der Summe der Längen der addierten Vektoren ist?

Wie geht die Subtraktion eines Vektors von einem anderen? Nun, auch das ist nicht schwierig. Erster Vektor minus einem zweiten Vektor ist ja nichts anderes als die Summe des ersten Vektors mit minus eins mal dem zweiten Vektor. Das bedeutet: An die Spitze des ersten Vektors wird das Ende eines Vektors gesetzt, der so lang ist wie der zweite Vektor, der aber in die entgegengesetzte Richtung zeigt. Der Differenz-Vektor zeigt vom Pfeilende des ersten Vektors zur Pfeilspitze des umgekehrten zweiten Vektors.

Komponenten und Länge eines Vektors In einer Ebene oder im drei-dimensionalen Raum können wir einen Koordinaten-Ursprung wählen und ein Koordinatensystem mit senkrecht aufeinanderstehenden Achsen einführen. Die Koordinaten eines Punktes in der Ebene oder im dreidimensionalen Raum sind dann durch zwei oder drei Zahlen festgelegt. Der Ortsvektor zeigt vom Ursprung zu diesem Punkt. Die Koordinaten sind die Komponenten des Ortsvektors. Die Achsen nennen wir x-Achse, y-Achse und z-Achse. Die Komponenten des Ortsvektors werden oft mit x, y und z bezeichnet. Die Richtungen der Achsen werden gewöhnlich so gewählt, wie Daumen, Zeigefinger und Mittelfinger der rechten Hand senkrecht zueinander gehalten werden können. Halte den Daumen in Richtung der x-Achse, den Zeigefinger in Richtung der y-Achse. Wenn die z-Achse in Richtung des Mittelfingers zeigt, haben wir ein *rechtshändiges* Koordinatensystem. Vergleiche die linke Hand mit der rechten Hand. Wohin zeigen die Mittelfinger, wenn die Richtungen von Daumen und Zeigefinger der beiden Hände gleich sind?

Die Länge des Ortsvektors ist der Abstand des Punktes vom Koordinaten-Ursprung. Zur Berechnung wird zunächst das Quadrat der Länge bestimmt:

Das Quadrat der Länge des Ortsvektors ist gleich $x^2 + y^2 + z^2$.

Wir geben der Länge des Ortsvektors den Namen r. Dann ist die Formal für die Länge zum Quadrat

$$r^2 = x^2 + y^2 + z^2 \ .$$

Die Länge r selbst ist die Wurzel aus dem Quadrat r^2 der Länge. Die Länge heißt manchmal auch *Betrag* des Vektors. Ein einfaches Beispiel zum Rechnen. Unser Vektor liege in der Ebene, wo die z-Komponente gleich null ist. Seine x-Komponente ist 3, seine y-Komponente 4, jeweils in cm. Nun rechnen wir: 3 zum Quadrat plus 4 zum Quadrat ist gleich $9 + 16 = 25$. Und 25 ist gleich 5 zum Quadrat. Also ist die Länge oder der Betrag des Vektors gleich 5 cm. So leicht kann nicht immer die Wurzel aus einer Zahl gefunden werden, aber Taschenrechner oder Computer helfen dabei.

Andere Vektoren wie Geschwindigkeit, Impuls, Kraft oder Drehimpuls haben ebenfalls x-, y- und z-Komponenten. Auch hier gilt:

> Das Quadrat der Länge des Vektors ist gleich der Summe der Komponenten zum Quadrat.

Ein Beispiel: Wir nennen die x-Komponente der Geschwindigkeit v_x, die y- und z-Komponenten heißen v_y und v_z. Die Formel für das Quadrat v^2 der Geschwindigkeit mit dem Betrag v ist dann

$$v^2 = v_x^2 + v_y^2 + v_z^2 \, .$$

Skalarprodukt zweier Vektoren Das *Skalarprodukt von zwei Vektoren* ist eine Zahl. Die Rechenvorschrift ist:

> x-Komponente des einen Vektors mal x-Komponente des anderen plus y-Komponente des einen Vektors mal y-Komponente des anderen plus z-Komponente des einen Vektors mal z-Komponente des anderen Vektors.

Die Länge zum Quadrat ist also das Skalarprodukt eines Vektors mit sich selbst.

Die Formel für des Skalarprodukt eines Vektors a mit einem Vektor b wird als $a \cdot b$ geschrieben. Der Punkt $\cdot$ zwischen a und b deutet an: Berechne das Skalarprodukt der beiden Vektoren mit den Komponenten a_x, a_y, a_z und b_x, b_y, b_z mit der Rechenregel

$$a \cdot b = a_x b_x + a_y b_y + a_z b_z \, .$$

Vergleiche: Die Vorschrift zur Berechnung des Quadrates der Geschwindigkeit v ist auch

$$v^2 = v \cdot v \, .$$

Das Skalarprodukt von zwei senkrecht zueinander stehenden Vektoren ist null. Ein Beispiel: Ein Vektor parallel zur x-Achse hat nur eine x-Komponente ungleich null, die y- und die z-Komponenten sind gleich null. Ein anderer Vektor, parallel zur y-Achse, hat nur eine y-Komponente ungleich null, die x- und die z-Komponenten sind gleich null. Das Skalarprodukt dieser beiden Vektoren ergibt null.

Klar, wenn $a_y = a_z = 0$ und $b_x = 0$ ist $a \cdot b = 0$, selbst wenn a_x und b_y oder b_z nicht gleich null sind.

Einheitsvektoren   Ein Einheitsvektor hat die Länge 1. Wenn ein Vektor durch seine Länge dividiert wird, entsteht ein Einheitsvektor. Dieser Einheitsvektor zeigt in die Richtung des ursprünglichen Vektors. Es gibt Einheitsvektoren parallel zu den Koordinatenachsen. Das Skalarprodukt des Einheitsvektors parallel zur x-Achse (y-Achse, z-Achse) ergibt die x-Komponente (y-Komponente, z-Komponente) des Vektors.

Drehung des Koordinatensystems   Du kannst auf einem Blatt Papier ein rechtwinkeliges Koordinatensystem zeichnen und dort, vom Ursprung aus, einen Vektor eintragen. Durch die Koordinaten seines Endpunktes ist die Länge und Richtung des Vektors festgelegt. Du kannst auch ein zweites, um den Ursprung gedrehtes Koordinatensystem zeichnen. Ein Beispiel für ein gedrehtes Koordinatensystem ist in Abb. 3.17 zu sehen. Der gleiche Vektor hat im gedrehten Koordinatensystem andere Komponenten, die aus der Zeichnung abgelesen werden können. Wie geht das? Vom Endpunkt des Vektors zeichnet man Linien, die nun senkrecht auf den gedrehten Koordinaten-Achsen stehen. Die Schnittpunkte dieser Linien mit den Achsen geben die neuen Komponenten an. Die Komponenten des Vektors im gedrehten Koordinatensystem können aus den Komponenten des ursprünglichen Systems auch berechnet werden, wenn der Winkel bekannt ist, um den das Koordinatensystem gedreht wurde. Für Vektoren im dreidimensionalen Raum geht das ähnlich. Die Umrechnung der Koordinaten wird auch *Transformation* genannt. Die Physiker sagen:

> Eine Größe mit drei Komponenten ist ein Vektor, wenn sich bei einer Drehung des Koordinatensystems diese Komponenten so transformieren, wie die Komponenten des Ortsvektors.

Das Wort *Größe* ist schon wieder ein Teekessel. Hier hat *Größe* nichts mit groß oder klein zu tun, es ist einfach ein besser klingendes Wort als *Ding* oder *etwas*.

Ein *Skalar* ist eine Größe, die sich nicht ändert bei der Drehung des Koordinatensystems. Das Skalar-Produkt heißt so, weil sich sein Zahlenwert nicht ändert, wenn die Berechnung mit den Komponenten in einem gedrehten Koordinatensystem gemacht wird.

Vektor-Produkt Viele Rechenregeln für Vektoren funktionieren in zwei und in drei Dimensionen, wo Vektoren entweder nur zwei oder doch drei Komponenten haben. Die Rechenregel für das *Vektor-Produkt* gilt nur in drei Dimensionen, also nur in 3D. Manchmal wird das Vektor-Produkt auch *Kreuz-Produkt* genannt. Das Vektor-Produkt von zwei Vektoren ergibt einen dritten Vektor, der senkrecht ist zum ersten und zum zweiten Vektor. Wieder wird die rechte Hand verwendet: Halte Daumen und Zeigefinger in Richtung des ersten und des zweiten Vektors. Der dritte Vektor zeigt dann in Richtung des Mittelfingers. Wenn der erste und der zweite Vektor in die gleiche Richtung zeigen, funktioniert das nicht. Das Vektor-Produkt von zwei parallelen Vektoren ist null.

Das Formelzeichen für das Vektor-Produkt von zwei Vektoren a und b ist

$$a \times b \, .$$

Das Mal-Zeichen $\times$ zeigt, warum das Vektor-Produkt auch *Kreuz-Produkt* genannt wird.

Was ist die Formel zur Berechnung der Komponenten des Vektor-Produktes? Wir geben dem Vektor $a \times b$ den Namen c, also

$$c = a \times b \, .$$

Dann gilt für die z-Komponente dieses Vektor-Produktes

$$c_z = a_x b_y - a_y b_x \, .$$

Zur Berechnung der x- und y-Komponenten von c sind in der Formel x, y, z zu ersetzen durch y, z, x und z, x, y, so wie sich bei einem Staffel-Lauf der erste Läufer wieder hinten anstellt. Dies ist eine *zyklische Vertauschung* der Komponenten, da sie, wie auf einem Kreis angeordnet, ihre Reihenfolge nicht vertauschen. Das Wort »Zyklus«, englisch *cycle*, bedeutet »Kreis«.

Ein Beispiel: Wir wählen für a den Einheitsvektor in x-Richtung, also $a_x = 1, a_y = 0, a_z = 0$ und für b den Einheitsvektor in y-Richtung, also $b_x = 0, b_y = 1, b_z = 0$. Dann ist $c_z = 1$ und $c_x = c_y = 0$. Die Richtung des berechneten Vektors $c = a \times b$ stimmt mit der Richtung überein, die wir auch mit den Fingern der rechten Hand bestimmen können.

Beim Vektor-Produkt zweier Vektoren kommt es auf die Reihenfolge an. Das Vektor-Produkt vom zweiten mit dem ersten Vektor ist ein Vektor, der gerade entgegengesetzt gerichtet ist zum Vektor-Produkt des ersten mit dem zweiten Vektor. Wähle Richtungen für die beiden Vektoren. Nimm deine rechte Hand, um die Richtung zu bestimmen, die das Vektor-Produkt ergibt. Vertausche die Richtungen der beiden gewählten Vektoren. Was geschieht?

Bei Addition und bei der Berechnung des Skalar-Produktes von zwei Vektoren ändert sich das Ergebnis nicht, wenn die Reihenfolge der Vektoren vertauscht wird. Beim Vektor-Produkt ergibt die Vertauschung eine Multiplikation mit minus eins, also eine Richtungsumkehr.

Drehimpuls und Drehmoment Wir nennen den Ortsvektor r, den Impuls p, dem Drehimpuls geben wir den Namen L. Die Formel für den Drehimpuls ist dann

$$L = r \times p \ .$$

> Der Drehimpuls ist das Vektor-Produkt von Ortsvektor und Impuls.

Die zeitliche Änderung des Drehimpulses ist gleich dem Vektor-Produkt der zeitlichen Änderung des Ortsvektors mit dem Impuls plus dem Vektor-Produkt des Ortsvektors mit der zeitlichen Änderung des Impulses. Die zeitlichen Änderung des Ortsvektors ist die Geschwindigkeit, und diese ist parallel zum Impuls. Das Vektor-Produkt von Geschwindigkeit und Impuls ist null. Die Bewegungsgleichung von Newton sagt: Die zeitlichen Änderung des Impulses ist gleich der Kraft. Also gilt:

> Die zeitliche Änderung des Drehimpulses ist gleich dem Vektor-Produkt von Ortsvektor und Kraft. Das Vektor-Produkt von Ortsvektor und Kraft heißt *Drehmoment*.

In Formeln wird die zeitliche Änderung von L durch einen darübergesetzten Punkt angezeigt. Es gilt:

$$\dot{L} = r \times K \ .$$

Das Vektor-Produkt $r \times K$ ist das Drehmoment.

Eine *Zentralkraft* ist parallel zum Ortsvektor r. In diesem Fall ist das Drehmoment null und damit ist die zeitliche Änderung des Drehimpulses auch gleich null. Ist die Kraft eine Zentralkraft, so ist der *Drehimpuls konstant*.

2.18   Vorhersage und Chaos

Ist in der Mechanik alles vorherbestimmt?   Wir wissen: Mit der Bewegungsgleichung von Newton kann die Bahnkurve eines Körpers berechnet werden, wenn man die Kräfte kennt, die auf ihn wirken. Kennt man zu einem Zeitpunkt seinen Ort und seine Geschwindigkeit, so kann berechnet werden, wann er wo sein wird. Man kann so vorhersagen, was in der Zukunft passiert. Das gilt auch für die Bewegung mehrerer Körper. Daher haben manche Leute gedacht: Wenn man weiß, was am Anfang war, kann man mit den Gesetzen der Mechanik immer ausrechnen, was später sein wird. Alles ist schon vorher festgelegt. Das stimmt, aber stimmt doch wieder nicht. Das liegt am *Chaos*. Was soll das sein?

Wie bewegt sich ein Planet um zwei Sonnen?   Stell dir vor, ein Planet bewegt sich um zwei Sonnen. Startet er weit weg von den Sonnen mit der richtigen Geschwindigkeit, kann er sich um beide Sonnen auf einer Bahn bewegen, die fast eine Ellipse ist. Eben ähnlich wie bei einer Sonne. Im Diagramm der Abb. 2.46 ist eine solche berechnete Bahnkurve gezeigt. Die lange Achse der Ellipse dreht sich, ähnlich wie bei der Perihel-Drehung. Wenn du mit den Augen der Bahn nur ein kurzes Stück folgst, kannst du gut raten, wie die Bahn weiter verläuft. Eine solche Bahn heißt *regulär*. Bei chaotischen Bahnen hast du kaum eine Chance, den Verlauf zu erraten.

Schau dir als nächstes die Weg-Zeit-Diagramme für die x- und y-Koordinaten in Abb. 2.47 an. Die Kurven sind ähnlich wie bei der Bewegung des Planeten um eine Sonne in Abb. 2.31. Das *Auf und Ab und Auf* der Kurven beschreibt einen Umlauf des Planeten. Die Perihel-Drehung der Umlauf-Ellipse verursacht das langsamere, wellenförmige Auf und Ab der Kurven. Die Einheiten für Länge, Zeit und Mas-

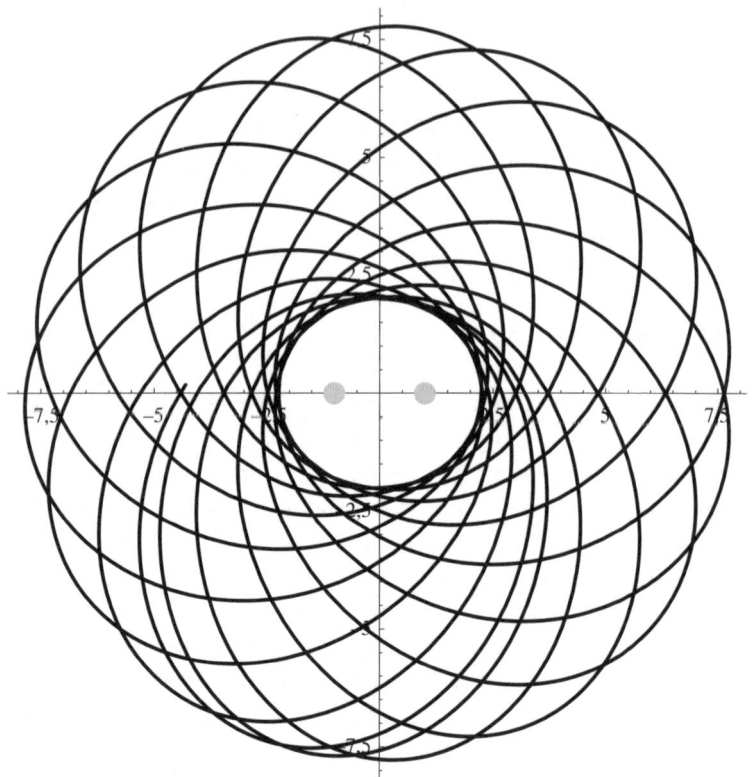

Abb. 2.46 Reguläre Bahnkurve eines Planeten, der sich um zwei Sonnen bewegt. Die hellgrauen Punkte markieren die Positionen der Sonnen.

se wurden so gewählt wie bei der Bewegung des Planeten um eine Sonne. Die beiden Sonnen liegen auf der x-Achse, die Koordinaten sind -1 und 1. Der Planet beginnt die berechnete Bewegung mit den Koordinaten $x = 0$ und $y = 2$. Er steht also anfangs in der Mitte so weit oberhalb der x-Achse, wie die beiden Sonnen voneinander entfernt sind. Die x-Komponente der Geschwindigkeit hat anfangs den Wert $1{,}18$, die y-Komponente ist 0. Der Planet läuft anfangs rechts um die beiden Sonnen herum, und so bleibt es auch. Die langsamere Drehung der langen Achse geht auch rechts herum.

Mit einer anderen Geschwindigkeit am Anfang kann er näher an die Sonnen kommen, sich zwischen beiden hindurchbewegen, eine zweimal umrunden, dann die andere umrunden und wieder um beide herumlaufen. Nach dem nächsten Durchgang zwischen den Son-

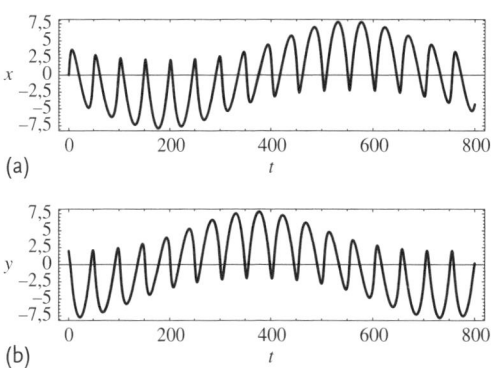

(a)

(b)

Abb. 2.47 Weg-Zeit-Diagramme für eine reguläre Bewegung eines Planeten um zwei Sonnen.

nen kann die erste einmal und die zweite dreimal umrundet werden. Die Bewegung kann immer wieder anders aussehen, sie ist *chaotisch*. Auch eine solche Bahnkurve kann berechnet werden. Das Ergebnis einer Berechnung siehst du im Diagramm der Abb. 2.48: die Bahnkurve eines Planeten, der sich um zwei gleich große Sonnen bewegt. Ihm geht es wohl wie dem Esel zwischen den beiden Heuhaufen. Er weiß nicht, ob er näher und länger bei der rechten oder bei der linken Sonne bleiben soll. Die Positionen der Sonnen sind durch hellgraue Punkte markiert. Ort und Geschwindigkeit und damit auch die gesamte Energie wurden so gewählt, damit eine interessante, chaotische Bahnkurve entsteht, fast so schön wie Kikis Kurve in Abb. 2.12. Genauer gesagt: Der Planet beginnt diesmal die berechnete Bewegung mit den Koordinaten $x = 2$ und $y = 0$. Er steht also anfangs näher bei der rechten Sonne. Die x-Komponente der Geschwindigkeit hat anfangs den Wert 0, die y-Komponente ist negativ, also nach unten gerichtet, der Zahlenwert ist Wurzel aus 0,5 oder ungefähr 0,707 106 78. Der Planet läuft anfangs rechts herum um die rechte Sonne, er nähert sich aber auch der linken Sonne und läuft manchmal auch links herum.

Die Weg-Zeit-Diagramme für die x- und y-Koordinaten des Planeten, aufgezeichnet während der ersten 200 Zeiteinheiten, siehst du in Abb. 2.49. Die Bahnkurve wurde vier mal länger gezeichnet. Wie unterschiedlich sind doch die Abbildungen 2.47 und 2.49. Du siehst: Es gibt längere und kürzere Zeitspannen, wo die x-Koordinate oberhalb von der Null-Linie bleibt. Zu diesen Zeiten bleibt der Planet in

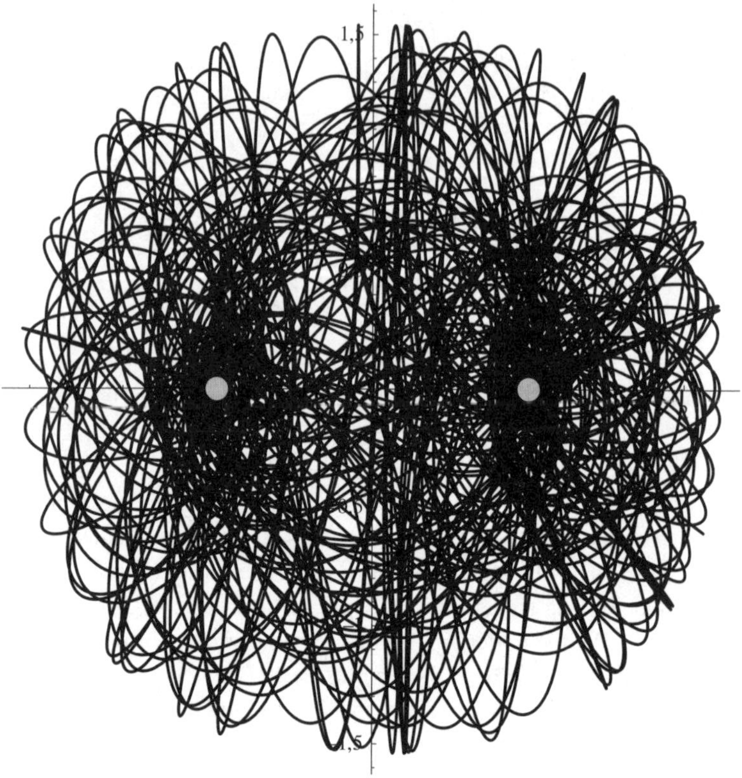

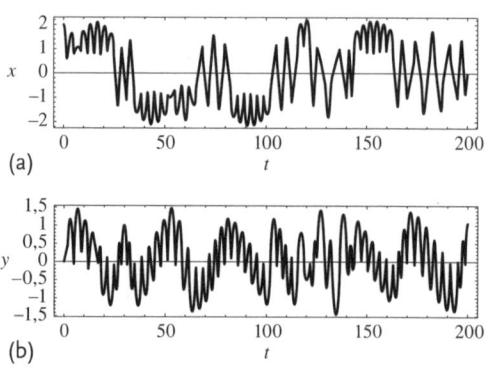

Abb. 2.48 Chaotische Bahnkurve eines Planeten, der sich um zwei Sonnen bewegt. Die hellgrauen Punkte markieren die Positionen der Sonnen.

Abb. 2.49 Weg-Zeit-Diagramme für eine chaotische Bewegung eines Planeten um zwei Sonnen.

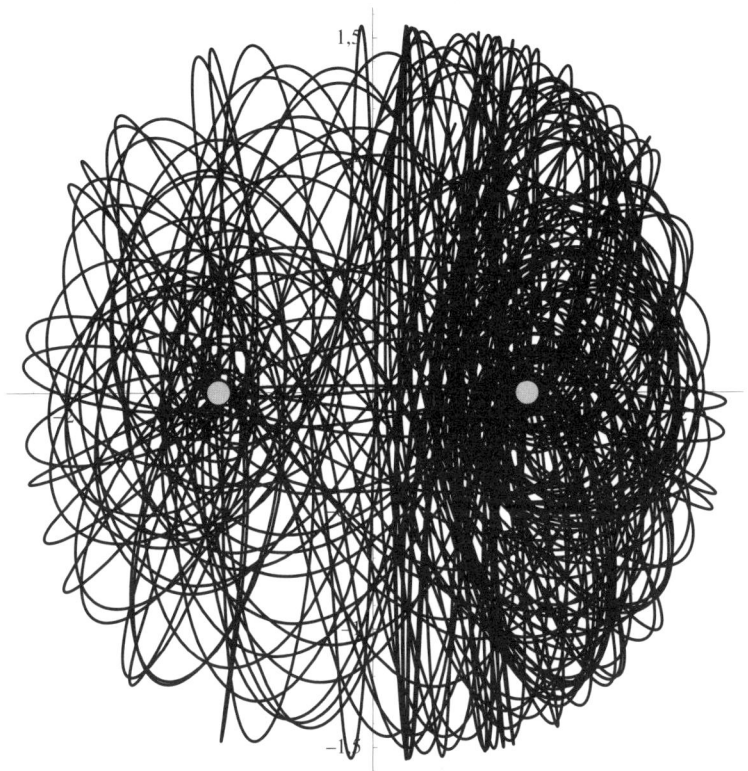

Abb. 2.50 Die Bahnkurve eines Planeten, der sich um zwei Sonnen bewegt, wie im Diagramm 2.48, mit leicht veränderter Richtung der Geschwindigkeit am Anfang.

der Nähe der rechten Sonne. Manchmal bevorzugt er die linke Sonne, manchmal läuft er um beide herum. Woran erkennst du das?

Werden am Anfang der Ort oder die Geschwindigkeit nur ein ganz klein wenig verändert, so findet man eine andere, ähnlich interessante Bahnkurve. Die Diagramme sind ähnlich, aber doch anders. Diesmal ist der Planet wohl längere Zeit bei der rechten Sonne.

Für die Berechnung der Bahnkurve im Diagramm in der Abb. 2.50 wurde am Anfang die gleiche Position und die gleiche kinetische Energie des Planeten gewählt wie im Diagramm in der Abb. 2.48, nur mit leicht veränderter Richtung der Geschwindigkeit am Anfang. Wie groß ist der Unterschied in der Richtung der Geschwindigkeit? Stell dir vor, du richtest einen Laser-Strahl genau auf die Mitte einer

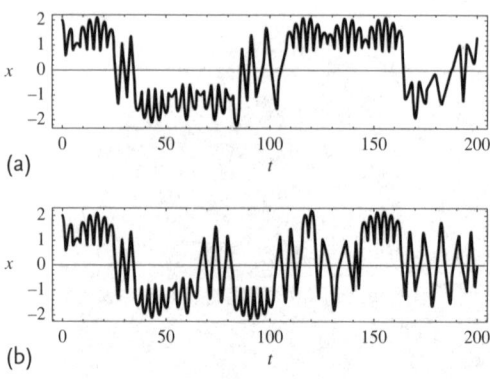

(a)

(b)

Abb. 2.51 Vergleich der Weg-Zeit-Diagramme für x bei ganz wenig verschiedenen Anfangsgeschwindigkeiten.

Zielscheibe, die 70 Meter weit weg ist. Dann änderst du die Richtung des Lasers ein klein wenig, sodass der Strahl die Zielscheibe genau einen Zentimeter neben der Mitte trifft. So wenig unterscheiden sich die Richtungen der Geschwindigkeiten am Anfang. Oder in Zahlen: Die x-Komponente der Geschwindigkeit hat anfangs den Wert 0,0001, anstatt null. Die y-Komponente ist negativ, also nach unten gerichtet, deren Zahlenwert unterscheidet sich vom vorherigen Wert erst auf der achten Dezimalstelle hinter dem Komma.

In der Abb. 2.51 kannst du die x-Komponenten der beiden Bahnkurven vergleichen. Am Anfang sehen die Weg-Zeit-Diagramme recht ähnlich aus. Spätestens ab 100 Zeiteinheiten erkennst du aber deutliche Unterschiede.

Nach der gleichen Zeit wäre der Planet bei einer solchen chaotischen Bewegung mit einer anderen Anfangs-Geschwindigkeit an einem ganz anderem Ort. Eine gute Vorhersage kann hier mit der Lösung der Bewegungsgleichung nur gemacht werden, wenn der Ort und die Geschwindigkeit ganz ganz genau bekannt sind. Und meistens ist das nicht möglich.

Die Ziehung der Lotto-Zahlen Chaos kann es bei der reibungsfreien himmlischen Mechanik und auch bei der irdischen Mechanik geben. Das hast du schon gesehen: Beim Wetter und bei der Ziehung der Lotto-Zahlen, 6 aus 49. Zweimal in der Woche werden 49 nummerierte Kugeln auf ihre immer wieder gleichen Anfangs-Orte gelegt. Die Anfangs-Geschwindigkeit ist immer null. Die Kugeln rollen dann schräg nach unten in eine durchsichtige Trommel. Diese dreht sich zunächst in eine Richtung. Die Kugeln drehen sich, stoßen miteinander an und werden durcheinander gemischt. Dann wird die Trommel anders herum gedreht. Einige Kugeln laufen zu einem Loch in der Trommel, wo eine der Kugeln herausfällt. Die Ziffer auf der Kugel ist die erste »gezogene« Zahl. Dann dreht sich die Trommel wieder in die ursprüngliche Richtung, die verbleibenden Kugeln werden wieder gemischt. Dann wird die Richtung der Drehung wieder umgedreht, die zweite Kugel fällt heraus. Dieses Spiel wird wiederholt, bis 6 Kugeln heraus gefallen sind. Damit sind die 6 »Gewinnzahlen« bestimmt. Für das System der 49 Kugeln und der Mischtrommel gelten die Gesetze der Mechanik. Trotzdem werden jede Woche andere Zahlen gezogen. Es ist eben ein chaotisches System. Die Unterschiede in den Orten der Kugeln, von Ziehung zu Ziehung, sind so klein, dass sie nicht sichtbar sind. Am Ende der Ziehung wird klar: Die Positionen der Kugeln am Anfang war doch wieder ein klein wenig anders als bei der vorherigen Ziehung der Lottozahlen. Du hast schon bemerkt: Eigentlich wird hier gar nichts gezogen. Früher hat bei einer Lotterie eine »Glücksfee«, mit verbundenen Augen, mit der Hand Zettel mit Ziffern aus einer offenen Trommel gezogen. Jetzt rollen und fallen die Kugeln in einer Maschine, die von einem Motor angetrieben wird. Die Worte »ziehen« und »Ziehung« werden dabei immer noch verwendet.

2.18.1 Ein Streit über Chaos[*]

Chaotisches Verhalten ist in der Mechanik seit über 100 Jahren bekannt, insbesondere Boltzmann und der Mathematiker Henri Poincaré haben das gewusst. Manchmal wird die Beschäftigung mit Chaos auch als *Chaos-Theorie* bezeichnet, der bessere Name ist *Nichtlineare Dynamik*. Seit 50 Jahren wird in der Mathematik und Physik *Chaos* genauer untersucht. Trotzdem erschien 1993 in der Zeitschrift DER SPIEGEL ein Aufsatz mit dem Titel *Der Kult um das Chaos* wo behauptet wurde: Chaos gibt es nicht, wenn nur genau genug gerechnet wird. Als Beweis für diese Behauptung wurden Bahnkurven für die Bewegung eines Planeten um zwei Sonnen gezeigt, die einmal in Karlsruhe, zum anderen in Bremen berechnet worden waren. Die Karlsruher Berechnungen ergaben reguläre Kurven, ähnlich wie die in der Abb. 2.46. Die älteren Bremer Ergebnisse zeigten chaotische Kurven, ähnlich wie die in den Abbildungen 2.48 und 2.50. Wir haben hier eigentlich keine Zweifel. Natürlich existiert das Chaos. Im wirklichen Leben und in manchem Kinderzimmer sehen wir ja Chaos. Die Bremer Physiker Peter Richter, Holger Dullin und Heinz-Otto Peitgen haben 1994 in einem Artikel in den *Physikalischen Blättern* die richtigen Antworten gegeben. Beim Vergleich der Ergebnisse von Berechnungen für Bahnkurven muss man darauf achten, dass auch wirklich die gleichen Anfangs-Positionen und Anfangs-Geschwindigkeiten gewählt werden und die verwendeten Gleichungen auch wirklich übereinstimmen. Die Anziehungskraft einer Sonne auf den Planeten wird größer bei kleinerem Abstand, wie 1 dividiert durch Abstand zum Quadrat. Bei sehr kleinen Abständen kann der Wert der Kraft größer werden als die größte Zahl, mit der der Computer rechnen kann. Das gibt Probleme bei der Berechnung. Es gibt aber Tricks, mit denen das Problem umgangen werden kann. Die Bremer Forscher haben das gewusst und gleich richtig gerechnet. Als die Karlsruher danach die genauere Rechen-Methode verwendeten, haben auch sie die Bremer Ergebnisse gefunden: Chaos existiert!

Die Sonne ist kein Punkt! Du hast hier Bahnkurven für die Bewegung eines Planeten um zwei Sonnen gesehen. Bei den Berechnungen wurde nicht ein mathematischer Trick verwendet, sondern eine physikalische Überlegung. Eine Sonne hat ja eine endliche Größe, bestimmt durch den Radius der Sonne. Nur wenn der Abstand des Planeten vom Mittelpunkt der Sonne größer ist, als der Sonnen-Radius R, gilt: Die Anziehungskraft der Sonne auf den Planeten wird größer bei kleinerem Abstand, wie 1 dividiert durch Abstand r zum Quadrat. Wir stellen uns die Sonne als eine Gaswolke vor, in die der Planet, ohne Reibung, eindringen kann. Das Potential verhält sich dann nicht einfach wie $1/r$, sondern wie 1 dividiert durch die Wurzel aus $r^2 + R^2$.

Für Abstände r, die groß sind im Vergleich zum Radius R, verhält sich die Stärke der Kraft wie $1/r^2$. Bei Annäherung an den Schwerpunkt der Sonne, bei $r = 0$, wird die Kraft aber nicht unendlich, sondern geht linear gegen null. Deshalb gibt es bei der Lösung der Gleichungen dann nicht die Probleme, die zum Streit zwischen den Forschern in Bremen und Karlsruhe geführt hatten. Für die hier gezeigten Abbildungen wurde als Radius 1/200 des Abstandes zwischen den beiden Sonnen gewählt. Das ist kleiner als die Größe der grauen Punkte, die in den Diagrammen die Position der Sonnen markieren.

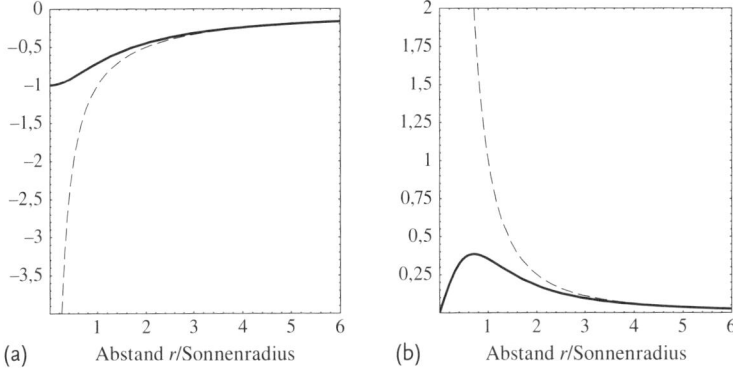

Abb. 2.52 Das Gravitations-Potential und die Stärke der Kraft für eine Sonne mit Radius $R = 1$ und einer punktförmigen Sonne.

Der Unterschied zwischen den Kräften ist auch in einem Vergleich von Kurven zu sehen. Betrachte die Abb. 2.52. Dort sind das Potential und die Stärke der Kraft, mit der hier gerechnet wurde, als dicke Kurven im linken und im rechten Diagramm der Abb. 2.52 gezeigt. Die dünnen gestrichelten Kurven geben das Gravitations-Potential und die Gravitations-Kraft an für eine Sonne, bei der die ganze Masse im Schwerpunkt vereinigt ist. Bei Abständen größer als zweimal bis dreimal des Sonnenradius sind die dicken von den gestrichelten Kurven praktisch nicht mehr zu unterscheiden. Und meistens ist der Planet, in den Abbildungen 2.48 und 2.50, auch weiter weg von einer der beiden Sonnen.

2.19 Zwangskräfte, d'Alembert, Lagrange I und Gauß[*]

Wie bewegt sich ein fliegender Stock? Du hast sicherlich im Freien schon mehrmals eine kurzen Stock geworfen. Natürlich immer so, dass niemand getroffen wurde, auch nicht der Hund, der gerne den Stock zurück bringt. Dabei hast du gesehen: Der Stock dreht sich während er vorwärts fliegt. Die Beschreibung der Drehung des Stocks gehört genau so zur irdischen Mechanik, wie die Berechnung seiner Bahnkurve beim Wurf. Von Newton wissen wir: Mit der Bewegungsgleichung für einen *Massenpunkt* kann die Bewegung berechnet werden, wenn die wirkende Kraft bekannt ist und Ort und Geschwindig-

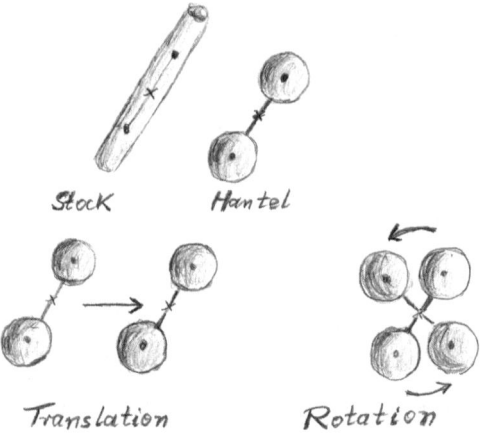

Abb. 2.53 Stock und Hantel. Translation: Die Hantel wird verschoben. Rotation: Die Hantel wird gedreht.

keit am Anfang vorgegeben werden. Das gilt auch für große Körper, selbst für Planeten, wenn wir als Massenpunkt den Schwerpunkt des Körpers nehmen. Was hilft das für den sich drehenden Stock? Wir könnten ja einmal, in Gedanken, den Stock in zwei gleiche Stücke zerlegen. Dann könnten wir die Schwerpunkte der beiden Stücke als unsere Massenpunkte nehmen. Die Verbindungslinie zwischen den beiden Massenpunkten gibt uns die Orientierung des Stabes an. Wir ersetzen eben in Gedanken den Stock durch eine *Hantel*. Eine Hantel besteht aus zwei schweren Kugeln, die durch einen dünnen Stab fest miteinander verbunden sind. Nun bräuchten wir Bewegungsgleichungen und Kräfte für jeden der beiden Massenpunkte. Klar, jeder spürt die Erdanziehung. Diese Kraft zieht nach unten, ihr Wert ist Masse des halben Stocks mal Erdbeschleunigung. Das kann aber nicht alles sein. In den beiden Bewegungsgleichungen muss etwas dafür sorgen, dass die beiden Hälften des Stockes oder die beiden Kugeln einer Hantel nicht auseinander fliegen können. Zusätzliche Kräfte müssen dafür sorgen, dass der Abstand zwischen den beiden Kugeln der Hantel sich nicht ändert. Eine solche Kraft heißt *Zwangskraft*, weil sie etwas erzwingt, hier eben einen gleichbleibenden Abstand der Kugeln der Hantel oder zwischen den Schwerpunkten der beiden halben Stöcke (Abb. 2.53).

Was sollen Zwangskräfte? Wie können die Zwangskräfte bestimmt werden? Durch Nachdenken kannst du schon etwas über die Zwangskräfte erfahren. Eine Hantel wird sich nicht von alleine bewegen. Bewegung, das kann eine Verschiebung des Schwerpunktes sein. *Translation* nennen dies die Physiker. Damit keine Translation von alleine passiert, müssen die Zwangskräfte auf die beiden Kugeln der Hantel entgegengesetzt gleich sein. Auch hier gilt also *actio* gleich *reactio*. Eine andere Bewegung der Hantel kann eine Drehung sein, *Rotation* nennen dies die Physiker. Damit keine Rotation von alleine passiert, dürfen die Zwangskräfte nur längs der Verbindungslinie zwischen den Schwerpunkten der beiden Kugeln der Hantel wirken, also nicht senkrecht zu dieser Verbindungslinie. Wir kennen nun die Richtungen der entgegengesetzt gleich großen Zwangskräfte, aber wie groß sind sie eigentlich? Die Antwort auf diese Frage hat vor über 200 Jahren der Mathematiker und Physiker Joseph-Louis Lagrange gefunden.

D'Alembert schickt Lagrange nach Berlin Joseph-Louis Lagrange (Abb. 2.54) wurde in Turin, im heutigen Italien, mit dem Namen Lagrangia geboren. Im Alter von 20 Jahren war er schon Professor für Mathematik in Turin. Zehn Jahre später holte ihn der preußische König Friedrich der Zweite an die Akademie der Wissenschaften nach Berlin. Die Empfehlung zur Berufung von Lagrange hatte der in Paris lebende französische Wissenschaftler d'Alembert gegeben, der auch Mitglied der Berliner Akademie war. Ein König in Berlin hätte sicherlich nichts von einem Mathematik-Professor in Turin gewusst. Lagrange lebte 20

Abb. 2.54 Joseph-Louis Lagrange.

Jahre in Berlin, dachte über viele Probleme der Mathematik, Physik und Astronomie nach. Was er über die Mechanik entdeckt und berechnet hatte, schrieb er auf und erzählte sicherlich auch davon. Er ließ es aber erst drucken, als er in Paris war. Die von ihm angegebenen Spielregeln zur Berechnung von Problemen mit Zwangskräften heißen Lagrange-Gleichungen erster Art. Die Zwangsbedingungen müssen dabei durch mathematische Gleichungen angegeben werden können, in denen nur die Koordinaten vorkommen. Bei der Hantel ist dies: Abstand des Schwerpunktes der einen Kugel der Hantel vom Schwerpunkt der andern Kugel ist gleich einem Zahlenwert. Dieser Wert verändert sich nicht, wenn die Hantel sich bewegt. Lagrange verwendete zur Herleitung seiner Gleichungen erster Art ein Prinzip von d'Alembert. Das *d'Alembert-Prinzip* sagt:

> Zwangskräfte leisten keine Arbeit bei erlaubten virtuellen Verrückungen.

Na, was ist denn das Verrückte? Virtuelle *Verrückungen* sind einfach ausgedachte Bewegungen. Wichtig ist das Wort *erlaubt*. Das sind eben mögliche Bewegungen, die die Zwangsbedingungen erlauben. Für unsere Hantel sind die erlaubten Verrückungen die Translation und die Rotation, wie in Abb. 2.53. Arbeit ist Kraft mal Weg, hier eben Zwangskraft mal erlaubter virtueller Verrückung. Aus dem d'Alembert-Prinzip folgt für die Hantel genau das, was wir uns vorhin schon überlegt hatten: Es gilt *actio* gleich *reactio* und die Zwangskräfte wirken längs der Verbindungslinie der Schwerpunkte der beiden Kugeln.

Lagrange-Gleichungen erster Art Lagrange sagt nun: Die Richtung der Zwangskraft ist bekannt, die Stärke der Zwangskraft auf eine Kugel muss aus der Zwangsbedingung und der Bewegungsgleichung für die Kugel berechnet werden. Die Berechnung ergibt: Die Zwangskraft besteht aus zwei Beiträgen. Der erste nimmt von den äußeren Kräften den Teil weg, der in Richtung der Verbindungslinie der Schwerpunkte der beiden Kugeln wirkt. Der zweite Beitrag gleicht gerade die Zentrifugal-Kräfte aus, die bei einer sich drehenden Hantel auf die beiden Kugeln wirken. Die Zwangskräfte sorgen also dafür,

Abb. 2.55 Carl Friedrich Gauß auf dem Zehn-Mark-Schein.

dass überhaupt keine Kräfte wirken, die den Abstand zwischen den Schwerpunkten der beiden Kugeln der Hantel verändern können. Ist eigentlich nicht überraschend, hätten wir bei der Hantel auch erraten können. Aber es gibt Probleme in der Mechanik, wo Raten nicht so einfach ist. Dann braucht man eben die Spielregeln der Lagrange Gleichungen erster Art zum Rechnen.

Mit Gauß geht es einfacher und besser!   Einer der bedeutendsten Mathematiker aller Zeiten war Carl Friedrich Gauß. Auf dem 10-DM-Geldschein ist sein Bild zu sehen und die glockenförmige Gauß-Kurve (Abb. 2.55). Gauß hat sich mit vielen Problemen der Physik beschäftigt und auch über die Berechnung von Zwangskräften nachgedacht. Gauß sagte dazu etwas, was du sicherlich gerne hörst: Wenn schon Zwang, dann so wenig wie möglich. Das *Prinzip von Gauß* ist:

Die Größe der Zwangskräfte soll so klein wie möglich sein.

Gauß wurde 40 Jahre nach Lagrange geboren. So hat Lagrange dieses *Prinzip des kleinsten Zwanges* leider nicht gekannt. Hätte Lagrange das Gauß-Prinzip gekannt, hätte er auch damit die Spielregeln zur Berechnung von Zwangskräften finden können und die Studenten der Physik bräuchten nichts über virtuelle Verrückungen und das

Prinzip von d'Alembert zu lernen. Das Prinzip von Gauß ist sogar noch besser. Wenn in Zwangsbedingungen auch die Geschwindigkeiten vorkommen, hilft das d'Alembert-Prinzip nicht mehr, aber das Gauß-Prinzip funktioniert noch. Es hilft bei Computer-Simulationen, für die Bewegung vieler Atome die Summe der Quadrate ihrer Geschwindigkeiten auf einem festem Wert zu halten. Damit wird die Temperatur eines berechneten Gases, einer Flüssigkeit oder eines festen Körpers konstant gehalten. So wirkt ein *Thermostat* bei Computer-Simulationen.

2.20 Verallgemeinerte Koordinaten, Lagrange II*

Hantel und Pendel Stell dir vor, wir haben eine Hantel mit einem langen, dünnen Verbindungs-Stab zwischen den beiden Kugeln, wir bohren ein Loch durch eine der Kugeln und stecken einen dünnen, festen Stab durch das Loch. Wir halten oder befestigen den durch die eine Kugel gesteckten Stab so, dass die andere Kugel sich bewegen kann ohne anzustoßen. Wir haben ein Pendel gebaut. Dieses Pendel kann sich nur in einer Ebene bewegen, es heißt deshalb auch ebenes Pendel. Die Position des Schwerpunktes der beweglichen Kugel kann durch die x-Komponente und die y-Komponente in einem ebenen Koordinatensystem angegeben werden. Geschickterweise wird die y-Achse parallel zur Schwerkraft gelegt, am besten nach oben. Als Nullpunkt wählen wir den Aufhängepunkt, das ist der Drehpunkt des Pendels. Die Länge des Pendels ändert sich nicht. Es gilt die Zwangsbedingung für die Koordinaten des Schwerpunktes der beweglichen Kugel:

> x zum Quadrat plus y zum Quadrat ist konstant, ist gleich der Länge des Pendels zum Quadrat.

Wir nennen die Pendellänge ℓ. Die Formel für die Zwangsbedingung ist dann einfach

$$x^2 + y^2 = \ell^2 \ .$$

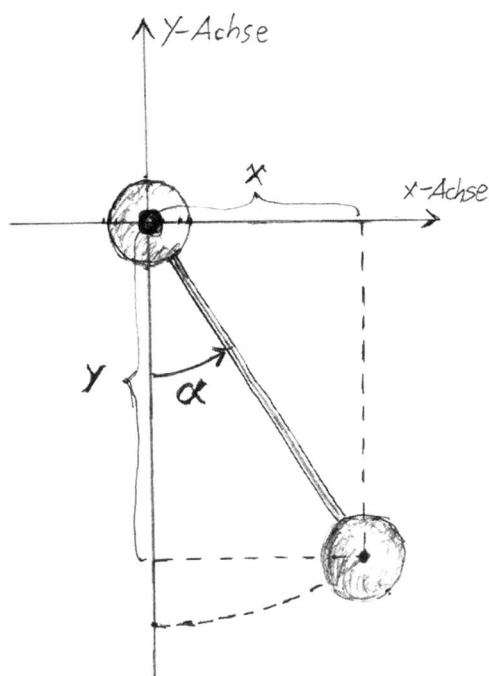

Abb. 2.56 Der Winkel α gibt die Auslenkung des Pendels an.

Bei der Bewegung ändert sich nur der Winkel zwischen der y-Achse und der Verbindungslinie Aufhängepunkt–Schwerpunkt der unteren Kugel (Abb. 2.56). Mathematiker und Physiker verwenden gerne griechische Buchstaben für Winkel, zum Beispiel das kleine Alpha: α.

Der Winkel ist eine verallgemeinerte Koordinate Wenn du den Winkel α kennst, weißt du auch die Werte von x und y. Schau dir die Abb. 2.57 an. Dort siehst du, wie das geht. Zu jedem Winkel α findest du die Werte für x und y, dividiert durch die Pendellänge. Beim ebenen Pendel ist der Winkel α die *verallgemeinerte* oder *generalisierte Koordinate*. Wieder so ein merkwürdiges Wort.

Du kannst dir überlegen: Wäre es nicht geschickter, eine Vorschrift zur Berechnung für die zeitliche Änderung des Winkels α zu haben, als die beiden Bewegungsgleichungen für die zwei Komponenten x und die y zu lösen, wobei gleichzeitig die Zwangskräfte dafür sorgen müssen, dass x zum Quadrat plus y zum Quadrat konstant bleibt? So etwas hat sich Lagrange auch gedacht. Er hat sich überlegt: Erstens,

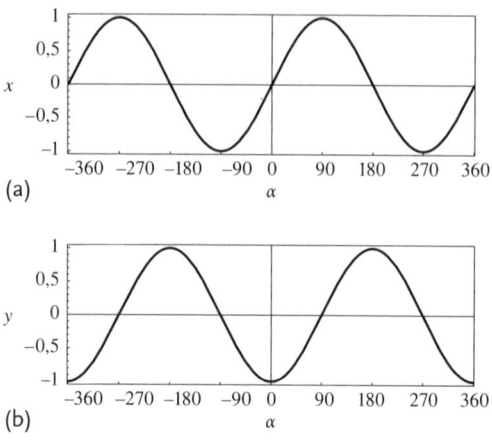

(a)

(b)

Abb. 2.57 Die x- und y-Koordinaten des Pendels für positive und negative Winkel α.

wenn ich ein Problem zu lösen habe, wo Zwangsbedingungen gelten, könnte ich ja zur Berechnung genau nur solche generalisierte Koordinaten wählen, die sich zeitlich ändern dürfen. Bei unserm Pendel ist dies eben der Winkel α. Zweitens brauche ich eine Rechen-Vorschrift für die zeitliche Änderung der generalisierten Koordinaten.

Lagrange-Gleichungen zweiter Art brauchen keine Zwangskräfte   Lagrange erfand eine solche Vorschrift. Ihm zu Ehren nennen Physiker diese Rechen-Vorschrift Lagrange-Gleichungen zweiter Art oder kürzer: *Lagrange II*, in Worten »Lagrange zwei«. Dazu hat Lagrange eine nach ihm benannte Funktion erfunden, die *Lagrange-Funktion*: kinetische Energie minus potentielle Energie. Die Lagrange-Funktion hängt ab von den *generalisierten Koordinaten* und den *generalisierten Geschwindigkeiten*. Eine generalisierte Geschwindigkeit ist die zeitliche Änderung der generalisierten Koordinate. Bei unserem Pendel ist es die Winkelgeschwindigkeit. Aus der Lagrange-Funktion werden *generalisierte Impulse* berechnet.

Beim ebenen Pendel ist der generalisierte Impuls gleich Trägheitsmoment mal Winkelgeschwindigkeit.

Wieder ein neues Wort: Bei unserem Pendel ist das *Trägheitsmoment* gleich Masse des Pendels mal der Pendellänge zum Quadrat. Warum das so ist, werden wir noch sehen.

> Die Lagrange-Gleichungen zweiter Art bestimmen die zeitliche Änderung der generalisierten Impulse.

Die Lösung dieser Gleichungen beschreiben, wie die generalisierten Koordinaten sich mit der Zeit ändern. Wenn keine Zwangsbedingungen gelten und mit den gewöhnlichen Koordinaten gerechnet wird, sind die Lagrange-Gleichungen zweiter Art gerade die *Bewegungsgleichungen von Newton*. Das ist beruhigend. Eine neue Rechenmethode, erfunden für neue Probleme, sollte auch für die wohl bekannten und bereits getesteten alten Probleme funktionieren.

Die Bewegung des ebenen Pendels kann auch ohne Lagrange II behandelt werden. Das wollen wir uns gleich ansehen. Du meinst: Die Lagrange Gleichungen zweiter Art braucht man dann gar nicht. Doch, doch, die allgemeinere Rechenmethode wird gebraucht bei vielen Problemen. Es ist aber schön, mit dem ebenen Pendel ein weiteres Beispiel zu haben, wo Lagrange II das gleiche Ergebnis liefert wie einfachere Überlegungen.

2.21 Pendelbewegungen

Drehbewegungen Aus der Bewegungsgleichung von Newton: Zeitliche Änderung des Impulses ist gleich Kraft folgt nämlich:

> Zeitliche Änderung des Drehimpulses ist gleich Drehmoment.

Drehmoment, was ist das? Durch Nachdenken finden wir das heraus. Doch zuerst wollen wir uns überlegen was beim Pendel der Drehimpuls ist. Du weißt: Der Drehimpuls ist ein Vektor senkrecht zum Ortsvektor und senkrecht zum Impulsvektor. Der Impuls ist Masse mal Geschwindigkeit. Bei unserem ebenen Pendel zeigt der Ortsvektor vom Aufhängepunkt zum Schwerpunkt der unteren Kugel. Hier ist die Geschwindigkeit immer senkrecht zum Ortsvektor, weil die Länge des Pendels sich ja nicht ändert. Die Länge des Pendels, oder Pendellänge, ist der Abstand vom Aufhängepunkt zum Schwerpunkt der unteren Kugel. Die Richtung des Drehimpulses ist parallel zur Drehachse. Weil Ortsvektor und Impulsvektor auch senkrecht zueinander sind, ist die Größe des Drehimpulses gleich der Pendellänge mal der Größe des Impulses. Der Impuls ist ja Masse mal Geschwindigkeit. Bei unserem Pendel ist die Masse gleich der Masse der unteren Kugel. Die Größe der Geschwindigkeit ist gleich der Pendellänge mal Winkelgeschwindigkeit. Also ist die Größe des Drehimpulses gleich Pendellänge mal Masse mal Pendellänge mal Winkelgeschwindigkeit. Geben wir der Größe *Masse mal Pendellänge zum Quadrat* den Namen *Trägheitsmoment*, so können wir kürzer sagen:

> Beim ebenen Pendel ist der Drehimpuls gleich Trägheitsmoment mal Winkelgeschwindigkeit.

Masse und Länge des Pendels ändern sich nicht. Damit ändert sich auch das Trägheitsmoment nicht. Die zeitliche Änderung des Drehimpulses ist also nichts anderes als Trägheitsmoment mal der zeitlichen Änderung der Winkelgeschwindigkeit, und das ist gleich dem Drehmoment. Jetzt endlich sollten wir wissen, was das ist.

Das *Drehmoment* ist ein Vektor, der senkrecht ist zum Ortsvektor und senkrecht zur Kraft. Die Größe des Drehmomentes ist gleich Länge des Ortsvektors mal Größe der Kraft, wenn auch Ortsvektor und Kraft senkrecht zueinander sind, also einen Winkel von 90 Grad miteinander bilden. Ist der Winkel zwischen Ortsvektor und Kraft kleiner, so wird das Drehmoment kleiner.

> Das Drehmoment ist gleich null, wenn Ortsvektor und Kraft parallel zueinander sind.

Bei unserem ebenen Pendel wirkt die Kraft immer nach unten. Ihre Größe ist gleich Masse der unteren Kugel mal Erdbeschleunigung. Genau wie der Drehimpuls, ist das Drehmoment parallel zur Drehachse. Wir brauchen aber nur die Größe des Drehmoments und diese ist: Pendellänge mal Masse mal Erdbeschleunigung mal dem Sinus des Auslenkungswinkels. Der Sinus ist eine Funktion, die gezeichnet so aussieht, wie die obere Kurve in der Abb. 2.57. Der Sinus ist null für $\alpha = 0$, wächst an mit größer werdenden Winkeln, ist gleich 1 für α gleich 90 Grad, nimmt danach ab, ist null bei 180 Grad, wird danach negativ, erreicht -1 bei 270 Grad und ist wieder null bei 360 Grad. Das ist einmal rund herum gedreht, und zwar links herum. Wenn du bei null beginnst und rechts herum drehst, ist α negativ.

Was bestimmt die Bewegung des ebenen Pendels? Zurück zu unserem ebenen Pendel. In der Gleichung *zeitliche Änderung des Drehimpulses ist gleich Drehmoment* stehen links und rechts die Masse. Die Gleichung bleibt richtig, wenn wir, wie bei einer Waage mit gleich langen Hebelarmen, auf beiden Seiten die Masse wegnehmen, genauer wegkürzen, d.h. beide Seiten der Gleichung durch die Masse dividieren. Auf der linken Seite der Gleichung steht die Pendellänge zum Quadrat, rechts steht die Pendellänge. Wir können beide Seiten durch die Pendellänge dividieren und übrig bleibt:

> Pendellänge mal zeitliche Änderung der Winkelgeschwindigkeit ist gleich Erdbeschleunigung mal Sinus des Winkels.

Als Formel ist die Winkelgeschwindigkeit $\dot{\alpha}$, der Punkt deutet die Ableitung nach der Zeit an. Die zeitliche Änderung der Winkelgeschwindigkeit ist dann $\ddot{\alpha}$, also die Winkelbeschleunigung oder die zweite Ableitung des Winkels α nach der Zeit. Nennen wir die Pendellänge wieder ℓ, die Erdbeschleunigung g, so ist die Formel für die Bewegung des ebenen Pendels:

$$\ell\ddot{\alpha} = g\sin\alpha\ .$$

Diese Gleichung kann gelöst werden, Beispiele zeige ich dir gleich. Für kleine Winkel ist die Lösung eine harmonische Schwingung mit der Frequenz zum Quadrat gleich Erdbeschleunigung dividiert durch die Pendellänge. Damit bekommen wir, für kleine Schwingungen:

> Die Schwingungsdauer ist gleich zwei π mal der Wurzel aus Pendellänge, dividiert durch die Erdbeschleunigung.

Geben wir der Schwingungsdauer den Namen T, so lautet die Formel

$$T = 2\pi \sqrt{\frac{\ell}{g}} \,.$$

Mit dieser Formel hat Opa die Kurve für die Schwingungsdauer in der Abb. 2.10 berechnet. Wir können jetzt sogar die Zahlenwerte abschätzen. Wenn wir die Zahlenwerte für π^2, das ist 9,9 und für die Erdbeschleunigung, das ist 9,8, durch 10 ersetzen, so gilt: 10 mal Schwingungsdauer, in Sekunden, ist gleich 2 mal Wurzel aus Pendellänge in cm.

Quadratzahlen, Wurzeln und Wurzel-Funktion Die Wurzel aus 4 ist 2, weil 2 mal 2 gleich 4 ist. Die Wurzel aus 9 ist 3 weil 3 mal 3 gleich 9 ist. Die Zahlen 1, 2, 3, 4, 5, 6, 7, 8, 9, 10, 11, 12 sind die Wurzeln der Quadratzahlen 1, 4, 9, 16, 25, 36, 49, 64, 81, 100, 121, 144. Du kannst dir jetzt leicht ein Diagramm machen, das die Wurzel-Funktion zeigt. Trage auf einem Papier nach rechts die Quadratzahlen auf, wähle dafür die Skala so, dass 1 cm der Zahl 10 entspricht. Trage nach oben die Zahlen 1 bis 12 auf, sodass 1 cm der Zahl 1 entspricht. Markiere durch dicke Punkte die Zuordnung zwischen den Quadratzahlen und den Zahlen 1 bis 12. Bei der 0 dürfen wir auch noch einen Punkt einzeichnen, denn 0 mal 0 ist gleich 0. Verbinde nun die Punkte. Du siehst, es entsteht eine Kurve, die ähnlich aussieht wie die in der Abb. 2.10 . Deine Kurve zeigt nach oben die Wurzel aus der Pendellänge. Multiplizierst du deine nach oben aufgetragenen Zahlenwerte mit 2, so passen sie zu den Zahlenwerten in Abb. 2.10 . Du findest in deinem Diagramm bei 100 cm Pendellänge den Zahlenwert 10, nach oben. In Abb. 2.10 siehst du den Wert 20. Das bedeutet, wie du schon weißt: Bei der Pendellänge von einem Meter ist die Schwingungsdauer zwei Sekunden.

Wie schwingt ein Pendel am Mond? Überlege, wie ist das mit der Schwingungsdauer eines Pendels auf dem Mond? Ist dort die Schwingungsdauer größer oder kleiner? Die Fallbeschleunigung auf der Mondoberfläche entspricht ungefähr 1/6 der Erdbeschleunigung. Wir wollen schätzen: Wie groß wäre die Schwingungsdauer eines Pendels mit der Länge von einem Meter, wenn die Erdbeschleunigung nur 1/4 oder gar nur 1/9 so groß wäre, wie sie ist?

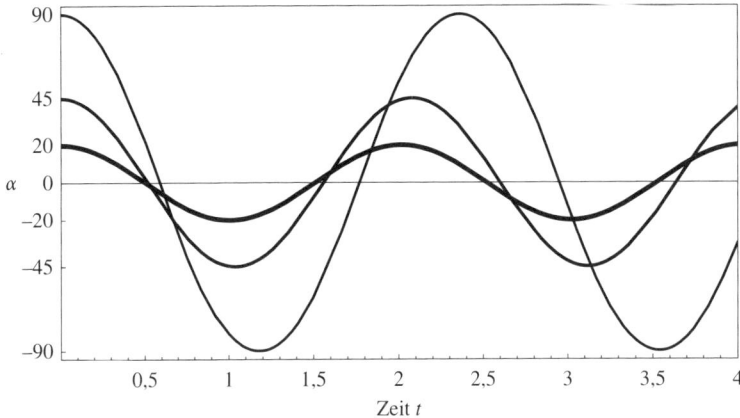

Abb. 2.58 Der Winkel α als Funktion der Zeit für die Anfangs-Auslenkungen von 20, 45 und 90 Grad.

Große Ausschläge des Pendels und Überschlag Das Pendel schwingt lustig hin und her bei kleinen Auslenkungen. Wie ist die Bewegung bei großen Auslenkungen oder gar bei ganzen Umdrehungen, wie bei der Überschlagschaukel? In der Abb. 2.58 ist gezeigt, wie der Auslenkwinkel sich ändert mit der Zeit, wenn am Anfang das Pendel ausgelenkt und dann losgelassen wurde. Die Pendellänge ist ein Meter. Die Schwingungsdauer bei kleiner Auslenkung ist zwei Sekunden. Bei der einen Kurve wurde der Winkel am Anfang so klein gewählt, dass eine harmonische Bewegung erfolgt, wie beim Pendel der Standuhr.

Du siehst: Bei größerer Auslenkung wird die Schwingungsdauer größer, das Pendel wird langsamer. Vielleicht hast du schon einmal auf einem Festplatz bei einer Überschlagschaukel zugeschaut (Abb. 2.59). Wenn die Schaukel fast oben ist, bewegt sie sich ganz langsam. Unten bewegt sich die Schaukel aber schneller. Wie schnell im Vergleich mit dem Schaukeln bei kleiner Auslenkung?

Wenn das Pendel am Anfang fast ganz oben gehalten wird, ist die Position der Masse des Pendels um zweimal die Pendellänge höher, als wenn das Pendel nach unten hängt. Oben ist die potentielle Energie des Pendels gleich der Masse mal der doppelten Pendellänge mal der Erdbeschleunigung. Wird das Pendel fast oben losgelassen, so ist unten die kinetische Energie gleich der beim Herunterschwingen abgegebenen potentiellen Energie, das ist das Gesetz der Ener-

Abb. 2.59 Überschlag-Schaukel.

gie-Erhaltung. Du weißt, die kinetische Energie ist gleich Masse mal Geschwindigkeit zum Quadrat, dividiert durch zwei. Damit ist das Quadrat der Geschwindigkeit, unten, gleich vier mal Pendellänge mal Erdbeschleunigung g. Der Wert von g ist ungefähr $10\,\mathrm{m/s^2}$. Wir wählen für die Pendellänge $0{,}9\,\mathrm{m}$, dann erhalten wir für das Quadrat der Geschwindigkeit $36\,\mathrm{(m/s)^2}$. Die Geschwindigkeit ist also $6\,\mathrm{m/s}$, eben weil 6 mal 6 gleich 36 ist. Diese Geschwindigkeit entspricht fast $22\,\mathrm{km/h}$, ist also so schnell, wie du mit dem Fahrrad fahren kannst. Soll das Pendel einen Überschlag machen, muss die Geschwindigkeit unten noch größer sein. Bei einer kleinen Auslenkung von etwa 7 Grad ist die Geschwindigkeit unten nur $0{,}5\,\mathrm{m/s}$, also deutlich kleiner.

Die Abb. 2.60 zeigt den Auslenkungswinkel α als Funktion der Zeit, einmal für einen Überschlag und einmal für den Fall, wo der Überschlag nur fast gelingt. Bei einem Überschlag wird der Winkel mit der Zeit immer größer. Winkel werden oft in Grad angegeben. Du weißt, ein rechter Winkel entspricht 90 Grad, einmal umgedreht,

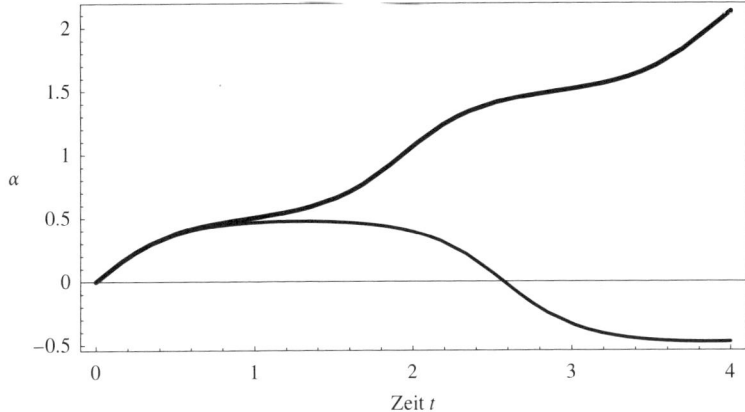

Abb. 2.60 Der Winkel α als Funktion der Zeit für Überschlag und fast Überschlag.

um nach hinten zu schauen, entspricht einer Drehung um 180 Grad, einmal ganz rund herum sind 360 Grad. Manchmal gibt man den Winkel auch im *Bogenmaß* an. Dann entsprechen die Winkel von 90, 180 und 360 Grad den Zahlenwerten $\pi/2$, π und 2π. Die Kreiszahl 2π hat ungefähr den Wert 3,14. Der Umfang eines Kreises ist 2π mal Radius. In der Abb. 2.60 ist der Winkel im Bogenmaß, dividiert durch 2π angegeben. Genau so gut können wir uns den Winkel in Grad, dividiert durch 360 denken. Die Zahlen 1, 2 auf der Achse nach oben bedeuten eben einmal und zweimal rund herum. Was bedeutet dann 0,5 und −0,5? Denke an das Pendel, das den Überschlag nicht ganz schafft.

Eine Pendel-Geschichte   Du weißt jetzt sehr viel über das Pendel und seine Bewegungen. Ich erzähl dir noch eine Geschichte. Ein Physik-Professor wollte in den Prüfungen gerne hören, was die Studenten über das Pendel wissen. Es war zu einer Zeit, als es goldene Taschen-Uhren gab, die an einer Kette hingen. Der Professor holte also seine Uhr hervor, hielt sie an der Kette hoch und ließ sie vor den Augen des Studenten hin und her pendeln. Die Frage war: »An was denken Sie?« Klar, die meisten Studenten erzählten etwas über die Schwingungen des Pendels. Einmal aber antwortete ein Student, wie aus der Pistole geschossen: »Es ist nicht alles Gold was glänzt«. Der Professor war überrascht, lachte dann, und hatte Spaß daran, dies zu erzählen. Der

Professor mit der goldenen Taschen-Uhr war Richard Pohl. Er lehrte und forschte in Göttingen und hat Bücher über Physik geschrieben, die auch heute noch lesenswert sind. Ich hörte die Geschichte von einem seiner ehemaligen Studenten, der später Professor in Erlangen war, als ich dort studierte.

2.22 Hamilton-Prinzip und Hamilton-Gleichungen*

Hamilton findet eine elegante Herleitung von Lagrange II Der Mathematiker und Physiker Lewis Hamilton (Abb. 2.61) wurde 70 Jahre nach Lagrange in Irland geboren. Er entdeckte: Die Lagrange-Gleichungen zweiter Art und, als Spezialfall, die Bewegungsgleichungen von Newton, folgen aus einem Prinzip, das ihm zu Ehren *Hamilton-Prinzip* genannt wird. Was ist das, wie geht das? Stell dir vor, du wirfst im Garten einen Tennisball und der landet, nach zwei Sekunden Flugzeit, in der zwölf Meter entfernten Dachrinne des Hauses. Natürlich holen wir den Ball heraus, damit er beim nächsten Regen nicht ins Abflussrohr gerät. Die x-Koordinate ist durch die horizontale Geschwindigkeit 6 m/s mal der Zeit nach dem Abwurf gegeben. Die dicke Kurve

Abb. 2.61 William Rowan Hamilton.

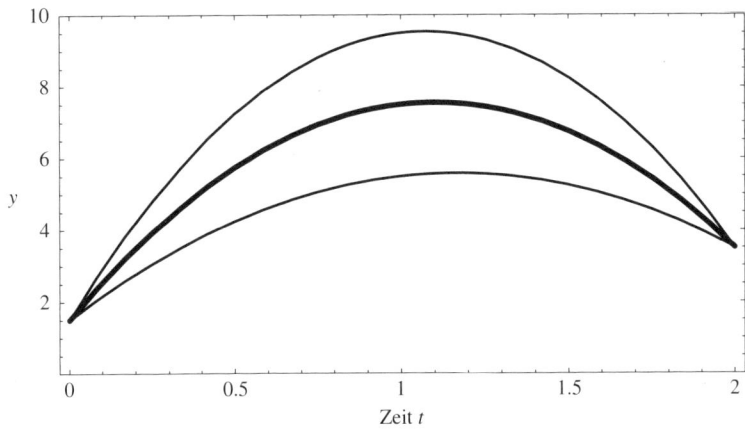

Abb. 2.62 Flughöhe des Balls und andere Kurven mit gleichen Anfangs- und Endpunkten.

in der Abb. 2.62 zeigt die Bahnhöhe deines Balles, das ist die y-Koordinate, in Metern. Die Zeit auf der horizontalen Achse ist in Sekunden angegeben. Zwei andere Kurven, mit gleichen Anfangs- und Endpunkten sind dünner gezeichnet. Funktionen für die x- und y-Koordinaten vieler solcher anderen Kurven, wo der Endpunkt zur gleichen Zeit erreicht wird, sind denkbar. Für jede dieser Kurven kann die Lagrange-Funktion berechnet werden. Die Zeit zwei Sekunden von Anfang bis zum Ende der Bahn kann in kleine Zeitintervalle unterteilt werden, zum Beispiel in 20 mal 0,1 Sekunden. Die Lagrange-Funktion kann zu den Zeiten 0,1, 0,2 und so weiter bis 2,0 berechnet werden. Die Summe dieser Werte, multipliziert mit der ganzen Zeit von zwei Sekunden, ist eine gute Näherung für das Integral der Lagrange-Funktion über die Zeit. Diese Rechen-Operation kann für die dicke Kurve und für die beiden dünnen Kurven gemacht werden. Das Ergebnis zeigt: für die dicke Kurve ist der Wert des Integrals der Lagrange-Funktion kleiner als für die beiden anderen Kurven. Das gilt, obwohl eine den Bahnkurven über und eine unter der dicken Kurve verläuft. Dahinter steckt das *Hamilton-Prinzip*.

Was sagt das Prinzip von Hamilton? Dazu verwenden wir den neuen Namen *Wirkung* für das Integral der Lagrange-Funktion über die Zeit, vom Anfang bis zum Ende. Die Wirkung kann berechnet werden für viele ausgedachte und erratene Bahnen, die aber alle den gleichen

Anfangspunkt und den gleichen Endpunkt am Ende der vorgegebenen Zeit haben sollen.

Das *Hamilton-Prinzip* sagt:

> Für die wirkliche, in der Natur beobachtete Bahn ist die Wirkung ein Extremum, verglichen mit der Wirkung berechnet mit den anderen Bahnkurven.

Ein Extremum ist ein Minimum oder ein Maximum, also entweder ein kleinster oder ein größter Wert, verglichen mit den anderen Werten. Bei unserem Beispiel hat die Wirkung ein Minimum für die dick gezeichnete Kurve.

Mit dem Hamilton-Prinzip können wir unter ausgedachten und erratenen Bahnkurven die beste herausfinden. Wenn es die wahre Lösung des Problems ist, sind auch die Lagrange-Gleichungen zweiter Art erfüllt. Ohne Zwangsbedingungen und beim Rechnen mit gewöhnlichen Koordinaten sind das gerade die Bewegungs-Gleichungen von Newton.

Also: Aus dem Hamilton-Prinzip folgen die Lagrange-Gleichungen zweiter Art und die Bewegungs-Gleichungen von Newton. Ist das nicht verwunderlich? Schließlich ist beim Hamilton-Prinzip nicht nur der Anfangspunkt, sondern auch das Ziel, nämlich der Endpunkt der Bewegung vorgegeben. Bei Lagrange II oder Newton kennen wir die Beschleunigung zu jedem Zeitpunkt, aber noch nicht das Ziel. Um das gewünschte Ziel zu treffen, müssen wir am Anfang nicht nur den Ort vorgeben, sondern auch die Geschwindigkeit. Du weißt dies, wenn du mit dem Tennis-Ball nicht die Dachrinne oder gar ein Fenster, sondern ein anderes Ziel treffen möchtest. Die Geschwindigkeit ist ein Vektor. Es kommt nicht nur darauf an, wie schnell du den Ball wirfst, sondern auch in welche Richtung.

Hamilton-Funktion und Hamilton-Gleichungen Hamilton hat sich noch mehr überlegt zur Mechanik. Sein Name erscheint in den Worten *Hamilton-Funktion, Hamilton-Gleichungen* und *Hamilton-Mechanik*.

> Die Hamilton-Funktion ist gleich kinetische Energie plus potentielle Energie, wobei zum Rechnen die Impulse verwendet werden.

Zum Vergleich: Die Lagrange-Funktion ist gleich kinetische Energie minus potentielle Energie und dort wird mit den Geschwindigkeiten gerechnet. Ohne Zwangsbedingungen ist die Formel für die kinetische Energie bei Lagrange

$$E_{\text{kin}} = \frac{1}{2} m v^2 \, .$$

Es gilt dann für den Impuls $p = m v$. In der Hamilton-Funktion ist die Formel für die kinetische Energie in diesem Fall,

$$E_{\text{kin}} = \frac{1}{2m} p^2 \, .$$

Hamilton hat Gleichungen gefunden für die zeitlichen Veränderungen des Ortes und des Impulses von Körpern, die sich ohne Reibung bewegen. Diese *Hamilton-Gleichungen* sagen:

1. Die zeitliche Änderung der generalisierten Koordinaten ist bestimmt durch die Veränderung der Hamilton-Funktion bei Veränderung der generalisierten Impulse;
2. Die zeitliche Änderung der generalisierten Impulse ist bestimmt durch minus eins mal der Veränderung der Hamilton-Funktion bei Veränderung der generalisierten Koordinaten.

Wenn keine Zwangsbedingungen wirken und mit gewöhnlichen Koordinaten gerechnet wird, sind diese Hamilton-Gleichungen:

1. Die Geschwindigkeit ist gleich Impuls, dividiert durch die Masse,
2. Die zeitliche Änderung des Impulses ist gleich der Kraft. Die Kraft ist dabei bestimmt durch minus eins mal der Veränderung der potentiellen Energie bei Veränderung der Koordinaten.

Die Anwendung dieser Gesetze auf die Probleme der Mechanik ohne Reibung heißt *Hamilton Mechanik*.

Die Gleichungen (1) und (2) beschreiben genau das, was die Bewegungsgleichung von Newton sagt, wenn keine Reibung wirkt. Es ist ja schön, wenn die neue Hamilton-Rechenmethode, in diesem Fall, das gleiche ergibt wie das Rechnen mit der Bewegungsgleichung von Newton. Aber brauchen wir eigentlich Hamilton, wenn wir schon mit Newton rechnen können? Ja, wir brauchen Hamilton für Probleme der klassischen Mechanik und wir brauchen die Hamilton-Funktion, für einen Weg von der klassischen Mechanik zur Quanten-Mechanik, und die Quanten-Mechanik wird gebraucht, für die Physik der Atome und Moleküle.

2.23 Phasenraum, Liouville[*]

Im Phasenraum ist noch mehr Raum In der klassischen Mechanik hat ein sich bewegender Körper zu jedem Zeitpunkt einen Ort und einen Impuls. Für die eindimensionale Bewegung können wir in einem Diagramm auf der horizontalen Achse die x-Koordinate und auf der vertikalen Achse den Impuls p oder die Geschwindigkeit angeben. Ein Punkt in diesem Diagramm legt die x-Koordinate und die x-Komponente des Impulses fest. Die Physiker sagen, dies ist ein Punkt im zweidimensionalen *Phasen-Raum*. Die eindimensionale Bewegung längs einer Geraden wird dann in diesem Diagramm durch eine Kurve dargestellt. Eine solche Kurve heißt *Trajektorie im Phasenraum*.

Bei einer eindimensionalen Bewegung ist der Phasenraum zweidimensional. Wir können uns Trajektorien vorstellen und zeichnen. Bei einer zweidimensionalen Bewegung, also einer Bewegung in einer Ebene, gibt es zwei Koordinaten und zwei Impulse. Der Phasenraum hat also die Dimension 4. Vorstellen und zeichnen einer Trajektorie in diesem vierdimensionalen Raum können wir nicht mehr. Das gilt erst recht für eine Bewegung eines Körpers in unserem dreidimensionalen (3D) Raum. Der Phasenraum hat dann die Dimension 6, ist also viel »größer«.

Freier Fall im Phasenraum In der Abb. 2.63 sind vier solche Trajektorien gezeigt für den freien Fall. Stell dir vor du stehst auf einem hohen Turm und lässt, zuerst, einen Tennisball einfach fallen. Die Anfangsgeschwindigkeit ist null. Dann wirfst du einen andern Ball mit der Anfangsgeschwindigkeit von 4 m/s nach unten. Die beiden Punkte bei $x = 0$ markieren den Anfang dieser Kurven. Die Geschwindigkeit und die Position des Balls können wir berechnen. Die

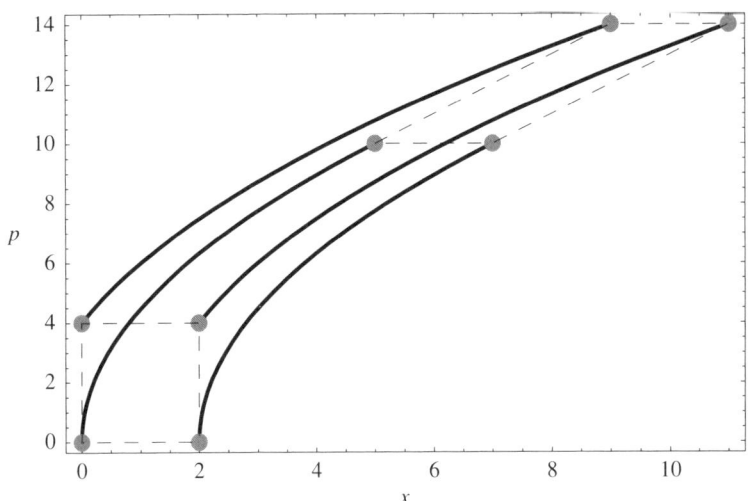

Abb. 2.63 Die Phasenraum-Trajektorien für den freien Fall mit verschiedenen Anfangs-Positionen und Anfangs-Geschwindigkeiten.

Geschwindigkeit beim freien Fall ist Anfangsgeschwindigkeit plus Erdbeschleunigung mal Zeit. Die Position x ist Anfangsposition plus Anfangsgeschwindigkeit mal Zeit plus einhalb mal Erdbeschleunigung mal Zeit zum Quadrat. Für die Erdbeschleunigung nehmen wir den Zahlenwert $10\,\text{m/s}^2$. Die berechneten Werte für Position und Geschwindigkeit sind in der Abb. 2.63 gezeigt. Nach einer Sekunde haben die Bälle die Positionen und Geschwindigkeiten erreicht, die wieder durch Punkte markiert sind. Klar, im zweiten Fall ist der Ball schneller und er ist nach der gleichen Zeit weiter gekommen. Zwei Meter tiefer ist ein offenes Fenster, wo du wieder ein Ball einfach fallen lässt und einen anderen mit der Geschwindigkeit von $4\,\text{m/s}$ nach unten wirfst. Die Trajektorien hierfür sind die beiden anderen Kurven. Dir ist schon aufgefallen, die Kurven schneiden sich nicht. Würden zwei Kurven im Phasenraum sich schneiden, so gäbe es, vom Schnittpunkt aus, zwei mögliche Trajektorien. Die Gleichungen der Mechanik sagen aber: Bei vorgegebenem Ort und Impuls ist genau eine Trajektorie möglich. Also können sich Trajektorien im Phasenraum nicht schneiden.

In der Abb. 2.63 sind die Anfangs- und die Endpunkte der vier verschiedenen Kurven mit gestrichelten Linien verbunden. Wählen wir die Anfangswerte innerhalb des Rechtecks der gezeigten Anfangs-

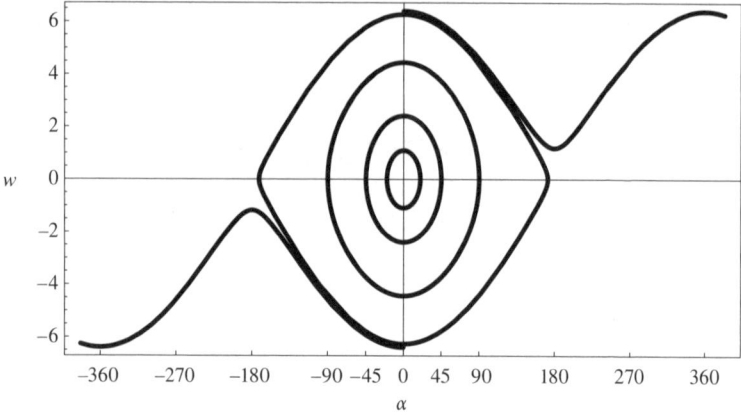

Abb. 2.64 Die Phasenraum-Trajektorien für das ebene Pendel, Schwingungen und Überschläge.

punkte, so wird der Endpunkt, nach einer Sekunde, innerhalb der Fläche liegen, die von den vier gezeigten Endpunkten begrenzt ist. Die Größe der Fläche zwischen den Anfangs- und den Endpunkten ist gleich. Das ist immer der Fall, wenn die Hamilton-Mechanik gilt, eben wenn keine Reibung wirkt. Das hat der französische Mathematiker Joseph Liouville bewiesen. Deshalb heißt dies auch *Liouville-Theorem*. Ein Theorem ist einfach ein gelehrtes Wort für einen gültigen Satz oder eine wahre, bewiesene Aussage.

Pendel im Phasenraum Ein Pendel kann kleine oder größere Schwingungen ausführen oder Drehungen, wie bei der Überschlag-Schaukel. In den Abbildungen 2.58 und 2.60 kannst du sehen, wie der Auslenkwinkel sich mit der Zeit ändert. In der Abb. 2.64 sind die zugehörigen Phasenraum-Trajektorien gezeigt. Hier ist auf der horizontalen Achse der Winkel, auf der senkrechten Achse die Winkelgeschwindigkeit aufgetragen. Für die Schwingungen sind die Trajektorien geschlossene Kurven. Die oberste nach rechts und die unterste nach links weglaufenden Kurven beschreiben Überschläge, einmal links herum, einmal rechts herum. Diese Kurven gehen immer weiter nach rechts oder links, wenn die Zeit weiterläuft und mehr Überschläge erfolgen.

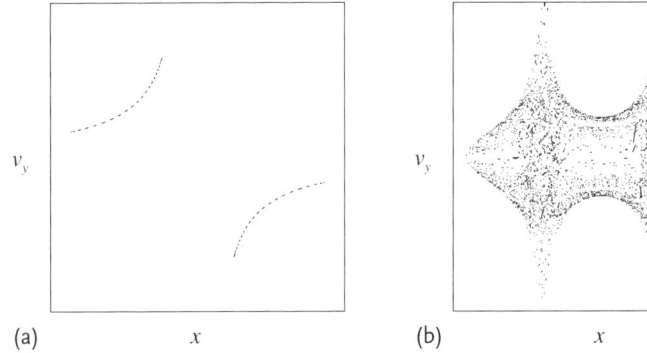

(a) x (b) x

Abb. 2.65 Poincaré-Schnitte in der x-v_y-Ebene für (a) reguläre und (b) chaotische Trajektorien bei der Bewegung eines Planeten um zwei Sonnen.

Chaos im Phasenraum, Poincaré-Schnitte Der französische Mathematiker Henri Poincaré hat sich schon vor über 100 Jahren mit chaotischen Bewegungen beschäftigt und die Frage gestellt: Wie unterscheiden sich chaotische von regulären Trajektorien im Phasenraum? Im zweidimensionalen Ortsraum sehen wir ja den Unterschied beim Vergleich von Abb. 2.46 mit 2.48. In diesem Fall ist der Phasenraum vierdimensional und eine Trajektorie dort können wir uns nicht veranschaulichen und schon gar nicht zeichnen. Aber, überlegte Poincaré, wir können ja Schnitte durch den Phasenraum machen und uns diese ansehen. Genauer meinte Poincaré: Lege Ebenen in den Phasenraum und markiere dort die Punkte, wo die Traktorie durch die Ebene hindurch geht. In einem solchen *Poincaré-Schnitt* erzeugt eine reguläre Trajektorie nur wenige Punkte. Eine chaotische Trajektorie wird viele Punkte liefern. Ein kompliziertes Muster von Punkten kann dabei entstehen. Ein Beispiel kannst du in Abb. 2.65 sehen, für die Bewegung eines Planeten um zwei Sonnen. Der Schnitt ist in die x-v_y-Ebene gelegt. Die Bilder zeigen also an, wie schnell der Planet sich nach vorne oder hinten in die y-Richtung bewegt, wenn er gerade die x-Achse durchquert. Das linke Diagramm gilt für die reguläre Bewegung, wie in der Bahnkurve 2.46 gezeigt. Das rechte Diagramm ist für die chaotische Bewegung, wie in der Bahnkurve 2.48 zu sehen. Welch ein Unterschied!

2.24 Bewegung in beschleunigten Bezugssystemen*

Bist du leichter oder schwerer bei einer Fahrt im Fahrstuhl? In einem Fahrstuhl ist dir bestimmt schon aufgefallen: Wenn du von unten nach oben fährst, hast du anfangs im Fahrstuhl das Gefühl, eine Kraft zieht dich nach unten, so als würdest du gerade ein wenig schwerer werden. Wenn der Fahrstuhl sich gleichmäßig nach oben bewegt, merkst du nichts ungewöhnliches. Nur wenn der Fahrstuhl abbremst, um oben anzuhalten, fühlst du dich für eine kurze Zeit leichter, so als ob dich eine Kraft nach oben zieht. Klar, du weißt, was du da spürst ist die Trägheit der Masse, der Masse deines Körpers. Du könntest dir auch ein Experiment überlegen: Lasse einen kleinen Ball aus der Hand fallen, einmal beim Anfahren und einmal beim Abbremsen des Fahrstuhls. Einmal fällt der Ball etwas schneller auf den Boden, einmal dauert es etwas länger. Zur Beschreibung der Bewegung des Balls können wir ein Koordinatensystem im Fahrstuhl befestigen. Wir denken uns als Koordinaten-Nullpunkt einfach die linke hintere, untere Ecke und als Koordinaten-Achsen die von dort ausgehenden drei Kanten. Beim Anfahren und Abbremsen des Fahrstuhls ist dieses Koordinatensystem ein beschleunigtes Bezugssystem. In der Bewegungsgleichung im beschleunigten Bezugssystem müssen wir zusätzlich zur Schwerkraft mit einer weiteren Kraft rechnen, die eben die Beschleunigung des Fahrstuhls berücksichtigt. Beim Anfahren nach oben wirkt die zusätzliche Kraft in Richtung der Schwerkraft, beim Abbremsen wirkt sie entgegengesetzt zur Schwerkraft. Überlege: Wie ist das, wenn du von oben nach unten fährst?

Flug zur Raumstation Wenn Astronauten mit einer Rakete zur internationalen Raumstation ISS fliegen, ist beim Start die Beschleunigung viel, viel größer als in einem Fahrstuhl. In einem der amerikanischen *space shuttles*, die ja nun nicht mehr fliegen, war die Beschleunigung dreimal so groß wie die Erdbeschleunigung g. Beim Raketen-Start im russischen Sojus-Raumschiff ist die Beschleunigung etwa 4 mal g. Die Astronauten haben beim Start, aber auch vor der Landung das Gefühl, sie seien viel schwerer. Wie mir der schwedische Astronaut Christer Fuglesang erzählte, war beim *space shuttle* die Landung sehr sanft, mit weniger als 2 mal g. Bei der Landung von Sojus spüren die Astronauten 4 bis 8 mal g. Vor dem Ausflug ins All werden solche Belastungen in einer Zentrifuge, einem sich schnell drehenden Karussell, getestet. Schlimmer als die hohe Beschleunigung beim Start ist der Ruck und das Rütteln in der Sojus-Raumkapsel, wenn der Lande-Fallschirm sich öffnet.

Experimente bei Schwerelosigkeit, wie geht das? Manchmal wünschen sich Physiker, sie könnten, für bestimmte Experimente, die Schwerkraft der Erde ausschalten. Das geht natürlich nicht. Aber wenn du in einem Bezugssystem bist, das im Schwerefeld der Erde ungehindert nach unten fällt, spürst du die Schwerkraft nicht mehr. Nun, in einem Fahrstuhl möchtest du das nicht erleben. In Bremen steht ein Turm, in dem Experimente im freien Fall so gemacht werden können. Die für die Experimente benötigten Geräte werden unten gut aufgefangen. Der Turm ist 110 Meter hoch, die Zeit im freien Fall ist knapp fünf Sekunden.

Ein Flugzeug kann steil nach oben fliegen und der Pilot kann es dann für einige tausend Meter frei nach unten fallen lassen, bevor er den Fall abfängt und wieder nach oben fliegt. Für den Aufstieg und Fall sieht die Flugbahn aus wie bei einem Ball, den du schräg nach oben wirfst und der wieder nach unten fällt. Die Bahnkurve ist eine auf den Kopf gestellte Parabel, ähnlich wie in der Abb. 2.17 und 2.18. *Parabel-Flüge* heißen deshalb diese Flüge, bei denen Physiker, für 20 Sekunden, Schwerelosigkeit erleben und dabei experimentieren können. Zwanzig Sekunden ist nicht lang. Es reicht aber für manche Experimente und der Pilot kann nach einem Start mehrere Parabeln fliegen.

Für längere Zeiten können Experimente bei Schwerelosigkeit in der internationalen Raumstation ISS gemacht werden. Die Abkürzung ISS steht für *International Space Station*. Diese Raumstation kreist in 400 Kilometer Höhe in etwa 90 Minuten um die Erde.

Gleichförmig bewegtes Bezugssystem: Geschwindigkeiten addieren sich
Wir haben gerade von beschleunigten Bezugssystemen gesprochen. Bei der Beschreibung der Bewegung in einem nicht beschleunigten, sondern gleichförmig bewegten Bezugssystem, das sich zu unserem festen Koordinatensystem mit einer konstanten Geschwindigkeit bewegt, gibt es keine zusätzlichen Kräfte. Wir müssen nur berücksichtigen, dass die Geschwindigkeiten in beiden Bezugssystemen sich unterscheiden. Stell dir vor, du stehst am Bahnsteig, wo gerade ein Zug mit 50 km/h durchfährt. Im Zug läuft ein Kind vorwärts mit

5 km/h. Vom Bahnsteig aus gesehen bewegt sich dieses Kind mit 55 km/h. Wäre das Kind mit 5 km/h im Zug nach hinten gelaufen, so wäre vom Bahnsteig aus gesehen die Geschwindigkeit nur 45 km/h. Beim Vergleich der Geschwindigkeiten in einem ruhenden und einem gleichförmig bewegten Bezugssystem sind die Geschwindigkeiten einfach zu addieren. Das ist das *Galilei-Prinzip*, benannt nach dem Physiker Galileo Galilei, der die Fall-Gesetze gefunden und die Bewegung des Pendels studiert hat. Die spezielle Relativitätstheorie von Einstein besagt: Dieses einfache Addieren der Geschwindigkeiten gilt nur, wenn die Geschwindigkeiten sehr klein sind im Vergleich zur Lichtgeschwindigkeit.

Im rotierenden Bezugssystem spürst du die Fliehkraft Nun zurück zum beschleunigten Bezugssystem. Du weißt: Bei der Beschreibung der Bewegung in einem beschleunigten Bezugssystem müssen zusätzliche Kräfte berücksichtigt werden. Das kennst du schon von der Fahrt im Fahrstuhl. Jede Drehung, selbst eine Drehung mit konstanter Winkelgeschwindigkeit, ist eine beschleunigte Bewegung. Beschleunigung bedeutet ja zeitliche Änderung der Geschwindigkeit. Die Geschwindigkeit einer Bewegung im Raum ist ein Vektor. Sie hat einen Betrag, das ist ein Zahlenwert, in m/s oder km/h, und eine Richtung. Bei einer Drehbewegung ändert sich die Richtung, also ist dies eine beschleunigte Bewegung. Wenn du auf einer Drehscheibe sitzt, eben auf einem sich drehenden Karussell, spürst du eine nach außen gerichtete Kraft. Diese Fliehkraft kennst du schon. Es ist die Kraft, die das Wasser auch über deinem Kopf im Eimer hält, den du rund herum schleuderst. Auch die Fliehkraft ist Masse mal Beschleunigung. Bei der Drehung ist die Beschleunigung gleich dem Abstand der sich drehenden Masse vom Drehpunkt mal der Winkelgeschwindigkeit zum Quadrat. Bei doppelter Winkelgeschwindigkeit ist die Beschleunigung also viermal so groß. Ein Zahlenbeispiel: Stell dir vor, du hast einem kleines Stückchen Holz an eine Schnur mit der Länge von einem Meter fest angebunden. Du bewegst die Schnur so, dass das Holzstückchen in einer Sekunde sich einmal rund herum dreht. Die Winkelgeschwindigkeit ist dann $2\pi = 6{,}28$ pro Sekunde. Der Winkel wird dabei nicht in Grad angegeben, sondern im *Bogenmaß*. Ein Drehwinkel von 360 Grad, also einmal rund herum, entspricht der Zahl 2π. Das ist der Umfang eines Kreises mit dem Radius 1. Die Beschleunigung ist bei unserm Beispiel $37 \, \text{m/s}^2$. Zum

Vergleich: Du weißt, die Erdbeschleunigung ist ungefähr $10\,\mathrm{m/s^2}$. Die Dreh-Beschleunigung ist also fast viermal größer als die Erdbeschleunigung. Und wenn du doppelt so schnell drehst, wird die Dreh-Beschleunigung fast sechzehnmal größer als die Erdbeschleunigung sein. Vorsicht beim Drehen und Herumschleudern von Gegenständen! Fliehkräfte können sehr groß sein.

Beobachtung der Flugbahn eines Balls vom rotierenden Karussell aus
Stell dir vor, wir stehen auf einem sich nach links drehenden Karussell. Ich bin am Rand des Karussells, du stehst in der Mitte und wirfst mir einen Ball zu. Was geschieht? Du hast zwar gut gezielt, der fliegende Ball merkt nichts von der Drehung des Karussells. Der Ball kommt nicht zu mir, sondern landet, von dir aus gesehen, rechts von mir. Auf dem sich drehenden Karussell sieht es so aus, als ob eine Kraft den Ball nach rechts ablenkt. Die Kraft ist senkrecht zur Drehachse und senkrecht zur Geschwindigkeit. Diese Kraft heißt *Coriolis-Kraft*, benannt nach dem französischen Physiker Gaspard de Coriolis. Die Coriolis-Kraft ist gleich Masse mal der Coriolis-Beschleunigung.

Wenn du von oben auf das Karussell hättest sehen können, hättest du dich gar nicht gewundert. Du hättest gesehen: Der Ball fliegt geradeaus, das Karussell dreht sich unter dem fliegenden Ball einfach weiter nach links. Stehst du auf dem Karussell, sieht es so aus, als würde der Ball nach rechts abgelenkt. Du kannst natürlich fragen: Muss ich mir Gedanken machen über die Bewegung und die Kräfte im rotierenden Bezugssystem, also auf dem Karussell, wenn die Bewegung von außen gesehen viel einfacher ist. Du hast ja recht, aber – wir auf der Erde leben in einem rotierenden Bezugssystem. Die Erde dreht sich einmal am Tag um ihre Achse. Es ist nicht so einfach, die Bewegung auf der Erde von außen zu sehen. Also sollten wir wissen, wie wir die Bewegung in einem rotierenden Bezugssystem beschreiben und berechnen können. Genau das hat sich Coriolis überlegt. Du hast auf Wetterkarten im Fernsehen schon die Pfeile gesehen, die die Richtung und die Größe der Geschwindigkeit des Windes angeben. Um ein Hochdruckgebiet, wo der Wind von innen nach außen strömt, dreht sich der Wind rechts herum. Bei einem Tiefdruckgebiet, wo der Wind von außen nach innen strömt, ist der Drehsinn links herum. Die Drehung wird erzeugt durch die *Coriolis-Kraft*. Diese Drehrichtungen des Windes um Hoch- und Tiefdruckgebiete gelten für die Nord-Halbkugel der Erde. Auf der Süd-Halbkugel erscheinen die Drehrichtungen gerade anders herum.

Du hast schon den Wirbel im Wasser gesehen, das aus der Badewanne ausfließt. Und du hast auch schon die Geschichte gehört: Wenn du mit einem Schiff den Äquator überquerst, merkst du am Drehsinn des Wasser-Wirbels, ob du auf der Nord- oder auf der Süd-Halbkugel bist. Das stimmt nicht. Die Coriolis-Beschleunigung bestimmt sehr wohl die Drehrichtung des Windes um Hoch- und Tief-Druckgebiete, die Hunderte oder gar Tausende von Kilometern ausgedehnt sind. Die Coriolis-Beschleunigung ist aber viel zu klein, um die Drehrichtung des kleinen Wirbels in der Badewanne zu bestimmen.

Wie stark ist die Coriolis-Kraft? Wie groß ist der Effekt der Coriolis-Beschleunigung auf der Erde? Stell dir vor, du stehst am Nordpol und wirfst einen Schneeball, schräg nach oben, damit der Schneeball möglichst weit fliegt. Wenn die horizontale Komponente der Geschwindigkeit gleich 15 m/s ist und die vertikale Komponente genau so groß ist, ist der Schneeball drei Sekunden in der Luft und fliegt 45 Meter weit. Das hast du schon einmal ausgerechnet. Wie groß ist die Ablenkung verursacht durch die Coriolis-Beschleunigung? Wir können rechnen. Die Erde dreht sich in 24 mal 60 mal 60 gleich 86 400 Sekunden einmal um ihre Achse, Die Winkelgeschwindigkeit ist 2π dividiert durch 86 400, ungefähr 0,73 dividiert durch 10 000, pro Sekunde. In den drei Sekunden während des Fluges des Schneeballs hat sich die Erde um einen kleinen Winkel weitergedreht. Denk dir, du hast vor Abwurf des Schneeballes eine 45 Meter lange gerade Linie in den Schnee gezeichnet. Das Ende der 45 Meter langen Strecke hat sich in den drei Sekunden um etwa 1 cm weitergedreht. Das ist genau die Größe der Ablenkung verursacht durch die Coriolis-Beschleunigung. Wenn du in Berlin oder in München einen Schneeball 45 Meter weit wirfst, ist die Coriolis-Abweichung kleiner, nur etwa 7 mm. So genau kannst du gar nicht zielen, um diese Abweichung zu bemerken.

Das Foucault-Pendel zeigt uns die Drehung der Erde Stell dir vor, wir gehen nochmals zum Nordpol und hängen dort ein Pendel auf, in einem hohen Turm, der natürlich nur in unserer Fantasie existiert. Ein Pendel mit der Länge von einem Meter hat eine Schwingungsdauer von zwei Sekunden, wenn es nur kleine Schwingungen macht.

Für die doppelte Schwingungsdauer muss die Pendellänge viermal so groß sein. Für die vierfache Schwingungsdauer muss die Pendellänge vier mal vier gleich 16 Meter lang sein. Wird ein solches Pendel um 1,5 Meter ausgelenkt, so sind das noch immer kleine Schwingungen. Wir lenken das Pendel aus und markieren senkrecht darunter am Boden den Punkt, wo es startete. Nach jeder Schwingung, also nach acht Sekunden kommt es dorthin zurück, aber nicht genau dorthin, selbst wenn es keine Reibung gibt. Von außerhalb der Erde gesehen schwingt das Pendel in einer Ebene und die Erde dreht sich darunter. Weil die Auslenkung von 1,5 Meter nur ein Dreißigstel der Flugweite deines Schneeballs ist, müssen wir eben dreißigmal länger warten, bis eine Ablenkung seitwärts um etwa 1 cm zu sehen ist. Nach 11 Schwingungen, also nach 88 Sekunden wäre diese Ablenkung erreicht. Wenn wir diese Bewegung im mitrotierenden Koordinatensystem, also auf unserer Erde beschreiben, rechnen wir mit der Coriolis-Beschleunigung, um den gleichen Effekt zu erhalten. Die scheinbare Drehung der Ebene, in der das Pendel hin und her schwingt zeigt uns die Drehung der Erde. Dieser Effekt existiert nicht nur am Nordpol, sondern auch bei uns. Die Drehung der Schwingungs-Ebene des Pendels wird allerdings kleiner, wenn wir weiter südlich sind, und er verschwindet am Äquator. Im Jahre 1851 hat der Physiker Foucault in Paris ein langes Pendel aufgehängt und damit demonstriert: Die Erde dreht sich. Ein Pendel, das die Drehung der Erde zeigt, heißt *Foucault-Pendel*.

2.25   Kreisel, Euler[*]

Schau dir die Drehung einer frei fliegenden Pappschachtel an!   Du weißt, was ein Kreisel ist. Für Physiker ist ein Kreisel ein fester Gegenstand, der sich drehen kann. Wirf eine kleine, leere, quaderförmige Schachtel aus Pappe so in die Luft, dass sie sich drehen kann. Die Schachtel dreht sich, sie hat also eine Winkel-Geschwindigkeit, so lange sie frei fliegt. Wahrscheinlich siehst du: Die Schachtel wackelt oder flattert in der Luft. Warum ist dies so, obwohl doch während des freien Fluges niemand die Drehung stört? Vor über 250 Jahren hat der Schweizer Mathematiker und Physiker Leonhard Euler eine Antwort auf dies Frage gefunden.

Wo sind die Drehachsen? Doch langsam. Du hast schon gehört: Drehimpuls ist gleich Trägheitsmoment mal Winkelgeschwindigkeit. Das Trägheitsmoment ist Masse mal Abstand von der Drehachse zum Quadrat. Wenn die Masse verteilt ist, wie bei der Schachtel, können wir uns die Schachtel in kleine Teile zerlegt denken. Jeder Teil hat eine Masse und einen Abstand. Wir müssen dann eben die Teil-Massen mit deren Abständen zum Quadrat multiplizieren und die Beiträge aller Teile addieren. Wo aber ist die Drehachse? Nimm einen Stift und ein Lineal und zeichne auf allen sechs Seiten der Schachtel die Diagonalen ein. Besorge dir eine Stricknadel, am besten aus Metall, und steche damit an allen sechs Schnittpunkten der Diagonalen Löcher in die Schachtel. Du kannst nun die Stricknadel durch zwei gegenüberliegende Löcher stecken und die Schachtel drehen. Die Stricknadel ist nun eine feste Drehachse. Du hast drei Möglichkeiten eine Drehachse zu wählen. Das Trägheitsmoment ist verschieden für die verschiedenen Drehachsen. Es gibt ein größtes, ein mittleres und ein kleinstes Trägheitsmoment. In der Abb. 2.66 entspricht dies den Fällen 1, 2 und 3. Welches welches ist, kannst du leicht herausfinden, wenn ich dir verrate: Die Größe des Trägheitsmomentes ist bestimmt durch das Quadrat der Länge der Diagonalen der Fläche, durch die die Stricknadel geht. Die bisher gewählten drei Richtungen der Drehachsen heißen *Haupt-Achsen*. Unsere drei verschiedenen Trägheitsmomente heißen *Haupt-Trägheitsmomente*. Würden wir die Stricknadel irgendwie schräg durch die Mitte der Schachtel stecken, so gäbe es für die Drehung um diese Drehachse auch ein Trägheitsmoment. Dies ist aber schon festgelegt durch die Zahlenwerte der drei Haupt-Trägheitsmomente und den Winkeln zwischen der neuen Drehachse und den Haupt-Achsen. Der Winkelgeschwindigkeit ordnen wir auch eine Richtung zu, nämlich die Richtung der jeweiligen Drehachse. Nun zieh die Stricknadel wieder heraus und wirf die Schachtel. Sie dreht sich, hat aber keine feste Drehachse mehr. Wir sagen, die Schachtel dreht sich frei.

Es kommt auf die Trägheitsmomente an Warum die lange Geschichte mit den verschiedenen Trägheitsmomenten? Leonhard Euler hat sich überlegt: Die Beschreibung der zeitlichen Veränderung des Drehimpulses und der Winkelgeschwindigkeit wird einfach in einem Bezugssystem, dessen drei Achsen in die drei Richtungen der drei Haupt-Achsen zeigen, in denen du die Stricknadel durch die Schachtel

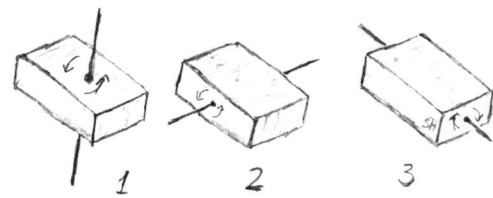

Abb. 2.66 Quaderförmige Schachtel mit Drehachsen.

gesteckt hast. Wenn die Schachtel sich in der Luft dreht, ist dies natürlich ein rotierendes Bezugssystem, in dem zusätzliche Kräfte und Drehmomente wirken. Die Lösung der nach Euler benannten Gleichungen sagt: Ist die Drehung am Anfang um die Achse mit dem größten oder dem kleinsten Trägheitsmoment, so ändert die Winkelgeschindigkeit sich praktisch nicht während des freien Fluges. Ist dagegen die Drehung am Anfang um die Achse mit dem mittleren Trägheitsmoment, so ändert sich die Richtung der Winkelgeschwindigkeit. Die Schachtel wackelt oder taumelt während des Fluges. Du kannst dies noch besser mit einer sehr flachen Schachtel oder einem Stück Pappe demonstrieren. Schneide dir ein etwa 20 cm langes und 15 cm breites Stück steife Pappe. Du weißt nun, wie du die Pappe drehen lassen musst, damit sie taumelt oder damit sie fliegt ohne zu wackeln oder zu flattern. Die Schachtel und die Pappe würden praktisch die gleichen Bewegungen ausführen, wenn wir den Versuch im luftleeren Raum machen könnten.

Es gibt verschiedne Kreisel Für die Physiker ist ein Kreisel ein fester Gegenstand mit drei verschiedenen Haupt-Trägheitsmomenten. Sind zwei der drei Trägheitsmomente gleich, wie bei einer quadratischen oder runden Scheibe, so ist dies ein *symmetrischer Kreisel*. Du weißt, wie du einen Frisbee drehen lassen musst, damit er ruhig fliegt. Du kannst ihn aber auch so werfen, dass er flattert.

Ein fester Gegenstand, bei dem alle drei Haupt-Trägheitsmomente gleich sind, wie bei einem wirklich runden Ball oder auch bei einem Würfel, heißt *Kugel-Kreisel*. Hier ändert die Winkelgeschwindigkeit während des freien Fluges ihre Richtung nicht.

Physiker reden vom *Trägheits-Tensor* *Tensor*, was ist denn das? Du weißt, Drehimpuls ist gleich Trägheitsmoment mal Winkelgeschwindigkeit. Das gilt so nur für den Kugel-Kreisel, da ist der Drehimpuls-

Vektor stets parallel zum Vektor der Winkelgeschwindigkeit. Beim symmetrischen Kreisel und beim asymmetrischen Kreisel, mit drei verschiedenen Haupt-Trägheitsmomenten gilt das allerdings nur, wenn diese Vektoren parallel zu einer der Haupt-Achsen sind. Im allgemeinen sind Drehimpuls-Vektor und der Vektor der Winkelgeschwindigkeit nicht parallel zueinander. Ein Tensor beschreibt den Zusammenhang zwischen den beiden Vektoren. So wie ein Vektor im dreidimensionalen Raum drei Komponenten hat, so besitzt der Tensor drei mal drei Komponenten. Der bei der Beschreibung der Drehung des Kreisels benötigte Tensor heißt *Trägheits-Tensor*. Dort kommen die Haupt-Trägheitsmomente vor und dort steckt die Information über die Richtung der Haupt-Achsen, also über die Orientierung des Kreisels.

Physiker nennen eine physikalische Größe mit drei Komponenten einen *Vektor*, wenn diese Komponenten in einem gedrehten Koordinatensystem mit den Komponenten im ursprünglichen Koordinatensystem so zusammenhängen, wie die Komponenten des Ortsvektors. Ein Beispiel, für einen zweidimensionalen Ortsvektor zur Angabe der Lage eines Schatzes, kannst du in Abb. 3.17 sehen. Die Verknüpfung der Komponenten heißt auch *Transformation*. Eine physikalische Größe mit 3 mal 3 gleich 9 Komponenten heißt Tensor, wenn seine Komponenten in einem gedrehten Koordinatensystem mit den Komponenten im ursprünglichen Koordinatensystem so zusammenhängen, wie das Produkt der Komponenten von Ortsvektor mal Ortsvektor. Diese Vorschrift zur Transformation der Komponenten ist notwendig, damit die Physik eben nicht davon abhängt, ob mit den Komponenten im ursprünglichen oder im gedrehten Koordinatensystem gerechnet wird.

Bananen-Flanke: Die Magnus-Kraft lenkt den sich drehenden Ball ab Ein rotierender Ball kann eine krumme Flugbahn haben, denke nur an die Bananen-Flanke beim Fußball-Spiel. Dies ist aber eine andere Geschichte, bei der es auf die Bewegung in der Luft ankommt. Bei der Bewegung eines sich drehenden Balles in der Luft gibt es nicht nur eine Kraft, die bremst, sondern auch eine, die seitwärts ablenkt. Diese heißt *Magnus-Kraft*. benannt nach dem Physiker Gustav Magnus.

Die ablenkende Magnus-Kraft ist senkrecht zur Geschwindigkeit und senkrecht zur Winkelgeschwindigkeit. Bei einem runden Ball ist die Richtung der Winkelgeschwindigkeit auch die Richtung der Drehachse. Gute Fußball-Spieler wissen, wie ein Ball sich drehen muss, damit die Flugbahn gekrümmt ist wie bei einer Bananen-Flanke. Weißt du es auch? Ich verrate dir: Wenn der Ball, von oben gesehen, sich links herum dreht, weicht seine Flugbahn nach links ab. Überlege dir, wie du den Ball mit dem Fuß treffen musst, damit er sich so dreht.

2.26 Berechnung von Bewegungen[*]

Wie wird gerechnet? Du hast dich schon gefragt: Wie hat Opa eigentlich die Weg-Zeit-Diagramme und die Bahnkurven berechnet, die zum Beispiel in den Abbildungen 2.47, 2.49 und 2.48, 2.50 zu sehen sind. Darauf gibt es die einfache Antwort: Du brauchst nur die Bewegungsgleichungen zu wissen, du musst die Kräfte kennen und dann die Gleichungen lösen. Aber was bedeutet in der Mechanik das *Lösen von Gleichungen*? Bei manchen einfachen Problemen, wie kleinen Schwingungen oder der Bewegung eines Planeten um eine Sonne kann mit *analytischen Methoden* gerechnet werden. Analytische Methode bedeutet, durch Anwendung von Regeln der Mathematik werden Funktionen gefunden, die den Ort zu einer bestimmten Zeit angeben und die Bahnkurve bestimmen. In den meisten Fällen ist man bei der Lösung der Bewegungsgleichungen der Mechanik auf numerische Methoden angewiesen. Nun, *numerische Methode*, das heißt, es wird mit dem Computer gerechnet. Und dem Computer muss gesagt werden, was und wie er zu rechnen hat. Wir wollen jetzt nicht programmieren lernen, aber doch wissen, nach welchem Prinzip der Computer rechnet.

Die Gleichung von Newton kann Schritt für Schritt gelöst werden Die Bewegungsgleichung von Newton sagt: Die zeitliche Änderung des Impulses ist gleich der Kraft. Nun, Impuls ist Masse des sich bewegenden Körpers mal Geschwindigkeit, also ist die zeitliche Änderung der Geschwindigkeit gleich der Kraft, dividiert durch die Masse. Du weißt auch: Die Geschwindigkeit ist gleich der zeitlichen Änderung des Ortes. Für die x-Koordinate des Ortes ist die zeitliche Änderung die Differenz der x-Werte zu zwei kurz aufeinander folgenden Zeiten dividiert durch die Differenz der Zeiten. Wir starten bei der Zeit $t = 0$. Wir geben der Zeitdifferenz den Namen dt, gesprochen »de te«. Wir nennen den x-Wert an Anfang x_0, den zur späteren Zeit x_1.

Die Geschwindigkeit v, zur Zeit $t = 0$ nennen wir v_0, den zur späteren Zeit v_1. Die Geschwindigkeit v_0 ist gleich der Differenz $x_1 - x_0$, dividiert durch dt. Die Kraft, dividiert durch die Masse, zur Zeit $t = 0$ nennen wir K_0, zur Zeit dt sei dies K_1. Also ist

x_1 gleich x_0 plus v_0 mal dt,

oder als Formel geschrieben:

$$x_1 = x_0 + v_0 dt.$$

Analog gilt für die neue Geschwindigkeit, zur um dt späteren Zeit:

v_1 gleich v_0 plus K_0 mal dt,

oder

$$v_1 = v_0 + K_0 dt.$$

Mit der Geschwindigkeit v_1 können wir nun die Position x_2 zur späteren Zeit $2dt$ bestimmen. Mit der Position x_1 können wir die Kraft zur Zeit dt berechnen, und danach die Geschwindigkeit v_2 zur Zeit $2dt$ berechnen. Du siehst, Schritt für Schritt können so die x-Werte für den Ort und die Geschwindigkeit berechnet werden. Eine solche Rechnung ist für uns mühsam, ein Computer kann dies aber schnell erledigen. Du ahnst vielleicht: Um die Rechnung möglichst gut auszuführen, sollte der Zeitschritt dt möglichst kurz sein. Fehler werden kleiner, je kleiner dt ist. Zu klein darf dt aber auch nicht sein. Je kürzer der Zeitschritt ist, um so mehr Schritte sind nötig, um eine vorgegebene Zeit zu erreichen. Mehr Zeitschritte bedeutet längere Rechenzeit und auch mehr Rundungsfehler. Also muss ein Kompromiss gefunden werden für einen guten Wert des Zeitschrittes dt.

Mathematiker und Physiker haben viele Rechenverfahren erfunden, bei denen die Werte von Ort und Geschwindigkeit nach jedem Zeitschritt mit größerer Genauigkeit berechnet werden. Eine gutes Verfahren, das funktioniert, wenn die Kraft nicht von der Geschwindigkeit abhängt, geht so:

x_1 gleich x_0 plus v_0 mal dt plus $1/2$ mal K_0 mal dt zum Quadrat,

v_1 gleich v_0 plus $1/2$ mal K_0 mal dt plus $1/2$ mal K_1 mal dt.

Als Formel geschrieben ist dies

$$x_1 = x_0 + v_0 dt + \frac{1}{2} K_0 dt^2 \,,$$

berechne die Kraft K_1 am Ort x_1 und dann

$$v_1 = v_0 + \frac{1}{2} K_0 dt + \frac{1}{2} K_1 dt \,.$$

Bei dieser Rechen-Methode wird der Fehler kleiner wie dt zum Quadrat, also beim halben Wert von dt ist der Fehler nur noch ein Viertel so groß. Diese Methode wird verwendet bei Computer-Simulationen zur Berechnung von Eigenschaften von Gasen und Flüssigkeiten, wo die Bewegungen von vielen, eintausend, zehntausend oder mehr Teilchen, über längere Zeit verfolgt werden müssen. Zur Berechnung einer einzelnen oder weniger Bahnkurven werden Methoden höherer Genauigkeit benutzt, wo der Fehler zum Beispiel, bei Halbierung des Zeitschritts dt, nur noch ein Sechzehntel ist. Es gibt Computer-Programme, die das Lösen von Bewegungsgleichungen, für wenige Teilchen, einfach machen, wenn man weiß wie es geht. Alle hier gezeigten Kurven habe ich auf meinem Mac-Laptop-Computer mit »Mathematica« rechnen und zeichnen lassen.

Wie genau ist eine Berechnung? Wie kann die Genauigkeit einer numerischen Berechnung überprüft werden? Das hängt ab von den Problemen, die behandelt werden. Auf jeden Fall sollte eine gewählte Rechen-Methode getestet werden für einen Fall, wo die exakte Lösung bekannt ist. Bei komplizierteren Bewegungsvorgängen, wo aber bekannt ist, dass die Energie konstant ist, kann die Energie zu jedem Zeitpunkt mit berechnet werden und ermittelt werden, ob sie gleich bleibt. Wird ein Bewegungsvorgang ohne Reibung ganz genau berechnet, muss es auch möglich sein, an den Anfangszustand zurückkehren zu können. Dabei wird bis zu einer Zeit t mit einer bestimmten Anzahl von Zeitschritten gerechnet, dann dt durch $-dt$ ersetzt und weiter gerechnet. Am Computer läuft die Zeit nun rückwärts, so wie in einem rückwärts laufenden Film. Wenn alles ganz genau stimmt, sollten nach der gleichen Anzahl von Zeitschritten die Anfangswerte von Ort und Geschwindigkeit wiedergefunden werden. Praktisch funktioniert dies aber nur, wenn der Zeitpunkt nicht zu spät ist, wo die Zeit am Computer in den Rückwärtsgang geschaltet wird.

2.27 Grenzen der Mechanik

Die klassische Mechanik wird noch gebraucht! Wir haben viel über Mechanik gelernt. Ist das schon alles was man lernen kann? Nein! Wir haben von Physikern gehört, die vor langer Zeit gelebt haben. Wurde auch später noch etwas Neues in der Mechanik erfunden? Ja! Braucht man die alten Gesetze der Mechanik auch heute noch? Ja! Bewegungsgleichungen von Newton für mehr als zwei Körper werden mit dem Computer gelöst. Dies machen die Mathematiker, Physiker und Ingenieure, die eine Rakete zum Mars schicken wollen. Es wirken die Gravitationskräfte der Erde, des Mondes und des Mars, alle bewegen sich relativ zueinander und bewegen sich um die Sonne. Die Gleichungen von Newton werden verwendet, um die Bewegungen von Atomen und Molekülen in Gasen, Flüssigkeiten und Festkörpern zu untersuchen. Es wird aber mit anderen Kräften, nicht mit der Gravitation, gerechnet. Atome und Moleküle, die sich sehr nahe kommen, stoßen sich ab. Nicht zu nahe beieinander ziehen sie sich an. Die Atome bewegen sich ständig. Ihre kinetische Energie ist größer bei höherer Temperatur. Aus solchen *Molekular-Dynamik-Computer-Simulationen* werden Eigenschaften der *Gase, Flüssigkeiten* und von *Festkörpern* berechnet.

Die Lagrange-Gleichungen erster und zweiter Art und die Gleichungen von Hamilton werden für physikalische und technische Probleme benutzt.

Zur Mechanik gehören auch die Untersuchung und Berechnung von Strömungs-Vorgängen in Gasen und Flüssigkeiten und von elastischen Verformungen fester Körper. *Hydrodynamik* und *Elastizitätstheorie* heißen diese Teile der Mechanik, die wir hier nicht behandelt haben. Ein *Kontinuum* ist etwas zusammenhängendes, oder »verschmiertes«, so wie eine Farbe gleichmäßig auf einem Papier aufgetragen wird. Bei manchen Eigenschaften von Gasen, Flüssigkeiten und Festkörpern kommt es gar nicht darauf an, dass sie eigentlich »körnig« sind, weil sie aus Atomen und Molekülen bestehen. In der Hydrodynamik und der Elastizitätstheorie wird eine solche kontinuierliche Beschreibung der Materie verwendet. Diese werden deshalb auch *Mechanik der Kontinua* genannt. *Kintinua* ist der Plural von *Kontinuum*. Mit der Mechanik der Kontinua werden die Ausbreitung von Schall und das Fliegen von Flugzeugen erklärt.

Über himmlische, irdische und höllische Mechanik war der Titel eines Vortrages, den Arnold Sommerfeld im Sommer 1939 in Erlangen gehalten hat. Der Philosoph und Physiker Ernst Mach hat sich für die Ballistik, also für die höllische Mechanik interessiert, er wollte wissen, was geschieht, wenn Geschosse sich schneller als die Schall-Geschwindigkeit bewegen. Sommerfeld betont in seinem Vortrag, kurz vor Beginn des zweiten Weltkriegs: Mach war überzeugter Pazifist, er wollte keine militärische Verwendung seiner Forschungen. Die Untersuchungen von Mach sind auch wichtig für den Flug eines Flugzeuges, das die »Schall-Mauer« durchbricht und dann mit Überschall-Geschwindigkeit fliegt. Das Wort *Mach* wird auch als Einheit für die Geschwindigkeit verwendet. Man sagt zum Beispiel *Mach 2*, wenn ein Flugzeug sich mit der zweifachen Schall-Geschwindigkeit bewegt. Zum Vergleich: *Mach 1* entspricht der Schall-Geschwindigkeit in Luft, also ungefähr 300 m/s oder ungefähr 1000 km/h.

Wir haben hier viel über himmlische, wenig über irdische und fast nichts über höllische Mechanik gelernt. Die gesamte »alte« Mechanik, von der wir gehört haben, nennt der Physiker *klassische Mechanik*. Gelten die Gesetze der klassischen Mechanik auch heute noch? Ja, aber nur dort, wo sie gelten. Es gibt Grenzen.

Die Relativitätstheorie begrenzt die Geschwindigkeit Du weißt: Wirkt eine Kraft auf einen Körper, so wird er beschleunigt. Gibt es keine Reibungskraft, die ihn bremst, so wird er sich schneller und schneller bewegen. In *Teilchenbeschleunigern* kann man *geladene Teilchen, Atomkerne, Protonen* oder die viel leichteren *Elektronen*, mit elektrischen Feldern beschleunigen und mit Magnetfeldern auf der vorgeschriebenen Kreisbahn halten. Die Teilchen laufen oft im Kreis herum und werden schneller. Aber wie schnell können sie werden? Wie groß kann ihre Geschwindigkeit werden? Die klassische Mechanik sagt: so schnell wie wir wollen, wenn die Beschleunigung lange genug wirkt. In Wirklichkeit passiert etwas anderes. Wenn die Geschwindigkeit nicht mehr sehr klein ist im Vergleich zur *Geschwindigkeit des Lichts*, wird die Trägheit der Teilchen, wird ihre Masse größer. Die Beschleunigung wirkt dann nicht mehr so stark. Je mehr die Geschwindigkeit sich der Lichtgeschwindigkeit nähert, umso größer wird die Masse. Und die Geschwindigkeit des Teilchens bleibt kleiner als die Lichtgeschwindigkeit. Vor mehr als 100 Jahren hat Albert Einstein die *Ralativitätstheorie* ausgedacht und aufgeschrieben. Seine *relativistische*

Mechanik erklärt diesen Effekt. Die Geschwindigkeit des Lichtes ist 300 Tausend km/s oder 1000 Millionen km/h. Nun, wenn wir auf der Erde rennen und fahren, oder in einem Flugzeug mit 1000 km/h unterwegs sind, ist unsere Geschwindigkeit sehr klein im Vergleich zur Lichtgeschwindigkeit. Und deshalb gilt für solche Bewegungen die klassische Mechanik.

Die Quanten-Mechanik regiert die Physik der Atome Die Gegenstände um uns und wir selbst bestehen aus Atomen. Vor 100 Jahren hat der englische Physiker Ernest Rutherford in Experimenten herausgefunden: Atome bestehen aus einem elektrisch positiv geladenen Atomkern und viel leichteren, negativ geladenen Elektronen. Der Abstand der Elektronen vom Kern ist viel größer als der Kern. Die Anziehungskraft zwischen Kern und Elektronen ist die *Coulomb-Kraft*. Diese Kraft wird mit größerem Abstand genau so kleiner wie die Gravitationskraft: Bei doppeltem Abstand ist die Kraft nur noch 1/2 mal 1/2 = 1/4 so groß. Deshalb war damals die Idee vieler Physiker: Atome sind wie Sonnensysteme. Der schwere Atomkern spielt die Rolle der Sonne, die leichten Elektronen sind die Planeten. Es war aber sehr schnell klar: Die klassische Mechanik kann viele Eigenschaften der Atome und viele Experimente mit Atomen nicht erklären. Dies kann die in der Zeit um 1925 erfundene *Quanten-Mechanik*.

2.28 Einheiten und Dimensionen*

Auf Einheiten müssen wir uns einigen Längen werden in Meter, Zentimeter, Millimeter oder auch in Kilometer angegeben. Für die Angabe von Zeiten verwenden wir Sekunden, Minuten, Stunden, Tage oder Jahre. Wenn du einem Freund mitteilen möchtest, wie groß eine Entfernung ist, genügt es nicht, wenn du einfach eine Zahl nennst. Dein Freund muss auch wissen, ob du Meter oder Kilometer meinst. Am besten sagst du eben, welche *Einheit* du für Längen verwendest. Das Wort *Einheit* hat verschiedene Bedeutungen, es ist eben ein *Teekessel*.

Basis-Einheiten für Länge, Zeit und Masse Die Größe der Einheiten muss festgelegt werden, die Menschen müssen sich verständigen darüber. Vor vielen Jahren wurde auf einem internationalen Kongress beschlossen: Die Basis-Einheit *ein Meter* wählen wir so, dass die Länge des Äquators der Erde vierzig Millionen Meter beträgt, oder der kürzeste Weg vom Äquator zum Nordpol zehn Millionen Meter lang ist. Vor über 200 Jahren wurden in Paris auf einem Stab aus Platin, einem Edelmetall, zwei Striche eingeritzt, deren Abstand ein Meter sein sollte. Vor über 100 Jahren, genauer im Jahre 1889, wurde in Paris ein besseres Ur-Meter aus einer Platin-Iridium Legierung herstellt. Die Legierung ist härter und stabiler als das reine Platin. Kopien des Ur-Meters wurden angefertigt und in andere Länder verschickt, damit auch dort bekannt war, wie lang ein Meter ist. Danach wurden viele neue Maßstäbe angefertigt, sodass die Leute in jedem Haus, in jedem Geschäft, in jeder Werkstatt, in jeder Fabrik wissen, wie lang ein Meter ist. Zentimeter und Millimeter sind ein Hundertstel und ein Tausendstel eines Meters. Eintausend Meter werden als ein Kilometer bezeichnet. Du kennst auch die Abkürzungen mm, cm, m, km für diese Längen-Einheiten. Für manche Anwendungen in Physik und Technik ist heute die alte Definition nicht mehr genau genug. Im Jahre 1960 wurde die Länge ein Meter durch die Wellenlänge des Lichtes bestimmter Atome festgelegt, die in Laboratorien in vielen Ländern gemessen werden kann. Seit 1983 gilt: Ein Meter ist die Länge, die das Licht, im Vakuum also im luftleeren Raum, in 1/299 792 458 Sekunden zurücklegt. Die krumme Zahl, fast 300 Millionen, ist der genaue Wert der Lichtgeschwindigkeit, in m/s. Damit diese Definition für die Längeneinheit benutzt werden kann, muss die Dauer einer Sekunde sehr genau bekannt sein.

Die Basis-Einheit für die Zeit ist die *Sekunde*. Du weißt, wie die Dauer einer Sekunde schon vor langer Zeit festgelegt wurde: 60 Sekunden sind eine Minute, 60 Minuten sind eine Stunde, 24 Stunden sind ein Tag, also hat ein Tag 86 400 Sekunden. Die Abkürzung s für Sekunde kennst du schon. Früher wurde die Sekunde auch mit sec abgekürzt. Die Dauer einer Sekunde wird heute genauer festgelegt.

Die Rotationsgeschwindigkeit der Erde ist nicht ganz konstant. Das war schon vor etwa 70 Jahren mithilfe genau gehender Quarzuhren beobachtet worden. Die Dauer einer Umdrehung der Erde taugt also nicht, um die Sekunde genau festzulegen. Dazu sollte die Dauer einer Schwingung genommen werden. Die Schwingungsdauer des Pendels einer Standuhr, wie sie im Haus von Oma und Opa steht, ist dafür nicht genau genug. Außerdem ist an anderen Orten die Schwingungsdauer eines Pendels der gleichen Länge ein wenig verschieden, da die Erdbeschleunigung nicht überall ganz gleich ist. Zur genauen Festlegung der Dauer einer Sekunde wurde 1967 die Schwingungsdauer einer Mikro-Wellen Strahlung gewählt, die in Cäsium-Atomen einen Übergang zwischen bestimmten Energie-Stufen bewirkt. Um das genauer zu verstehen, musst du erst etwas über Quanten-Mechanik lernen. Die Cäsium-Atome in verschiedenen Laboratorien verhalten sich gleich. Die so an verschiedenen Orten bestimmte Dauer einer Sekunde hat den gleichen Wert.

Die *Dimension* der Geschwindigkeit ist Länge dividiert durch Zeit. Du weißt schon lange: Geschwindigkeiten werden in m/s oder km/h angegeben. Das Wort Dimension ist wieder so ein Teekessel. Hier sind mit Dimension die Art oder die Einheiten einer physikalischen Größe gemeint. Andererseits ist die Dimension eines Raumes eine Zahl, die angibt. wie viele Werte wir benötigen, um die Koordinaten eines Punktes in diesem Raum festzulegen. Die Dimension des Raumes, in dem wir leben, ist drei.

In der Mechanik wird als dritte Basis-Einheit das *Kilogramm* benötigt, um festzulegen, wie eine Masse anzugeben ist. Hierfür wurde zunächst, auch in Paris, ein Zylinder aus Platin als Ur-Kilogramm gefertigt. Danach wurden im Jahre 1878 drei Zylinder aus einer Platin-Iridium Legierung hergestellt, die genauso schwer waren wie das Ur-Kilogramm. Kopien davon wurden 1884 hergestellt und in andere Länder verschickt, damit auch dort die gleiche Einheit für die Masse verwendet werden kann. Dabei war die Einheit 1 kg ursprünglich so gewählt worden, dass dies ungefähr der Masse von einem Liter Wasser entspricht. Ein Liter ist das Volumen eines Würfels mit der Kantenlänge von 10 cm. Die Einheiten für Zeit und Länge sind inzwischen durch die unveränderlichen Eigenschaften von Atomen festgelegt. Der genaue Wert des Kilogramms bezieht sich noch immer auf die Masse des Ur-Kilogramms. Die ersten Platin-Iridium Kopien haben heute wohl noch die gleiche Masse. Das ursprüngliche Ur-Kilogramm aus Platin ist aber im Laufe der Zeit etwas leichter geworden, weil Atome aus ihm entwichen sind. Für eine neue, genauere Festlegung der Einheit 1 kg könnte die Masse eines Atoms eines bestimmten Elementes, wie zum Beispiel Kohlenstoff oder Silizium, verwendet werden. Dabei müssen Atome gezählt werden. An einer neuen, besseren Definition für 1 kg wird noch gearbeitet.

Abgeleitete Einheiten   Alle physikalischen Größen der Mechanik können durch die Basis-Einheiten Meter, Sekunde und Kilogramm ausgedrückt werden. Manche der aus den Basis-Einheiten abgeleiteten Einheiten haben eigene Namen. Die Einheit der Frequenz ist 1/s. Dafür sagen wir auch *Hertz*, abgekürzt Hz. Die Geschwindigkeit kann in m/s, gesprochen: Meter pro Sekunde, angegeben werden. Die Beschleunigung hat die Dimension Länge durch Zeit zum Quadrat. Also ist m/s^2 die Einheit der Beschleunigung. Die Kraft hat die Dimension Masse mal Beschleunigung. Die Einheit für die Kraft ist also $kg\, m/s^2$. Dafür sagen wir auch *Newton*, abgekürzt als N. Die kinetische Energie hat die Dimension Masse mal Geschwindigkeit zum Quadrat. Die Einheit für diese Energie ist $kg\,(m/s)^2$. Die potentielle Energie muss in die gleichen Einheiten haben. Du weißt, die potentielle Energie auf der Erde ist Masse mal Erdbeschleunigung mal Höhe. Also hat potentielle Energie die Dimension Masse mal Beschleunigung mal Länge und somit die Einheit $kg\,(m/s^2)\,m = kg\,m^2/s^2$, genau wie die kinetische Energie. Du weißt auch: Arbeit ist Kraft mal Weg. Die Dimension der Arbeit ist Länge mal Masse mal Beschleunigung, also ist die Einheit für die Arbeit $m\,kg\,(m/s^2) = kg\,m^2/s^2$. Das ist genau die Einheit der Energie.

Die Energie-Einheit $kg\,m^2/s^2$ wird auch mit J und mit W s bezeichnet. Die Buchstaben J und W stammen von den Namen Joule und Watt, W s wird gesprochen als Watt-Sekunde. Die physikalische Größe *Leistung* hat die Dimension Energie pro Zeit, also ist die Einheit $kg\,m^2/s^3$. Dies entspricht gerade der Einheit W, also Watt. Die Wirkung hat die Dimension Energie mal Zeit. hier die Einheit $kg\,m^2/s$. Impuls ist Masse mal Geschwindigkeit. Also ist die Impuls-Einheit gleich $kg\,m/s$. Der Drehimpuls hat die Dimension Länge mal Impuls. Somit ist die Einheit für den Drehimpuls $kg\,m^2/s$. Das ist auch die Einheit der Wirkung.

Alle sollten SI-Einheiten verwenden!   Die Einheiten sind wichtig, wenn Zahlenwerte für physikalische Größen angegeben werden. Auf die verwendeten Einheiten müssen wir uns einigen. Die Einheiten m, kg, s für Länge, Masse und Zeit wurden international abgesprochen und als »Système International d'Unités« bezeichnet. Die darauf basierenden Einheiten werden *SI-Einheiten* genannt. In vielen Ländern ist die Verwendung dieser Einheiten durch ein Gesetz vorgeschrieben. Früher wurde auch das *cgs-System* verwendet mit den Einheiten cm, g, s für Länge, Masse und Zeit. Hier bedeutet g: Gramm.

In manchen Ländern werden aber noch andere Einheiten verwendet. Zum Beispiel werden in den USA Längen noch immer in inch, ungefähr 2,5 cm, feet, ungefähr 30 cm und miles, ungefähr 1,6 km angegeben.

2.29 Quadrat und Potenzen, große und kleine Zahlen

Potenzen und das Rechnen mit Exponenten Du kannst die Fläche eines Rechtecks berechnen: Länge mal Breite. Beim *Quadrat* sind Länge und Breite gleich, also ist die Fläche gleich Länge mal Länge. Dazu sagt man auch Länge *zum Quadrat* oder Länge *hoch zwei*. Das Volumen eines Würfels ist Länge mal Länge mal Länge gleich Länge *hoch drei*. Wozu soll das gut sein? Nun du wirst gleich sehen, wenn wir dies mit einer Zahl machen, zum Beispiel mit zwei. Also

$$2 \text{ mal } 2 = 2^2 \; , \quad 2 \text{ mal } 2 \text{ mal } 2 = 2^3 \; .$$

Dieses Spiel kannst du fortsetzen: Wird die zwei 5 mal mit sich selbst multipliziert, so ist das eben 2^5. Es gilt $2^1 = 2$ und du weißt natürlich

$$2^2 = 4 \; , \quad 2^3 = 8 \; , \quad 2^4 = 16 \; , \quad 2^5 = 32 \; , \quad 2^6 = 64 \; ,$$
$$2^7 = 128 \; , \quad 2^8 = 256 \; .$$

Manchmal sagt man auch: zwei »zur dritten Potenz«, anstatt zwei »hoch 3«, zwei »zur vierten Potenz«, anstatt zwei »hoch 4« und so weiter. Die hochgestellte Zahl heißt *Exponent*, die untere heißt *Basis*. Du kannst nachrechnen: 2^2 mal 2^3 ist gleich 2^5. Du siehst: Werden zwei solche Zahlen mit einander multipliziert, so sind die Exponenten einfach zu addieren. Also gilt auch 2^5 mal 2^5 ist gleich $2^{10} = 1024$. Es gilt: 2 mal 2^3 ist gleich $2^{1+3} = 2^4 = 16$. Du siehst hier: 2 ist gleich 2^1. Gibt es auch 2^0? Ja, wenn im Exponenten nichts addiert wird, so ist dies wie die Multiplikation mit der Zahl 1, also ist $2^0 = 1$.

Kann die Belohnung für das Schach-Spiel bezahlt werden? Du hast vielleicht schon die Geschichte von der Belohnung für den Erfinder des Schachspiels gehört. Ein König in Indien sollte ihm 2 Reiskörner für das erste Spielfeld geben, und für jedes weitere Spielfeld immer das

Doppelte der Reiskörner des vorherigen, also 2, 4, 8, 16, 32, 64, 128, 256 für die 8 Felder der ersten Zeile des Spielbretts. Du siehst, dies sind die Zahlen 2^2 bis 2^8. Der König dachte, das ist ja nicht viel, was ich da zu geben habe. Doch das Spielfeld hat 8 mal 8 gleich 64 Felder. Für das letzte Spielfeld wären 2^{64} Reiskörner zu bezahlen. Dies ist eine große Zahl. Doch wie groß? Wie viele kg Reis sind dies? Wir werden das später schätzen.

Mit den Potenzen von 10 kannst du leichter große Zahlen schreiben. Anstelle der Basis 2 nimmst du die Basis 10. Es gilt: 10 mal 10 gleich $100 = 10^2$, 10 mal 10 mal 10 gleich $1000 = 10^3$ und so weiter. Du erkennst: Stehen 1, 2, 3, ... Nullen hinter der 1, so ist diese Zahl gleich 10 hoch 1, 2, 3, ... Es gilt wieder die Regel: Multiplizierst du zwei solche Zahlen mit der Basis 10, so brauchst du nur die Exponenten zu addieren. Also ein Tausend mal ein Tausend ist gleich 10^3 mal 10^3 ist $10^{3+3} = 10^6$, dies ist eine Million. Ein Tausend mal eine Million ist 10^3 mal 10^6, also $10^{3+6} = 10^9$. Diese Zahl mit neun Nullen hinter der 1 heißt Milliarde bei uns, in Amerika nennt man sie »one billion«. Aufpassen, bei uns ist eine Billion die Zahl eine Million mal eine Million, also 10^6 mal 10^6, somit $10^{6+6} = 10^{12}$. Natürlich braucht man noch größere Zahlen. Die Masse der Erde ist 6 mal 10^{24} kg. Wie viel Gramm sind dies? Ein kg hat ein Tausend Gramm. Die Zahl 10^{24} ist mit 10^3 zu multiplizieren. Kein Problem für dich: 24 plus 3 ist 27. Die Masse der Erde ist also 6 mal 10^{27} Gramm. Wie ist das, wenn wir die Masse der Erde in Tonnen angeben. Eine Tonne hat ein Tausend kg. Die Zahl 10^{24} ist dazu durch 10^3 zu dividieren. Auch dividieren ist einfach bei solchen Zahlen: Du musst den Exponenten subtrahieren. Also ist 10^{24} dividiert durch 10^3 gleich $10^{24-3} = 10^{21}$. Und die Masse der Erde ist 6 mal 10^{21} Tonnen. Auch noch eine sehr große Zahl. Die Masse ist stets gleich. Die Zahl ändert sich, wenn die Masse in Gramm, Kilogramm, oder Tonnen angegeben wird.

Du kannst nun mit den Potenzen der Zahl 10 rechnen. Hilft das, um die Zahl der Reiskörner für das vierundsechzigste Spielfeld zu schätzen? Ja, denn du weißt: $2^{10} = 1024$. Das ist ungefähr $1000 = 10^3$. Nun ist 2^{20} gleich 2^{10} mal 2^{10} und damit ungefähr 10^3 mal 10^3 gleich 10^6. Das Spiel kann fortgesetzt werden: 2^{30} ist ungefähr 10^9, 2^{60} ist ungefähr 10^{18}. Und 2^{64} ist 2^4 mal 2^{60}, also ungefähr 16 mal 10^{18}. Dies ist eine Schätzung. Rechnet man genauer findet man ungefähr 18 mal 10^{18}, also fast 20 mal 10^{18} oder 2 mal 10^{19}. Das ist 2^{64}, also die Zahl der Reiskörner für das letzte, das 64. Spielfeld. Halt, du hast schon einmal gehört: Der Erfinder hat mit einem Reiskorn auf dem ersten Spielfeld angefangen und dann immer wieder verdoppelt. Ja, dann sind für das 64. Spielfeld nur 10^{63} Reiskörner zu bezahlen. Aber es war ausgemacht, dass auch für alle Spielfelder davor, also vom ersten bis zum dreiundsechzigsten zu bezahlen ist. Wie viele kommen da zusammen? Nun, bei diesem Zahlenspiel mit der Verdoppelung ist die Summe der Zahlenwerte aller vorausgehenden Spielfelder immer genau eins weniger als der Zahlenwert für das Spielfeld, das du gerade betrachtest. Probier es aus für die ersten vier oder fünf Spielfelder. Also wissen wir: Für das erste bis dreiundsechzigsten Spielfeld sind $2^{63} - 1$, also praktisch doch 2^{63} Reiskörner zu bezahlen. Für das letzte sind ebenfalls 10^{63} Reiskörner zu bezahlen, insgesamt sind es dann 2 mal 10^{63} oder 10^{64} Reiskörner. Das ist die Zahl mit der wir schon vorhin gerechnet haben und diese ist größer als 10^{19}.

Vielleicht wäre der Erfinder des Schachspiels mit 10^{19} Reiskörnern zufrieden. Kann der König so viel bezahlen? Wie viele kg Reis sind dies? Dazu sollten wir wissen: Wie viele Reiskörner sind in einem 1-kg-Paket? Natürlich ist es fürchterlich langweilig, so viele Körner zu zählen. Aber du kannst bestimmt 10 g Reis mit einer Küchenwaage abwiegen und die Körner zählen. Dazu machst du kleine Häufchen mit je 10 Körnern, und dann zählst du die Häufchen. Zur Kontrolle legst du erst 100 Körner und dann 200 Körner auf die Waage. Es gibt unterschiedliche Sorten von Reis mit kleineren und größeren Körnern. Du wirst sehen, darauf kommt es hier gar nicht an, wir wollen gar nicht genau wissen, wie viele kg Reis zu bezahlen wären, sondern nur schätzen. Lea und Jonas haben gewogen und gezählt. Sie fanden: Ungefähr 500 Körner in 10 g Reis und 100 Körner wogen ungefähr 2 g. Wir wissen damit: 50 000 = 5 mal 10^4 Körner sind in einem Kilogramm Reis. Vielleicht waren früher die Reiskörner noch kleiner und 10 mal 10^4 gleich 10^5 Körner in einem Kilogramm Reis. Dann wiegen die 10^{19} Körner gleich 10^{19-5} gleich 10^{14} kg. Dies sind 10^{11} Tonnen, denn 1000 kg gleich 10^3 kg, sind eine Tonne.

In einem Jahr ist die gesamte Ernte Reis in Indien ungefähr 10^8 Tonnen, denn 10^8 mal 10^3 ist gleich 10^{11}. Also wäre die Ernte von 10^3 gleich Tausend Jahren nötig gewesen. Der König konnte nie und nimmer das bezahlen. Wie hatte er sich geirrt, als er anfangs dachte, der Erfinder wünscht sich ja nur eine kleine Belohnung! Der Erfinder konnte wohl rechnen und hatte sich gedacht: Meine Erfindung ist so wertvoll, dass sie durch nichts auf der Welt bezahlt werden kann. Und du hast dabei gelernt, mit großen Zahlen zu rechnen.

Wie viele Moleküle sind in der Luft, wie viele im Wasser? Sehr große Zahlen brauchten wir auch, wenn wir angeben, aus wie vielen Atomen und Molekülen die Gegenstände bestehen, die uns umgeben. Selbst in der für uns unsichtbaren Luft sind in jedem Kubikzentimeter mehr als 2 mal 10^{19} Moleküle. Ungefähr so viele Reiskörner wären für die Erfindung des Schachspiels zu bezahlen gewesen. In einem Kubikzentimeter Wasser sind etwa $1000 = 10^3$ mal mehr Wassermoleküle, und in einem Liter sind es nochmals 1000, also insgesamt 10^6 mal mehr. Genauer gerechnet findet man: In einem Liter Wasser sind ungefähr 33 mal 10^{24} Wassermoleküle. Ohne Verwendung der Zehnerpotenzen schreibt man diese Zahl als 33 000 000 000 000 000 000 000 000. So viele, viele kleine Teilchen! Die Moleküle müssen wirklich klein und leicht sein! Um ihre Größe und ihre Masse angeben zu können, brauchen wir sehr kleine Zahlen.

Wie rechnen wir mit sehr kleinen Zahlen? Wie erhält man sehr kleine Zahlen? Wie schreibt man und wie rechnet man mit sehr kleinen Zahlen? Dividierst du 1 durch eine große Zahl, so erhältst du eine kleine Zahl. Es ist $1/10 = 0,1$ und $1/100 = 0,01$ und $1/1000 = 0,001$ und so weiter. Null steht vor dem Komma. Je kleiner die Zahl ist, umso mehr Nullen stehen hinter dem Komma. Dies wird umständlich bei wirklich kleinen Zahlen. Hier helfen wieder die Potenzen von 10. Es gilt: 10^3 mal 10^2 ist $10^{3+2} = 10^5$ und 10^3 dividiert durch 10^2 ist $10^{3-2} = 10^1 = 10$. Und 1 dividiert durch 10^2 ist $10^{0-2} = 10^{-2} = 0,01$. Die Idee ist nun klar: Um 1 dividiert durch 10^{19} anzugeben, brauchst du nicht 19 Nullen zu schreiben, sondern 10^{-19}. Ein Liter Wasser hat die Masse von einem Kilogramm. Dividierst du durch die Zahl der Moleküle, nämlich durch 3,3 mal 10^{25}, so erhältst du ungefähr $0,03$ mal 10^{-24} oder 3 mal 10^{-26} Kilogramm für die Masse eines Wassermoleküls. Dies ist eine kleine, kleine Zahl, als Dezimalbruch geschrieben, mit 25 Nullen hinter dem Komma und vor der 3: 0,000 000 000 000 000 000 000 000 03. Man kann die Masse des Moleküls auch in Gramm angeben, du brauchst dann drei Nullen weniger hinzuschreiben, eben weil ein Kilogramm gleich eintausend Gramm ist. Aber 3 mal 10^{-23} Gramm ist doch einfacher anzugeben.

Wie groß ist ein Wassermolekül? Wir wollen schätzen, wie viel Platz jedes Molekül im Wasser hat. Ein Liter ist das Volumen eines Würfels mit der Kantenlänge von 10 cm. Unterteilt man jede Kante in 3 mal 10^8 Teile, so erhält man 3 mal 3 mal 3 mal 10^8 mal 10^8 mal 10^8 gleich 27 mal 10^{8+8+8} gleich 27 mal 10^{24} Würfelchen. Dies ist fast gleich der Zahl der Moleküle in einem Liter. Die Kantenlänge eines kleinen Würfelchens ist 10 cm dividiert durch 3 mal 10^8, also ungefähr 3 mal 10^{-8} cm gleich 0,3 mal 10^{-9} m. Dies ist auch ungefähr die Größe eines Wassermoleküls.

Ein *Millimeter*, abgekürzt als mm, ist ein Tausendstel Meter oder kürzer, 10^{-3} m. Ein Millionstel Meter oder 10^{-6} m heißt *Mikrometer*, abgekürzt als µm. Gegenstände, die 1 mm groß sind, kannst du leicht mit dem Auge erkennen. Mit einem Mikroskop kannst du Dinge sehen, die größer als 1 µm sind. Für 10^{-9} m sagt man auch *Nanometer*. Das Wort »Nano« kommt von dem griechischen Wort für »Zwerg«. Du kannst bei »Nano« aber auch an »Neun« denken, wegen 10^{-9}. Atome und kleine Moleküle, die wie Stickstoff und Sauerstoff in der Luft oder Wasser aus zwei oder drei Atomen bestehen, sind etwas kleiner als 1 nm. Sie sind zu klein, um sie im Licht-Mikroskop zu sehen. Das kleinste Atom ist das *Wasserstoff-Atom*. Im Grundzustand ist sein Durchmesser nur etwa ein Zehntel Nanometer, also 10^{-10} m oder 10^{-8} cm. Diese Länge wurde früher »Angström« genannt.

Atomkerne sind noch viel kleiner! Atome bestehen aus einem Atomkern und Elektronen, die sich darum herum bewegen. Der Atomkern ist viel, viel kleiner als das Atom mit seiner Elektronenhülle. Beim Wasserstoff-Atom ist der Kern ein Proton, außen ist nur ein Elektron. Der Durchmesser der Protons ist ungefähr ein *Femtometer*, abgekürzt fm, das sind 10^{-15} m. Der Kern ist also noch einhunderttausendmal kleiner als das Atom.

Wenn der Durchmesser des Wasserstoff-Atoms so groß wäre wie die Länge eines Fußball-Feldes, so wäre das Proton nur so groß wie ein Stecknadel-Kopf. Das Elektron ist noch viel kleiner als das Proton, und wie klein es ist, wissen wir gar nicht. Eigentlich ist es unvorstellbar, wie Elektron und Proton dafür sorgen, dass das Wasserstoff-Atom so groß ist, wie es ist! Erst die Quanten-Mechanik erklärt die Eigenschaften der Atome.

3
Quanten-Mechanik

3.1 Warum Quanten-Mechanik?

Was kann die klassische Mechanik nicht erklären? Die Quanten-Mechanik erklärt die Physik der Atome und Moleküle, und ihre Wechselwirkung mit Licht. Das einfachste Atom ist das Wasserstoff-Atom, abgekürzt »H-Atom«. Um das »H« zu merken, denke an die englischen oder französischen Worte »hydrogen« oder »hydrogene« für »Wasserstoff«. Das H-Atom besteht aus einem Proton, das ist sein Atom-Kern, und dem Elektron. Die elektrischen Ladungen von Proton und Elektron sind entgegengesetzt gleich, das Proton ist positiv, das Elektron ist negativ geladen. Die anziehende *Coulomb-Kraft* zwischen den Ladungen hält das Elektron im Atom. Die Coulomb-Kraft ist viel, viel stärker, mehr als 10^{39} mal stärker als die Gravitationskraft zwischen Proton und Elektron.

Die Coulomb-Kraft hängt vom Abstand aber genauso ab, wie die Gravitationskraft: Bei doppeltem Abstand ist die Stärke der Kraft nur noch ein Viertel. Deshalb vermuteten Physiker vor etwa 100 Jahren: Das Atom ist wie ein kleines Sonnensystem. Das Proton spielt die Rolle der Sonne. Das Elektron ist fast zweitausendmal leichter ist als das Proton. Bewegt es sich wie ein Planet um das Proton? Die Kraft zwischen Proton und Elektron wirkt längs der Verbindungslinie, der Drehimpuls des Elektrons ist konstant. Die klassische Mechanik sagt: Die Bahnkurve des Elektrons liegt in einer Ebene, das Atom wäre eine Scheibe. Doch: *Atome sind keine Scheiben!*

Noch schlimmer: Im Grundzustand des H-Atoms, wo es seine niedrigste Energie hat, ist der Drehimpuls gleich null. In der klassischen Mechanik würde dies bedeuten: Das Elektron bewegt sich auf einer geraden Linie, immer wieder durch das Proton hindurch. Das H-Atom im Grundzustand wäre nur ein kurzer Strich. Das kann wohl nicht sein! Experimente zeigen: Das H-Atom im Grundzustand ist kugelrund. Etwas gelehrter sagen die Physiker: Das H-Atom im Grundzustand ist sphärisch. Dieses Wort »sphärisch« meint »wie eine Kugel« und »Sphäre« bedeutet »Kugel«, denke nur an das englische Wort *sphere.*

Es gibt ein noch viel schlimmeres Problem bei der Anwendung der klassischen Physik auf die Bewegung des Elektrons im Atom. Die Richtung der Geschwindigkeit des Planeten ändert sich auf seiner Bahn um die Sonne, es ist eine beschleunigte Bewegung. Gleiches gilt, wenn ein Elektron sich auf einer Ellipsenbahn oder Kreisbahn um das Proton bewegen würde. Das Elektron hat eine elektrische Ladung. Beschleunigte Ladungen geben elektro-magnetische Strahlung ab und verlieren kinetische Energie. Was passiert mit einem Satelliten, der durch die Reibung in der hohen Atmosphäre abgebremst wird? Er nähert sich der Erde, wie in Abb. 3.1 gezeigt. Schließlich verglüht er oder fällt nach unten auf die Erde. So ähnlich würde es auch einem Elektron ergehen, das durch Strahlung kinetische Energie verliert. Es würde immer näher zum Proton kommen und ins Proton stürzen. Das H-Atom würde schrumpfen und kollabieren, es wäre nicht stabil. Doch: *Es gibt stabile Atome!* Wenn das einfachste Atom nicht stabil wäre, so wären auch andere Atome, wie Kohlenstoff-Atome und Sauerstoff-Atome nicht stabil. Die Moleküle, die aus Atomen zusammengesetzt sind, wären nicht stabil. Und auch wir existieren nur, weil die Atome und Moleküle in uns doch stabil sind.

Wie erklärt die Quanten-Mechanik die Physik der Atome?   In der Quanten-Mechanik gibt es keine Bahnkurve für Elektronen, wo zu jeder Zeit die Position und die Geschwindigkeit genau bekannt sind. In der Quanten-Mechanik wird mit *Wahrscheinlichkeiten* gerechnet. Die *Aufenthalts-Wahrscheinlichkeit* gibt an, mit welcher Wahrscheinlichkeit das Elektron an einem Ort im Atom gefunden werden kann. Es gibt eine Wahrscheinlichkeit für den Impuls, gleich Masse mal Geschwindigkeit, des Elektrons. Mit den Wahrscheinlichkeiten können Mittelwerte berechnet werden. Die Mittelwerte von Ort und Impuls verhalten sich so, wie die klassische Mechanik sagt. Aber es gibt Abweichungen von den Mittelwerten. Dort, wo wir die klassische Mechanik anwenden, spielen diese Abweichungen keine Rolle. Bei den Atomen sind die Abweichungen von den Mittelwerten sehr wichtig. Die Größe der Abweichungen vom Mittelwert wird durch das *Schwankungsquadrat* angegeben. Der deutsche Physiker Werner Heisenberg

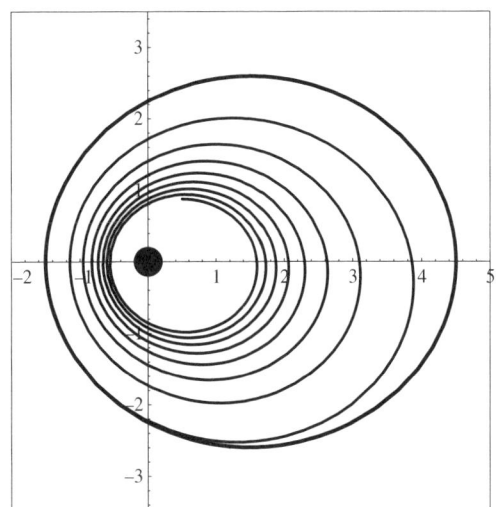

Abb. 3.1 Die Reibung in der hohen Atmosphäre bremst die Bewegung eines Satelliten um die Erde. Ohne Reibung würde sich der Satellit immer auf der dicken äußeren Ellipse bewegen.

hat gefunden: Das Schwankungsquadrat des Ortes mal dem Schwankungsquadrat des Impulses kann nicht kleiner sein als ein Grenzwert. Der Grenzwert enthält die Planck-Konstante. Diese *Unschärfe-Relation* von Heisenberg erscheint zunächst als etwas Schlechtes, sagt sie doch: Ort und Impuls und damit Ort und Geschwindigkeit des Elektrons können nicht beide genau angegeben werden. Doch diese Relation ist etwas ungeheuer Gutes. Aus der Unschärfe-Relation folgt: Das H-Atom ist keine Scheibe, sondern dreidimensional ausgedehnt und das H-Atom hat einen stabilen Grundzustand, das Elektron stürzt nicht in den Atom-Kern.

Warum Quanten? Was hat dies mit *Quanten* zu tun? Die Naturkonstante, die in der Unschärfe-Relation vorkommt, wurde von Max Planck im Jahre 1900 erfunden. Er vermutete: Die Energie von elektro-magnetischer Strahlung, eben auch von Licht, kann nicht beliebig klein sein. Die Energie von Licht mit einer bestimmten Frequenz, und damit einer bestimmten Farbe, die ein Atom aufnimmt oder abgibt, kann nur einmal, zweimal, dreimal und so weiter einer kleinsten Energiemenge sein. Diese kleinste Energiemenge heißt *Energie-Quant*. Das Wort »Quant« kommt von dem lateinischen Wort *quan-*

tum, dies bedeutet »Teil«. Das Energie-Quant ist gleich der Frequenz der Strahlung mal einer Konstanten. Andere Physiker nannten diese Konstante die *Planck-Konstante*. Sie ist sehr, sehr wichtig für die Quanten-Mechanik. Experimente zeigten: Die Vermutung von Planck war richtig. Die Probleme mit der Form und der Stabilität der Atome wurden aber erst 25 Jahre später von Werner Heisenberg und Erwin Schrödinger gelöst.

Die Planck-Konstante wird auch *Wirkungs-Quantum* genannt. Physiker nennen *Energie mal Zeit* auch *Wirkung*. Bitte nicht verwechseln mit *Energie dividiert durch Zeit*, du weißt schon, das ist die *Leistung*.

Die Quanten-Mechanik erklärt nicht nur die Physik der Atome und der Moleküle. Die Dinge, die wir sehen und die wir anfassen können, aber auch wir selbst, bestehen aus Atomen und Molekülen. Also bestimmt die Quanten-Mechanik auch viele Eigenschaften der uns umgebenden Materie und vieler technischer Geräte. Ohne Quanten-Mechanik würde auch Computer und Mobil-Telefone nicht funktionieren. Wir wollen mehr verstehen. Doch schön der Reihe nach!

3.2 Planck, Einstein und die Quanten

Wie viel von jeder Farbe enthält das Sonnenlicht? Die Sonne sendet Licht zu uns. Geht das Sonnenlicht durch ein Prisma, so siehst du die Regenbogen-Farben, von rot bis violett. Seit der schottische Physiker James Clerk Maxwell vor fast 150 Jahren die nach ihm benannten Gleichungen der Elektrodynamik gefunden hat, wissen wir: Licht ist eine elektro-magnetische Welle. Eine Welle hat eine *Wellenlänge* und eine *Frequenz*. Du hast schon Wellen im Wasser beobachtet. Die Wellenlänge ist der Abstand von einem Wellenberg zum nächsten. Wenn du am Meer im Wasser stehst und es kommt eine Welle, so bewegt sich das Wasser auf und ab, wie bei einer Schwingung. Die Frequenz gibt an, wie oft in einer Sekunde ein Auf und Ab geschieht. Die Frequenz, die Zahl der Schwingungen pro Sekunde, wird in *Hertz* angegeben, abgekürzt Hz. Du hast schon gehört oder gelesen: Der Strom an der Steckdose hat 50 Hz. Es ist ein Wechselstrom. In der Sekunde ändert der Strom einhundertmal seine Richtung. Dein Herz schlägt mit einer Frequenz von ungefähr 1 Hertz. Nicht deswegen diese Bezeichnung. Beachte genau die Schreibweise. Benannt ist die Einheit für die Frequenz nach dem deutschen Physiker Heinrich

Hertz. Er hat vor über 100 Jahren gezeigt wie elektro-magnetische Strahlung erzeugt und empfangen werden kann, die sich genauso schnell ausbreitet wie das Licht. Radio, Fernsehen und Mobil-Telefone funktionieren mit solcher elektro-magnetischen Strahlung. Bei dieser Strahlung siehst du, genau wie beim Licht, nicht die Wellen-Täler und Berge. Aber die Wellenlänge und die Frequenz können gemessen werden. Die Frequenz ist gleich Lichtgeschwindigkeit dividiert durch die Wellenlänge. Die Lichtgeschwindigkeit ist ungefähr 300 000 km/s oder 300 000 000 m/s = $3 \cdot 10^8$ m/s. Die Wellenlänge von grünem Licht ist 500 nm gleich $5 \cdot 10^{-7}$ m. Die Frequenz ist $6 \cdot 10^{14}$ Hz, eine große Zahl. Die Wellenlänge von rotem Licht ist etwas größer, die Frequenz also etwas kleiner. Die Wellenlänge von violettem Licht ist etwas kleiner, die Frequenz damit größer. Die Sonne sendet auch elektro-magnetische Strahlung, die wir mit unseren Augen nicht sehen können. Die ultra-violette Strahlung hat eine höhere Frequenz als das sichtbare Licht. Die Pflanzen und wir brauchen diese Strahlung. Zu viel davon schädigt aber unsere Haut. Die ultra-rote oder infra-rote Strahlung hat eine kleinere Frequenz als das sichtbare Licht. Wir spüren diese Strahlung als Wärme. Die Physiker haben schon vor über 100 Jahren gemessen, wie viel Strahlung bei kleinen, mittleren und hohen Frequenzen von der Sonne ausgesendet wird. Die Verteilung der Strahlung über die Frequenzen heißt *Spektrum*. Das Spektrum beschreibt wie viel von jeder Farbe im Licht enthalten ist.

Planck findet eine neue Formel und braucht dazu die neue Natur-Konstante *h*
Nicht nur die Sonne, auch andere Körper strahlen. Denke nur an die glühende Holzkohle im Grill oder an einen warmen Ofen. Mit der richtigen Formel kann aus einem gemessenen Spektrum die Temperatur des strahlenden Körpers bestimmt werden. Das sollte dann auch für die Sonne gelten, wo ja niemand ein Thermometer hinhalten kann, um die Temperatur zu bestimmen. Vor über 100 Jahren hatten Physiker eine Formel gefunden, die nur für kleine Frequenzen richtig war, aber nicht für große. Eine andere Formel galt für große Frequenzen, aber nicht für kleine. Max Planck (Abb. 3.2) erfand im Jahre 1899 eine neue Formel. Der Vergleich mit den Experimenten zeigte: Sie ist für alle Frequenzen richtig. Die Formel enthielt eine neue Naturkonstante; die Planck-Konstante *h*. Max Planck wollte wissen: Warum gilt meine Formel? Im Jahre 1900 zeigte er: die richtige Formel gilt, wenn die Energie, mit der die Atome elektro-magnetischen

Abb. 3.2 Max Planck, 1928, nach einem Vortrag in Bonn, auf einem Schiff am Rhein. Quelle: MPG Archiv, Berlin-Dahlem.

Strahlung mit einer Frequenz aufnehmen oder abgeben, nicht jeden Zahlenwert haben kann, sondern nur gleich einem Elementar-Quantum der Energie ist. Die Physiker sagen: Die Energie ist »gequantelt«. Das Energie-Quant ist gleich der Frequenz der Strahlung mal der von Planck gefundenen Konstanten h.

Mit h kann Einstein den photo-elektrischen Effekt erklären Wenn Licht auf eine Metall-Oberfläche trifft, können Elektronen austreten, aus dem Metall herausgeschleudert werden. Damit dies passiert, muss die Frequenz des Lichtes groß genug sein. Wenn die Frequenz nicht groß genug ist, hilft es auch nicht, eine stärkere, hellere Lichtquelle zu verwenden. Dieser *photo-elektrische Effekt* war schon vor 1900 entdeckt worden. Albert Einstein (Abb. 3.3) erklärte 1905: Das Gesetz von Planck gilt, weil die Energie der elektro-mechanischen Strahlung gequantelt ist. Mit Einsteins eigenen Worten: »Die Energie eines Lichtstrahls besteht aus einer endlichen Anzahl von in Raumpunkten lokalisierten Energiequanten, welche sich bewegen, ohne sich zu teilen und nur als Ganze absorbiert und erzeugt werden können.« Es gilt der

Abb. 3.3 Albert Einstein, 1926, in seinem Studierzimmer in Berlin. Quelle: MPG Archiv, Berlin-Dahlem.

Energiesatz. Die kinetische Energie, mit der die Elektronen aus dem Metall herausfliegen, ist gleich dem Energie-Quant des einfallenden Lichtes minus der *Austritts-Arbeit*. Dies ist die Energie, mit dem ein Elektron im Metall festgehalten wird. Das Energie-Quant des Lichtes muss größer sein als die Austritts-Arbeit. Ist es kleiner, geschieht nichts. Das Energie-Quant ist Planck-Konstante mal Frequenz. Also muss die Frequenz groß genug sein, damit ein Elektron das Metall verlassen kann. Den Physik-Nobelpreis erhielt Einstein für diese Idee, nicht für die im gleichen Jahr erfundene Relativitäts-Theorie, die ihn berühmt gemacht hat.

Die neuen Entdeckungen von Planck und Einstein können auch als Formel geschrieben werden. Die Frequenz des Lichtes nennen wir ν. Das ist ein griechischer Buchstabe, der als nü gesprochen wird. Die Energie E von einem Licht-Quant ist

$$E = h\nu \, .$$

Diese Formel bitte nicht verwechseln mit $E = mc^2$, einer anderen berühmten Formel von Einstein. Bei $E = mc^2$ bedeutet E etwas ganz anderes, nämlich die Ruhe-Energie, die in der Masse m eines Teilchens steckt, c ist die Lichtgeschwindigkeit.

Abb. 3.4 Der Wanderer Max Planck, sucht er Stöckchen? Quelle: MPG Archiv, Berlin-Dahlem.

Quantelung der Energie, ist das nicht merkwürdig? Max Planck (Abb. 3.4) selbst und die meisten Physiker seiner Zeit fanden die Quantelung der Energie sehr verwunderlich. So, wie du dich wundern würdest, wenn die Länge der Stöckchen und Zweige im Garten oder in einem Park in Zentimeter gequantelt wären. Dann würdest du mit einem Maßstab nur Stöckchen und Zweige mit ganzen Zentimetern, wie 21, 37, 48 cm messen, aber keine mit 21,5 cm oder 37,4 cm finden. Für sichtbares Licht ist das Energie-Quant sehr, sehr klein. Wenn die Sonne kräftig scheint, fallen, in einer Sekunde, mehr als 10^{24} Energie-Quanten auf einen Quadratzentimeter deiner Haut. Ein oder zehn oder einhundert Energie-Quanten mehr oder weniger bemerkst du nicht. Für ein Atom oder ein Molekül können wenige Energie-Quanten einen großen Unterschied machen.

3.3 Bohr, Sommerfeld: Atombau und Spektrallinien

Dunkle Linien im Sonnen-Spektrum sind Spuren von Atomen Vor 200 Jahren wurden im Spektrum des Sonnenlichtes dunkle Linien entdeckt. Sie heißen *Fraunhofer-Linien*, benannt nach dem deutschen Optiker und Forscher Joseph von Fraunhofer. Später wurde erkannt: Atome können Licht mit ganz bestimmten Frequenzen aussenden. Im Spektrum findet man bei diesen Frequenzen besonders helle Linien. Die Atome eines jeden Elementes wie Wasserstoff, Kohlenstoff, Sauerstoff oder auch Natrium, Quecksilber oder Eisen strahlen Licht bei unterschiedlichen Frequenzen ab. Jeder Mensch hat einen Fingerabdruck, der verschieden ist von den Fingerabdrücken anderer Menschen. Das Linien-Spektrum ist der Fingerabdruck der Atome eines Elementes. Damit können Physiker bestimmte Arten von Atomen unterscheiden. Atome können Licht abstrahlen, man sagt auch *emittieren*. Atome können aber auch Licht verschlucken, das heißt vornehmer *absorbieren*. Die hellen Linien im Emissions-Spektrum und die dunklen Linien im Absorptions-Spektrum eines Atoms sind bei den gleichen charakteristischen Frequenzen zu finden. Und so konnte aus den dunklen Fraunhofer-Linien im Spektrum des Sonnenlichtes ermittelt werden: Es gibt an der Oberfläche der Sonne ein Gas, in dem Wasserstoff-Atome, Kohlenstoff-Atome, Eisen-Atome und andere Atome vorkommen. Diese Atome absorbieren einen Teil der Sonnenstrahlung, deshalb die dunklen Linien im Sonnen-Spektrum. Dabei wurde auch ein Element entdeckt, das vorher noch nicht auf der Erde gefunden worden war. Es ist *Helium*, benannt nach dem griechischen Wort *helios* für Sonne. Später wurde dieses leichte Gas auch auf der Erde gefunden. Heute kann man damit Luftballone füllen. Da Helium leichter ist als Luft, steigen diese Ballone auf und können wegfliegen.

Es gibt Energie-Stufen in den Atomen Die Linien-Spektren der Atome wurden genau gemessen. Multipliziert man die Frequenzen im Spektrum mit der Planck-Konstanten, erhält man Energien, die charakteristisch für die Atome eines bestimmten Elementes sind. Bei einer Emission von Licht gibt ein Atom Energie ab, bei einer Absorption nimmt es Energie auf. Den Physikern war vor 100 Jahren klar: Im Atom muss es Energie-Stufen geben. Die Energie eines Atoms ist die Summe der kinetischen Energie und der potentiellen Energie der Elektronen in einem Atom. Diese Energie kann sich nicht beliebig verändern, sondern nur um die Differenz der Höhe der Energie-Stufen. Eine Energie-Stufe nennt man *Energie-Niveau*. Die Energie-Niveaus der Atome wurden aus den Linien-Spektren bestimmt. Jedes Atom hat ein tiefstes Energie-Niveau. Dies ist der *Grundzustand* des Atoms. Ist ein Atom auf einem höheren Energie-Niveau, so sagt der Physiker: Das Atom ist *angeregt* oder in einem *angeregten Zustand*. Von einem angeregten Zustand kann ein Atom *spontan*, eben von ganz alleine, in ein niedrigeres Energie-Niveau übergehen. Die Energiedifferenz wird dabei dem ausgestrahlten Licht mitgegeben. Der Grundzustand ist stabil. Von dort aus gibt das Atom von alleine keine Energie mehr ab.

Spektrallinien verraten etwas über den Bau der Atome Schon lange haben Physiker und Chemiker vermutet: Die Spektren können uns etwas über den Bau der Atome verraten. *Atombau und Spektrallinien*, das ist der Titel eines Buches von dem deutschen theoretischen Physiker Arnold Sommerfeld (Abb. 3.5). In diesem Buch hat er alles aufgeschrieben, was um 1920 über Atome und ihre Spektren bekannt war. Dazu gehörte auch die Idee des dänischen theoretischen Physikers Niels Bohr (Abb. 3.6, 3.7): Im Wasserstoff-Atom kann sich das Elek-

Abb. 3.5 Arnold Sommerfeld. Quelle: MPG Archiv, Berlin-Dahlem.

Abb. 3.6 Niels Bohr. Quelle: MPG Archiv, Berlin-Dahlem.

tron nur auf ganz bestimmten Kreisbahnen um das Proton bewegen, ohne eine Strahlung abzugeben.

Bohr quantelt den Drehimpuls Bohr behauptete einfach: Die stabilen Bahnen des H-Atoms sollen so sein, dass der Betrag des *Drehimpulses* quantisiert ist. Der Drehimpuls ist ein Vektor, er zeigt wie ein Pfeil in eine Richtung und hat eine Länge. Die *Länge* heißt auch *Betrag*. Die *Quantisierungs-Regel von Bohr* lautet:

> Der Betrag des Drehimpulses ist gleich einmal oder zweimal oder dreimal ... der Planck-Konstanten h, dividiert durch 2 mal π.

Die Zahl π ist ungefähr 3,14, sie wird gebraucht, um den Umfang und die Fläche eines Kreises auszurechnen. Um nicht immer h dividiert durch 2π sagen und schreiben zu müssen, wurde dafür die Abkürzung $\hbar$ erfunden. Die Physiker nennen dieses Zeichen »ha quer« und bezeichnen es als *reduzierte Planck-Konstante* oder einfach auch als Planck-Konstante, Manchmal wird $\hbar$ auch *Dirac-Konstante* genannt, weil es Paul Dirac war, der dieses Symbol zuerst benutzt hat. Die *Dreh-impuls-Quantisierungs-Regel* ist so ein wenig kürzer:

> Der Betrag des Drehimpulses ist gleich einer ganzen Zahl mal $\hbar$.

Abb. 3.7 Max Planck mit Niels Bohr, 1930, nach einem Vortrag in Kopenhagen. Quelle: MPG Archiv, Berlin-Dahlem.

Das können wir auch als Formel schreiben. Wir geben dem Betrag des Drehimpulses den Namen L und n soll eine ganze Zahl sein, also entweder 0 oder 1 oder 2 und so weiter. Dann ist die Drehimpuls-Quantisierung

$$L = n\hbar \,, \quad n = 0, 1, 2, \ldots$$

Bei einer Kreisbahn ist der Betrag des *Drehimpulses* gleich Radius mal Masse mal Geschwindigkeit. Mit dieser Quantisierungs-Regel konnten die Energie-Stufen und die Spektren des Wasserstoff-Atoms berechnet werden.

Atome sind doch anders, als Bohr und Sommerfeld vermuteten Sommerfeld verwendete die Quantisierungs-Regel auch für Ellipsen-Bahnen. Die Planeten bewegen sich nicht auf Kreisen, sondern auf Ellipsen-Bahnen um die Sonne. So könnte sich ja das Elektron auf einer Ellipse um das Proton bewegen. Eine Ellipse liegt in einer Ebene. Und du weißt schon: Wenn die Gesetze der klassischen Physik für das Wasserstoff-Atom gelten würden, so wäre es eine Scheibe. Und im Grundzustand, wo der Drehimpuls gleich null ist, wäre es nur ein Strich. Wir wissen schon: Das kann nicht sein. Im Grundzustand ist das Wasserstoff-Atom rund wie eine Kugel.

Erst die von Heisenberg und Schrödinger im Jahre 1925 erfundene Quanten-Mechanik kann den Atombau und die Spektrallinien erklären. Für Atome mit zwei oder mehr Elektronen ist noch eine Idee von Pauli notwendig. Sommerfeld hat zu seinem Buch, einige Jahre danach, einen zweiten Teil geschrieben, nun mit den richtigen theoretischen Erklärungen.

3.4 Heisenbergs Unschärfe-Relation

Das Elektron im Atom hat keine Bahnkurve Die Bewegung des Elektrons um das Proton im Wasserstoff-Atom muss anders sein als die Bewegung eines Planeten um die Sonne. Aber wie anders? Wenn du einen Ball wirfst, siehst du ihn fliegen. Du siehst, wo der Ball ist, du erkennst seine Flugbahn, seine *Bahnkurve*. Kennt man die Geschwindigkeit des Balls beim Abwurf, kann seine Bahnkurve berechnet werden. Die Bahnkurve eines Planeten kann berechnet werden. Du weißt: Das ist eine Ellipse. Heisenberg überlegte: Wir können das Elektron im Atom nicht sehen. Vielleicht gibt es gar keine Bahnkurve für die Bewegung des Elektrons in Atom. Sollten wir beim Nachdenken über die Physik nur das verwenden, was beobachtet und gemessen werden kann? Spektren der von Atomen emittierten oder absorbierten Strahlung können gemessen werden. Daraus wurden Energie-Niveaus und Übergänge zwischen den Niveaus ermittelt. Wir können nicht wissen, wo genau das Elektron sich im Atom befindet, wenn es in einem bestimmten Energie-Niveau ist. Aber wir wissen: Der Ortsvektor des Elektrons hat sich verändert, wenn es bei der Emission oder Absorption von Strahlung von einem Energie-Niveau zum anderen *springt*. Auch der Impuls, Masse mal Geschwindigkeit des Elektrons, ändert sich beim *Quanten-Sprung*. Wir können mit dem Ort, der Position des Elektrons und mit seinem Impuls rechnen. Aber wir können Ort und Impuls nicht so beobachten, wie wir das in der klassischen Mechanik gewohnt sind. Wenn wir sagen »Ort« meinen wir eine Komponente des Ortsvektors. Wenn wir sagen »Impuls« meinen wir eine Komponente des Impulsvektors.

In der Quanten-Mechanik gelten neue Rechenregeln Durch Nachdenken fand Werner Heisenberg (Abb. 3.8) heraus: Ort und Impuls sind nicht einfach durch Zahlen anzugeben, wie in der klassischen Mechanik.

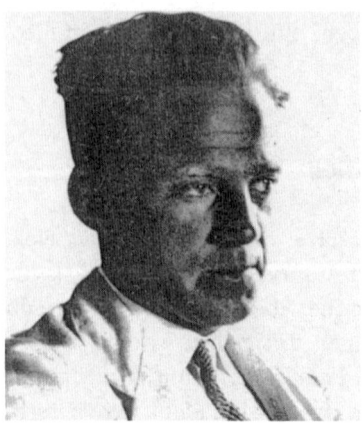

Abb. 3.8 Werner Heisenberg. Quelle: MPG Archiv, Berlin-Dahlem.

In der Quanten-Mechanik sind Ort und Impuls *Operatoren*, und diese vertauschen nicht miteinander.

Was soll das sein? Du weißt: 3 mal 5 ist gleich 5 mal 3. Du kannst dies auch schreiben als »3 mal 5 minus 5 mal 3 ist gleich null«. Heisenberg entdeckte für die Operatoren: *Ort mal Impuls minus Impuls mal Ort ist gleich der Planck-Konstanten $\hbar$.*

Aus der *Vertauschungs-Relation* folgt: *Ort und Impuls können nicht beide gleichzeitig genau gemessen werden.* Messwerte müssen natürlich Zahlen sein. Diese sind Mittelwerte oder *Erwartungswerte* der Operatoren. Doch was bedeutet *nicht genau* oder *ungenau.* Die *Unschärfe-Relation* von Heisenberg gibt darauf eine Antwort.

Was ist »Unschärfe«? Ein Messwert ist »scharf«, wenn bei jeder Messung immer wieder der gleiche Zahlenwert gefunden wird. Wenn du dich dreimal am Tag zu verschiedenen Zeiten wiegst, wird die Waage wohl drei Zahlenwerte anzeigen, die ähnlich, aber doch nicht genau gleich sind, zum Beispiel 41,5 kg, 42,6 kg, 42,2 kg. Was ist dein Gewicht an diesem Tag? Du kannst den *Mittelwert* ausrechnen: Addiere die Messwerte und teile das Ergebnis durch die Anzahl der Messungen. Das Beispiel ergibt 126,3, geteilt durch 3, also ist das mittlere Gewicht 42,1 kg. Du siehst: Die Messwerte sind ein wenig verschieden, man sagt: Die *Messwerte schwanken* um den Mittelwert. In dem Beispiel ist die *Schwankung*, die Abweichung vom Mittelwert

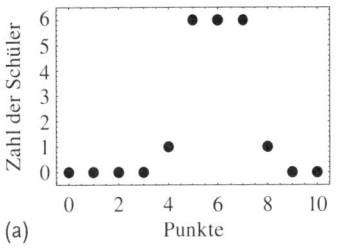 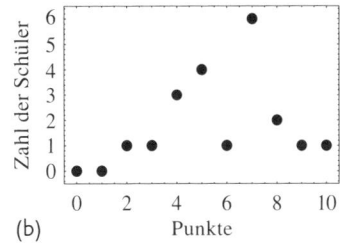

Abb. 3.9 Nach oben ist aufgetragen: Zahl der Schüler, nach rechts: die erreichten Punkte.

klein. Es gibt aber Messungen, bei deren Messwerten große Schwankungen auftreten. Zur Unterscheidung zwischen kleinen und großen Schwankungen wird das *Schwankungsquadrat* berechnet.

Wie werden Mittelwert und Schwankungsquadrat berechnet? Dazu wollen wir andere Beispiele betrachten, wo Mittelwerte ausgerechnet werden. Nicht nur in der Physik kommen Mittelwerte vor. In der Schule werden in der Mathematik Testaufgaben gestellt und korrigiert. Zwei Beispiele wollen wir uns ansehen. Jedes mal haben 20 Kinder die Aufgaben bearbeitet, jedes mal konnten maximal 10 Punkte erreicht werden. Im ersten Test hatte ein Kind 4 Punkte, 6 mal wurden 5 und 6 und 7 Punkte erreicht, ein Kind hatte 8 Punkte. In Abb. 3.9a ist die Verteilung dargestellt. Beim zweiten Test sah es anders aus. Dies ist in Abb. 3.9b gezeigt. Hier wurden 2 und 3 Punkte von je einem Kind erreicht, 3 Kinder hatten 4 Punkte, 4 hatten 5 Punkte, eines 6 Punkte, 6 Kinder hatten 7 Punkte, 2 hatten 8 Punkte, und ein Kind schaffte 9 Punkte und eines 10 Punkte.

Die Ergebnisse der Tests können auch in Tabellen aufgeschrieben werden, in einer Zeile die möglichen Punkte, in der anderen die Zahl der Kinder, die diese Punkte erreicht haben. So sieht die Tabelle für Test 1 aus: In der ersten Zeile stehen die möglichen Punkte, von null bis zehn, in der zweiten Zeile die Zahl der Kinder, die diese Punkte erreicht haben.

Punkte	0	1	2	3	4	5	6	7	8	9	10	Summe
Kinder	0	0	0	0	1	6	6	6	1	0	0	20
P mal K	0	0	0	0	4	30	36	42	8	0	0	120

Wie wird der Mittelwert der erreichten Punkte berechnet? Die Punkte werden mit der Zahl der Kinder multipliziert, diese Zahlen werden addiert und dann durch die Zahl der beteiligten Kinder dividiert. Die Zahlen für die Punkte mal der darunter stehenden Zahl der Kinder, »P mal K«, sind in der dritten Zeile der Tabelle, unter dem Doppelstrich, aufgeschrieben. In der letzten Spalte stehen die Summen der Zahlen der zweiten Zeile und der dritten Zeile, nämlich 20 und 120. Und 120 dividiert durch 20 ergibt 6. Das ist die mittlere erreichte Punktzahl. Der gesuchte Mittelwert ist 6.

Hier ist die Tabelle für Test 2:

Punkte	0	1	2	3	4	5	6	7	8	9	10	Summe
Kinder	0	0	1	1	3	4	1	6	2	1	1	20
P mal K	0	0	2	3	12	20	6	42	16	9	10	120

Die Zahlen in den zweiten und dritten Zeilen sind verschieden von denen in der ersten Tabelle. Die Summen in der letzten Spalte sind aber gleich. Der Mittelwert der erreichten Punkte ist wieder 6.

Wie wird das Schwankungsquadrat berechnet? Die Rechenregel ist: Bestimme den Mittelwert der Quadrate der Punkte, also P^2, und ziehe davon das Quadrat des Mittelwertes ab. Aus einer Tabelle, wo in der ersten Zeile die Quadrate der möglichen Punkte stehen, kann der gewünschte Mittelwert der Quadrate berechnet werden. Für Test 1 gilt:

Punkte zum Quadrat	0	1	4	9	16	25	36	49	64	81	100	Summe
Kinder	0	0	0	0	1	6	6	6	1	0	0	20
P^2 mal K	0	0	0	0	16	150	216	294	64	0	0	740

Die Summe der Punkte zum Quadrat, die Summe der Zahlen in der dritten Zeile, ist 740. Dividiert durch 20, die Zahl der Kinder, ergibt 37 für den Mittelwert des Quadrats der erreichten Punkte. Der Mittelwert zum Quadrat ist 6 mal 6 gleich 36. Die Differenz 37 minus 36 gleich 1 ist das Schwankungsquadrat.

Die Tabelle zur Berechnung des Schwankungsquadrates von Test 2 ist:

Punkte zum Quadrat	0	1	4	9	16	25	36	49	64	81	100	Summe
Kinder	0	0	1	1	3	4	1	6	2	1	1	20
P^2 mal K	0	0	4	9	48	100	36	294	128	81	100	800

Der Mittelwert des Quadrats der erreichten Punkte ist nun 800 dividiert durch 20 ist gleich 40. Davon das Quadrat des Mittelwertes abgezogen ergibt 40 minus 36 gleich 4. Das Schwankungsquadrat beim Test 2 ist also 4. Das ist größer als beim Test 1.

Du siehst, kennst du die Verteilung der Punkte, kannst du nicht nur den Mittelwert ausrechnen, sondern auch das Schwankungsquadrat. Die Wurzel aus dem Schwankungsquadrat gibt an, wie scharf die Verteilung ist oder wie nahe die erreichten Punkte bei dem Mittelwert liegen. Beim Test 1 ist dies 1. Die Wurzel von 4 ist 2, weil 2 mal 2 gleich 4 ist. Beim Test 2 ist die Wurzel aus dem Schwankungsquadrat doppelt so groß wie beim Test 1.

Zum Spaß kannst du den Mittelwert und das Schwankungsquadrat ausrechnen für einen Test, an dem nur 11 Kinder teilnehmen und jede mögliche Punktzahl von 0 bis 10 von genau einem Kind erreicht wird. Ich verrate dir: Der Mittelwert ist kleiner, das Schwankungsquadrat ist größer als bei den vorherigen Beispielen. Noch eine Anmerkung: Die Abweichungen von einem Mittelwert werden manchmal auch als *Streuung* bezeichnet. Dann wird das Wort *Streuungs-Quadrat* anstelle von Schwankungsquadrat verwendet.

Heisenbergs Unschärfe-Relation   Nun, was hat dies mit Quanten-Mechanik und mit Heisenberg zu tun? Obwohl die Rechenregeln der Quanten-Mechanik anders sind als bei den Beispielen, werden auch in der Quanten-Mechanik Mittelwerte und Schwankungsquadrate ausgerechnet. Und Heisenberg hat gefunden: Aus der Vertauschungs-Relation für Ort und Impuls folgt die *Unschärfe-Relation*:

Das Schwankungsquadrat des Ortes mal dem Schwankungsquadrat des Impulses kann nicht kleiner sein als das Quadrat der Planck-Konstanten $\hbar$ dividiert durch 4.

Die Wurzel aus dem Schwankungsquadrat ist die Schwankung. Die Unschärfe-Relation von Heisenberg lautet auch:

> Die Schwankung des Ortes mal der Schwankung des Impulses kann nicht kleiner sein als einhalb mal der Planck-Konstanten $\hbar$.

Mit Ort und Impuls ist dabei eine bestimmte Komponente des Ortsvektors und des Impulsvektors gemeint. Im dreidimensionalen Raum, in dem wir leben, haben Ort und Impuls je eine x-, y-, und z-Komponente. Die Unschärfe-Relation gilt für jede dieser Komponenten. Das bedeutet: Wenn das Schwankungsquadrat für die x-Komponente sehr klein ist, so muss das Schwankungsquadrat für die x-Komponente des Impulses sehr groß sein. Doch was ist hier *klein* und was ist *groß*? Impuls ist Masse mal Geschwindigkeit. Wir wollen uns überlegen: Wie groß ist die Schwankung, also die Ungenauigkeit der Geschwindigkeit, wenn wir die Schwankung des Ortes vorgeben. Dann gilt:

> Die Schwankung der Geschwindigkeit kann nicht kleiner sein als die Planck-Konstanten $\hbar$, dividiert durch zwei mal die Masse.

Wenn die Masse groß ist, wird die Schwankung der Geschwindigkeit klein. *Für die Bewegung eines Sandkorns spielt die Unschärfe keine Rolle.* Zunächst ein Beispiel, wo wir uns Masse und Unschärfe des Ortes leicht vorstellen können: Ein Sandkorn oder ein Steinchen mit der Masse von einem Gramm hat einen Ort, den wir mit der Schwankung von etwa einem halben Millimeter festlegen können. Die Schwankung der Geschwindigkeit muss dann größer sein als 10^{-28} Meter pro Sekunde. Dies ist eine so kleine Zahl, dass in diesem Fall die Unschärfe-Relation von Heisenberg überhaupt keine Rolle spielt. Dies gilt um so mehr, wenn die Masse des Körpers größer ist. Dort, wo wir uns bisher auf die klassische Mechanik verlassen haben, können wir das mit Heisenberg auch noch tun.

Ein eingesperrtes Elektron kann nicht still sitzen   Anders ist dies bei Teilchen mit kleiner Masse, wie einem Proton oder gar dem noch viel leichteren Elektron. Ist bei einem Elektron die Unschärfe des Ortes, wie vorhin, etwa ein halber Millimeter, so ist die Schwankung der Geschwindigkeit mindestens zehn Zentimeter pro Sekunde. Das bedeutet: Das Elektron kann nicht still sitzen, es muss sich hin und her bewegen, wenn wir es innerhalb einer vorgegebenen Länge einsperren. Wird der Ort des Elektrons noch genauer festgelegt, wird die Schwankung der Geschwindigkeit noch größer. Ist die Schwankung des Ortes etwa so groß wie der Radius des Wasserstoff-Atoms im Grundzustand, so ist die Schwankung der Geschwindigkeit mindestens eine Million Meter pro Sekunde, ein unvorstellbar großer Wert. Zum Vergleich: Die Lichtgeschwindigkeit ist noch dreihundert mal größer. Für die Physik der Atome und Moleküle, für die Bewegung der Elektronen in Atomen und in Molekülen ist die Unschärfe-Relation von Heisenberg sehr, sehr wichtig.

Formeln für die Unschärfe[*]   Die Schwankung der Ortskomponente x wird mit Δx abgekürzt. Das Zeichen Δ ist der griechische Buchstabe »Delta«. Die Schwankung der x-Komponente des Impulses wird mit Δp_x bezeichnet. Dann ist die Formel für die Unschärfe-Relation von Heisenberg

$$\Delta x \Delta p_x \geq \frac{1}{2}\hbar \ .$$

Das Zeichen $\geq$ bedeutet »größer als oder gleich«. Die Spitze von $>$ zeigt dorthin, wo das Kleinere ist. Der gerade Strich unter $>$ ist die Hälfte eines Gleichheitszeichens und deutet an: Auch $=$ ist erlaubt. Für die y- und z-Komponenten des Ortes und des Impulses gibt es ebensolche Unschärfe-Relationen, also gilt auch

$$\Delta y \Delta p_y \geq \frac{1}{2}\hbar \ .$$

Die x-Komponente des Ortsvektors vertauscht mit der y-Komponente des Impuls-Operators. Aus der Unschärfe von x folgt keine Einschränkung für Δp_y.

3.5   Form und Stabilität des Wasserstoff-Atoms im Grundzustand

Wegen der Unschärfe kann ein H-Atom keine Scheibe sein   Wir wissen schon, das Wasserstoff-Atom, kurz H-Atom genannt, besteht aus einem Proton, das ist der Atom-Kern, und dem Elektron. Die elektrischen Ladungen von Proton und Elektron sind entgegengesetzt gleich. Die anziehende *Coulomb-Kraft* zwischen den Ladungen hält das Elektron im Atom. Die Coulomb-Kraft hängt vom Abstand aber genauso ab, wie die Gravitationskraft: Bei doppeltem Abstand ist die Stärke der Kraft nur noch ein Viertel. Deshalb vermuteten Physiker vor etwa 100 Jahren: Das Atom ist wie ein kleines Sonnensystem. Das Proton spielt die Rolle der Sonne. Das Elektron welches zweitausendmal leichter ist als das Proton, bewegt sich wie ein Planet um das Proton. Die Kraft zwischen Proton und Elektron wirkt längs der Verbindungslinie, der Drehimpuls des Elektrons ist konstant. Die klassische Mechanik sagt: Die Bahnkurve des Elektrons liegt in einer Ebene: Das Atom wäre eine Scheibe. Stell dir vor, diese Scheibe ist sehr dünn und schwebt auf einem Tisch. Die Unschärfe der Komponente des Ortsvektors, welche angibt, wie hoch das Elektron über dem Tisch ist, ist sehr klein. Das Schwankungsquadrat der Komponente des Impulses für die Auf-und-Ab-Bewegung ist dann sehr groß. Wie wir wissen, umso größer, je dünner die Scheibe ist. Das Elektron bewegt sich aufwärts und abwärts gleich schnell. Der Mittelwert des Impulses für die Bewegung senkrecht zur Scheibe ist null und das Schwankungsquadrat ist gleich dem Mittelwert des Quadrates des Impulses. Und das Quadrat des Impulses, dividiert durch zweimal die Masse, ist die kinetische Energie. Je dünner die Scheibe ist, in der das Elektron sich bewegen möchte, umso größere kinetische Energie wird gebraucht für die Bewegung senkrecht zur Scheibe. Die klassische Mechanik sagt: Die Scheibe, in der das Elektron sich bewegt, ist unendlich dünn. Die Quanten-Mechanik sagt: Der Mittelwert der kinetischen Energie müsste dann unendlich groß sein. Und das geht nicht! Du siehst, die Unschärfe-Relation von Heisenberg erklärt, warum Atome nicht flache Scheiben sind.

Das H-Atom ist rund, im Grundzustand Im Grundzustand des H-Atoms, wo es seine niedrigste Energie hat, ist der Drehimpuls gleich null. In der klassischen Mechanik würde dies bedeuten: Das Elektron bewegt sich auf einer geraden Linie, immer wieder durch das Proton hindurch. Das H-Atom im Grundzustand wäre nur ein kurzer Strich. Das kann nicht sein! Die Unschärfe-Relation von Heisenberg verbietet eine Bewegung auf einer geraden Linie. Die kinetische Energie für die Bewegung in den zwei Richtungen senkrecht zur Geraden müsste dann unendlich sein. Das geht erst recht nicht! Und in welche Richtung sollte die Gerade zeigen, auf der das Elektron sich bewegen sollte, wenn die klassische Mechanik für die Bewegung des Elektrons im Atom gelten sollte? Wenn der Drehimpuls gleich null ist, kann im Atom keine Richtung bevorzugt werden. Alle drei Richtungen, links-rechts, vorne-hinten, oben-unten sind gleichberechtigt, wie bei einer Kugel. Die Experimente zeigen: Das H-Atom im Grundzustand ist rund wie eine Kugel.

> Die Unschärfe-Relation gibt dem H-Atom einen stabilen Grund-zustand.

Wir wissen schon: Es gibt ein noch viel schlimmeres Problem bei der Anwendung der klassischen Physik auf die Bewegung des Elektrons im Atom. Die Richtung der Geschwindigkeit des Planeten ändert sich auf seiner Bahn um die Sonne, es ist eine beschleunigte Bewegung. Gleiches gilt, wenn ein Elektron sich auf einer Ellipsenbahn oder Kreisbahn um das Proton bewegen würde. Das Elektron hat eine elektrische Ladung. Beschleunigte Ladungen geben elektromagnetische Strahlung ab und verlieren kinetische Energie. So würde ein Elektron, das durch Strahlung kinetische Energie verliert, immer näher zum Proton kommen und hineinstürzen. Das H-Atom würde schrumpfen und kollabieren, es wäre nicht stabil.

Die Unschärfe-Relation von Heisenberg erklärt auch, warum das Wasserstoff-Atom einen stabilen Grundzustand mit endlicher Energie besitzt und eine endliche Größe hat. Wir geben dem mittleren Abstand des Elektrons vom Proton den Namen R. Wir nennen R auch Radius des Atoms oder Atom-Radius. Das Schwankungsquadrat des Ortes im kugelförmigen Grundzustand ist R^2. Der Mittelwert der kinetische Energie ist gleich dem Schwankungsquadrat des Impulses, dividiert durch zweimal der Masse des Elektrons. Wegen der Unschärfe-Relation wird die mittlere kinetische Energie größer bei kleinerem R wie eins dividiert durch R^2. Die gesamte Energie des Elektrons im H-Atom ist die Summe aus der kinetischen und der potentiellen Energie. Die potentielle Energie ist die Coulomb-Energie. Diese ist negativ und ihr Betrag wird bei größerem Abstand R kleiner wie eins dividiert durch R. Wenn R geändert wird, gibt es einen Wettbewerb zwischen den beiden Energien. Bei großen Werten von R gewinnt Cou-

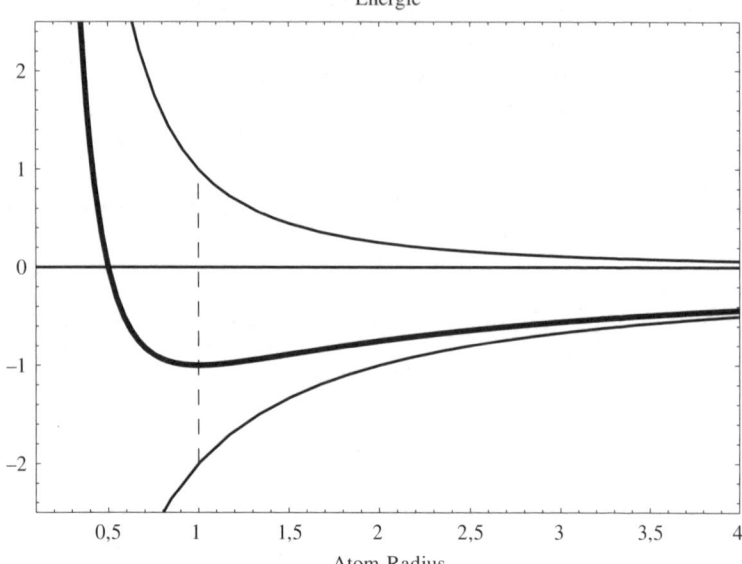

Abb. 3.10 Aufgetragen ist, nach oben: mittlere Energien, nach rechts: Radius des Atoms. Dünne Kurven: kinetische Energie, geht nach oben; Coulomb-Energie geht nach unten, für kleine Abstände. Dicke Kurve: Gesamtenergie.

lomb, bei kleinen Werten von R ist die kinetische Energie größer. Probier es aus: Berechne $1/R$ und $1/R^2$ für $R = 1/2, 1, 2$. Für verschiedene Werte des Abstandes R sind in der Abb. 3.10 die Kurven $1/R^2$, für die kinetische Energie und $-2/R$, für die Coulomb-Energie gezeichnet. Die dicke Kurve ist die Summe der beiden Energien, also die Gesamtenergie. Du siehst eine gestrichelte, senkrechte Linie. Dort ist die Gesamtenergie am kleinsten. Dieser Abstand ist der *Bohr-Radius* des Wasserstoff-Atoms R_{Bohr}. Der Physiker Bohr hat nicht so gerechnet. Aber ihm zu Ehren heißt der Mittelwert des Abstandes des Elektrons vom Proton eben Bohr-Radius. Die Berechnung ergibt: R_{Bohr} ist bestimmt durch die Planck-Konstante zum Quadrat dividiert durch das Produkt der Masse des Elektrons und seiner Ladung zum Quadrat. Der Zahlenwert ist ungefähr ein Zwanzigstel Nanometer, also $0,5$ mal 10^{-10} Meter. Früher nannte man die Länge 10^{-10} Meter auch: ein Angström. Das ist der Durchmesser eines Wasserstoff-Atoms.

Wie fest ist das Elektron in H-Atom gebunden? Der Betrag der kleinsten Energie bestimmt, wie fest das Elektron im Wasserstoff-Atom gebunden ist. Mindestens soviel Energie muss aufgebracht werden, um das Elektron aus seiner Verbindung mit dem Proton zu lösen. Diese Energie heißt auch Rydberg-Energie E_{Ryd}. Die Berechnung ergibt: E_{Ryd} ist bestimmt durch die Ladung des Elektrons zum Quadrat dividiert durch den Bohr-Radius. Der Zahlenwert ist ungefähr 13,6 eV oder 2 mal 10^{-18} Joule. Dazu zum Vergleich: Bei Zimmer-Temperatur ist die mittlere kinetische Energie eines Wasserstoff-Moleküls, in dem sich zwei Wasserstoff-Atome zusammengefunden haben, ungefähr 0,03 eV oder 5 mal 10^{-21} Joule, also viel kleiner. Bei der Physik der Atome wird gerne eV, gesprochen »Elektronen-Volt«, als Einheit für die Energie verwendet.

Das Wasserstoff-Atom ist auch noch stabil bei Temperaturen von 8000 Grad, wie sie an der Oberfläche der Sonne herrschen. Erst in einem Gas mit einer zehnmal höheren Temperatur reicht die kinetische Energie aus, um bei einem Stoß des Wasserstoff-Atoms mit einem anderen Atom, die Bindung des Elektrons an das Proton aufzubrechen. Die Freisetzung des Elektrons von seiner Bindung an den Atomkern heißt Ionisation.

Ohne die Planck Konstante h sähe die Welt anders aus! In der Unschärfe-Relation kommt die Planck-Konstante vor. Sie bestimmt, wie groß das Wasserstoff-Atom ist und wie fest das Elektron im Wasserstoff-Atom gebunden ist. Wenn diese gleich null wäre, sähe die Welt anders aus! Wenn das einfachste Atom nicht stabil wäre, so wären auch andere Atome, wie Kohlenstoff-Atome und Sauerstoff-Atome nicht stabil. Die Moleküle, die aus Atomen zusammengesetzt sind, wären nicht stabil. Und auch wir existieren nur, weil die Atome und Moleküle in uns doch stabil sind.

Formeln für das H-Atom[*] Der Bohr-Radius und die Rydberg-Energie werden in der Physik der Atome und Moleküle gerne als »Maßstab« für Längen und Energien verwendet. Die Formeln zur Berechnung dieser Größen enthalten Naturkonstanten, nämlich die Planck-Konstante $\hbar$, die Masse m_e des Elektrons und die Elementar-Ladung q_e. Da die Ladungen von Elektron und Proton genau entgegengesetzt gleich sind, tritt das Quadrat q_e^2 der Elementar-Ladung in den Formeln auf. Bei Verwendung der SI-Einheiten wird q_e^2 durch 4π

mal der Influenz-Konstanten ϵ_0 dividiert. Der Wert von ϵ_0 ist festgelegt und braucht uns hier nicht zu kümmern. Die Formeln werden einfacher, wenn wir abkürzen:

$$e^2 = \frac{q_e^2}{4\pi\epsilon_0} \ .$$

Die Formeln sind dann

$$R_{\text{Bohr}} = \frac{\hbar^2}{m_e e^2} \ , \quad E_{\text{Ryd}} = \frac{m_e e^4}{2\hbar^2} \ .$$

Klar, die Formeln zeigen, was wir schon wussten: Würde die Planck-Konstante kleiner sein als sie ist, so wäre der Radius des H-Atoms kleiner und die Bindungs-Energie größer, als sie sind.

Die gesamte Energie E ist gleich $E_{\text{kin}} + E_{\text{pot}}$. Im Abstand R_{Bohr}, wo $E = -E_{\text{Ryd}}$ gilt, ist die potentielle Energie E_{pot} gleich $-2\,E_{\text{Ryd}}$ und die kinetische Energie E_{kin} ist gleich E_{Ryd}. Schau dir nochmals Abb. 3.10 an, wo der Abstand in Einheiten von R_{Bohr} und die Energie in Einheiten von E_{Ryd} gezeigt sind.

Die Sommerfeld-Konstante[*] Die Sommerfeld-Konstante wird mit dem ersten Buchstaben »α« des griechischen Alphabets bezeichnet und oft auch *Feinstruktur-Konstante* genannt. Diese dimensionslose Konstante enthält die Elementarladung e zum Quadrat, dividiert durch die Planck-Konstante $\hbar$ mal der Lichtgeschwindigkeit c. Die Formel dafür ist

$$\alpha = \frac{e^2}{\hbar c} \ .$$

Der Zahlenwert von α ist ungefähr 1 dividiert durch 137. Wie kam Sommerfeld auf diese Konstante? Das gemessene Spektrum des Wasserstoff-Atoms zeigt kleine Abweichungen von den Berechnungen von Bohr. In der Nähe der erwarteten Frequenzen sind zwei oder mehrere nahe beieinander liegende Spektrallinien zu finden. Physiker sagen, eine solche Spektrallinie ist »aufgespalten« in mehrere Linien oder »das Spektrum hat eine *Feinstruktur*«. Sommerfeld überlegte: Können Effekte der Relativitätstheorie die Feinstruktur erklären? Daher wollte er wissen: Wie schnell ist das Elektron auf seiner Bahn im Grundzustand des H-Atoms im Vergleich zur Lichtgeschwindigkeit. Nun, das Verhältnis dieser beiden Geschwindigkeiten ist gerade die Sommerfeld-Konstante. Die Feinstruktur konnte so nicht richtig erklärt werden, weil Sommerfeld im Jahre 1916 noch nichts vom Spin des Elektrons wusste, der für die Feinstruktur wichtig ist. Aber der Name *Feinstruktur-Konstante* blieb.

Was soll das? Das Elektron im H-Atom hat doch keine Bahn! Ja, aber es hat die kinetische Energie $E_{kin} = 1/2\,m_e v^2$, und diese ist gleich der Rydberg-Energie E_{Ryd}. Daraus kann der Mittelwert v^2 der Geschwindigkeit zum Quadrat berechnet werden: $v^2 = (2E_{Ryd})/m_e = e^4/\hbar^2$. Division durch c^2 ergibt dann genau α^2. Das Quadrat der Sommerfeld-Konstante kann so mit der richtigen Quanten-Mechanik berechnet werden, wo es gar keine Bahn des Elektrons gibt.

In der Sommerfeld-Feinstruktur-Konstanten α kommen die Naturkonstanten e und c der Elektrodynamik gemeinsam mit dem $\hbar$ der Quanten-Mechanik vor. Deshalb ist α wichtig für die *Quanten-Elektrodynamik*, das ist eine »Vereinigung« von Quanten-Mechanik und Elektrodynamik. Oft wird α auch als Maß für die *Stärke der elektromagnetischen Wechselwirkung* bezeichnet.

3.6 de Broglie, Schrödinger und Wellenfunktionen

Teilchen *und* Welle? Kurz bevor Werner Heisenberg seine Quanten-Mechanik erfand, hatte der französische Physiker Louis Victor Prince de Broglie behauptet: Einem sich bewegenden Teilchen kann man eine Welle zuordnen mit einer Wellenlänge bestimmt durch die Planck-Konstante dividiert durch den Impuls des Teilchens. Du erinnerst dich, der Impuls ist Masse mal Geschwindigkeit. Bei Teilchen dachte de Broglie an Elektronen und Atome. Aber was soll das, *Teilchen und Welle?*

Beugung von Wellen, ein Experiment mit Licht Du kennst Wellen auf dem Wasser. Du hast auch schon gehört, dass sich elektromagnetische Wellen wie Licht und Radio-Wellen, im luftleeren Raum und natürlich auch in der Luft ausbreiten können. Licht und Radio-Wellen unterscheiden sich durch ihre Wellenlänge. Die *Wellenlänge* ist der Abstand von einem Wellenberg zum nächsten. Bei Wasserwellen kannst du die Wellenberge sehen. Bei elektro-magnetischen Wellen können Physiker die Wellenlänge messen durch Beugung. *Beugung,* was ist das schon wieder? Licht und auch andere Wellen können an Orte gelangen, wo sie nicht hinkommen könnten, wenn sie sich gerade, wie auf einer Linie mit dem Lineal gezogen, ausbreiten würden. Diese Erscheinung heißt Beugung. Mit dem Licht der Sonne kannst du selbst ein Beispiel für eine Beugung beobachten. Nimm eine CD, die nicht mehr benötigt wird und ein weißes Blatt Papier. Such dir eine Stelle, wo du die CD, mit der spiegelnden Seite von dir weggerichtet, in die Sonne halten kannst, aber deine Augen im Schatten sind. Nun halte das Blatt vor die CD, sodass das reflektierte Licht darauf fällt. Du siehst eine helle Kreisfläche. Und wenn du genau hinschaust, entdeckst du Regenbogenfarben in einigem Abstand außerhalb des hellen Kreises. Das Licht wurde dorthin gebeugt. Im Sonnenlicht kommen ja alle Regenbogenfarben vor, hier siehst du sie getrennt durch die Beugung. Die Beugung hängt ab vom Abstand der Rillen auf der CD und der Wellenlänge des Lichtes. Die Wellenlänge des roten Lichtes ist größer als die Wellenlänge des grünen und des blauen Lichtes. Die Beugung ist unterschiedlich stark für Licht mit unterschiedlicher Wellenlänge und damit sind die unterschiedlichen Farben getrennt und zu sehen. Welche Farbe ist näher beim hellen Kreis und welche weiter weg? Nur nebenbei: Die Farben des Regenbogens entstehen durch Brechung des Lichtes, nicht durch Beugung. Die Brechung des Lichtes beobachtest du, wenn du einen Stock ins Wasser hältst. Es sieht so aus als wäre der Stock geknickt, eben wie gebrochen. Beim Regenbogen wird das Licht der verschiedenen Farben unterschiedlich stark gebrochen, wenn es in die Regentropfen hinein und, nach Reflexion, wieder heraus geht, bevor es zu dir kommt.

Schrödingers Wellen-Mechnik Nun zurück zu de Broglie. Ein Teilchen ist doch keine Welle! Was bedeutet es, wenn einem Teilchen eine Wellenlänge zugeordnet wird? Der österreichische Physiker Erwin Schrödinger (Abb. 3.11) wusste zunächst keine Antwort auf diese Frage, aber er nahm die Idee von de Broglie ernst und erfand eine neue Theorie: Die *Wellen-Mechanik*. Seine Gleichung für die *Wellenfunktion* wird *Schrödinger-Gleichung* genannt. Die Wellenfunktion für ein Teilchen hängt ab von der Zeit und vom Ort. Später hat Max Born erklärt: Das Quadrat dieser Wellenfunktion gibt die Wahrscheinlichkeit an, das Teilchen zu einem Zeitpunkt an einem bestimmten Ort zu finden. Mittelwerte können berechnet werden, dabei kommt immer das Quadrat der Wellenfunktion vor. Die Mittelwerte von Ort

Abb. 3.11 Erwin Schrödinger. Quelle: MPG Archiv, Berlin-Dahlem.

Abb. 3.12 Erwin Schrödinger auf dem 1000-Schilling-Schein. Der griechische Buchstabe Ψ, gesprochen als »psi«, links auf dem Geldschein, bezeichnet Schrödingers Wellenfunktion.

und Impuls und auch deren Schwankungen können berechnet werden. Und dabei ergibt sich wieder, und nun auf einem anderen Rechenweg, die Unschärfe-Relation von Heisenberg. Schrödinger berechnete mit seiner Gleichung den Grundzustand und die Energien der angeregten Zustände des Wasserstoff-Atoms. Die Aufenthalts-Wahrscheinlichkeit des Elektrons gibt Größe und Form des Atoms. Es ist rund im Grundzustand. Die Wellenfunktion wird meistens mit dem griechischen Buchstaben Ψ, gesprochen »psi«, bezeichnet. Dieser Buchstabe ist auf dem österreichischen 1000-Schilling-Geldschein zu sehen, im Kreis links neben Schrödinger (Abb. 3.12).

Wahrscheinlichkeiten und Wahrscheinlichkeits-Amplituden Mittelwerte und Schwankungsquadrate werden auch in der klassischen Physik, wie vorher bei der Verteilung der Punkte in Prüfungen und bei Versicherungen, berechnet. Der Preis für eine Fahrrad-Versicherung richtet sich nach der Wahrscheinlichkeit, wie viele Fahrräder pro Jahr gestohlen werden. Die Versicherung weiß nicht, wann und ob überhaupt dein Fahrrad entwendet wird. Mit Wahrscheinlichkeiten wird an vielen Stellen gerechnet. Was aber ist das besondere der Quanten-Mechanik? Seit den Überlegungen von Heisenberg und Schrödinger wissen wir: *Wahrscheinlichkeiten* genügen nicht für die Physik der Atome und Moleküle. In der Quanten-Mechanik müssen wir mit *Wahrscheinlichkeits-Amplituden* rechnen. Die Wahrscheinlichkeit ist das Quadrat der Wahrscheinlichkeits-Amplitude. Die Wellenfunktion von Schrödinger ist die Amplitude für die Aufenthaltswahrscheinlichkeit. Für diese Amplituden ist, wie für Wellen, *Interferenz* möglich. Interferenz bedeutet: Wellen können sich gegenseitig verstärken oder auch auslöschen.

3.6.1 Beugung am Spalt und am Doppel-Spalt

Interferenz bei Wellen Die Beugung von Wellen entsteht durch Interferenz. Beugung an einem Spalt oder einem Doppel-Spalt kann mit Wellen beobachtet werden. Ein Spalt ist ein Schlitz in einem lichtundurchlässigen Hindernis. In einigem Abstand dahinter wird auf einer Wand beobachtet, wo das Licht ankommt. Nun, es kommt auch an Stellen an, wo es nicht hinkommen würde, wenn es sich geradeaus bewegen würde, wenn es keine Beugung gäbe. Beim Doppel-Spalt entsteht ein anderes Beugungs-Muster. Das ist verschieden ist von dem, welches entsteht, wenn erst nur der eine und dann nur der andere Spalt offen ist. Die Beugung am Spalt und am Doppel-Spalt ist in Abb. 3.13 skizziert. Die Intensität gibt an, wie viel Strahlung an einem Nachweis-Schirm oder an Detektoren ankommt. Beispiele sind in Abb. 3.14 gezeigt. Die Intensität hängt ab vom Winkel, um den die Strahlung von der geraden Richtung abgelenkt ist. Beugung an viele Spalten nebeneinander, wie bei einem Gartenzaun oder bei einem Gitter, gibt Intensitäts-Muster ähnlich wie beim Doppel-Spalt. Beugung geschieht auch bei der Reflexion von Strahlung, so wie bei der CD, die wir in die Sonne gehalten haben. Die Rillen der CD wirken als Gitter für die Beugung.

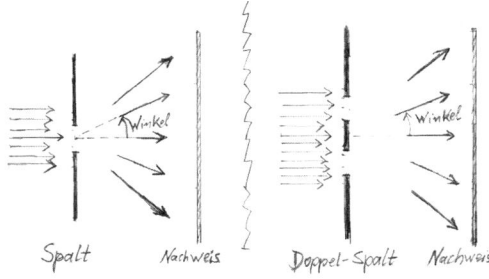

Abb. 3.13 Beugung am Spalt, (a) Einzelspalt, (b) Doppelspalt.

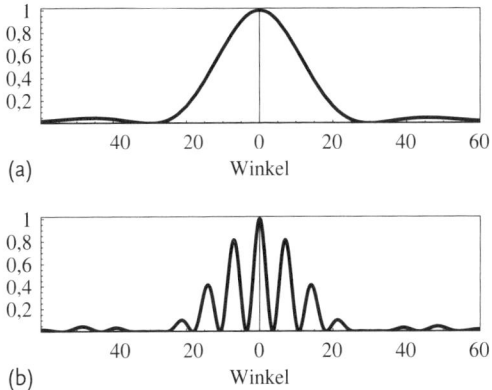

Abb. 3.14 Beugung am Spalt für Ablenk-Winkel von –60 bis 60 Grad. (a) Intensität bei Einzelspalt, (b) bei Doppelspalt.

Beugung bei Teilchen-Strahlen Wie ist das bei Teilchen, z. B. bei Elektronen? Ist die Geschwindigkeit der Elektronen so, dass die de Broglie-Wellenlänge genauso groß ist wie die des Lichts, so entsteht das gleiche Beugungs-Muster. Natürlich braucht man für Elektronen eine spezielle Wand, die anzeigt, wo Elektronen ankommen, und es sind viele Elektronen notwendig, um das Beugungs-Muster zu erhalten. Das Experiment kann auch so gemacht werden, dass immer nur ein Elektron durch die Apparatur fliegt. Jedes Elektron kommt an einer bestimmten Stelle auf der Wand an. Viele Elektronen kommen dort an, wo die Wahrscheinlichkeit groß ist, wenige dort, wo sie klein ist. Woher weiß ein bestimmtes Elektron, was die anderen getan haben? Es ist noch verwunderlicher für den Doppel-Spalt. Das Elektron fliegt bestimmt nur durch einen der beiden Spalte. Woher sollte es wissen, dass der andere Spalt offen ist? Natürlich weiß das Elektron das nicht.

Trotzdem ergeben viele nacheinander durch die Apparatur fliegende Elektronen ein Doppel-Spalt-Beugungs-Muster. In der Welt der Atome und Moleküle gelten eben andere Gesetze, als wir gewöhnt sind.

Elektronen werden vom Kristall gebeugt wie Röntgen-Strahlen Zum Nachweis der Beugung von Elektronen wurden nicht Spalte oder Doppel-Spalte verwendet, sondern Kristalle. Die im Kristall regelmäßig angeordneten Atome wirken für die Beugung wie ein dreidimensionales Gitter. Für Röntgen-Licht war dies schon seit 1912 bekannt. Der Physiker Max von Laue hatte sich das in München an Sommerfelds Institut für Theoretische Physik überlegt und gemeinsam mit einem Experimentator nachgewiesen, dass die Röntgen-Strahlung eine elektromagnetische Welle ist. Elektronen sind Teilchen. Die Beugung von Elektronen wurde 1927 von Clinton J. Davisson (1881–1958) und Lester H. Germer (1886–1971) experimentell gefunden. Damit war bewiesen: Auch bei Teilchen-Strahlen gibt es Beugung, wie sie vorher nur bei Wellen bekannt war.

Die statistische Interpretation der Quanten-Mechanik Mit der Quanten-Mechanik von Heisenberg und Schrödinger wurden viele experimentelle Beobachtungen und Messergebnisse erklärt und richtig berechnet. Die Deutung der Quanten-Mechanik heißt *statistische Interpretation der Quanten-Mechanik*. Eine statistische Interpretation der Quanten-Mechanik hatte Einstein sehr früh vorgeschlagen. Max Born (Abb. 3.15) hat dies noch genauer begründet und dafür den Nobelpreis erhalten. Die meisten Physiker geben sich mit der statistischen Interpretation zufrieden. Manche Physiker wünschen sich eine Theorie, die beim Doppel-Spalt-Experiment nicht nur das richtige Beugungs-Muster liefert, sondern auch vorhersagt, welchen Weg ein bestimmtes Elektron nimmt. Niemand hat eine solche Theorie gefunden und ich vermute, wie viele andere Physiker, eine solche Theorie kann es nicht geben. Die Natur ist eben so, wie sie ist. Aber auch hier gilt: Eigentlich sollte man niemals »nie« sagen.

Hat schon Archimedes die Schrödinger-Gleichung gekannt? In der Schrödinger-Gleichung stehen auf der einen Seite die zeitliche Veränderung der Wellenfunktion Ψ, auf der anderen Seite der Hamilton-Operator $\mathcal{H}$ angewandt auf Ψ. Was ist der Hamilton-Operator? Wir wissen, die Hamilton-Funktion H der klassischen Mechanik ist die

Abb. 3.15 Max Born in Göttingen.
Quelle: MPG Archiv, Berlin-Dahlem.

Summe der kinetischen und der potentiellen Energie. Werden nun in der Hamilton-Funktion die Orte und Impulse durch Orts- und Impuls-Operatoren ersetzt, so ergibt sich der Hamilton-Operator $\mathcal{H}$.

Zur Berechnung der Energie E des Grundzustandes des Atoms und der Energien seiner angeregten Zustände muss die *stationäre Schrödinger-Gleichung* gelöst werden. Die Formal dafür sieht einfach aus:

$$\mathcal{H}\Psi = E\Psi \; .$$

In Worten heißt diese Gleichung

Ha psi gleich E psi .

In einer Mitschrift der Vorlesung über Quanten-Mechanik, die Professor Max Huber in Erlangen gehalten hat, wird im Anhang das Ergebnis von einer historischen Forschung des Studenten Ludwig Trautmann mitgeteilt. Er hat herausgefunden, schon Archimedes kannte die stationäre Schrödinger-Gleichung, aber leider hat er die Gleichung nicht aufgeschrieben. Die Geschichte geht so: Archimedes war verheiratet mit Epsilante, die er liebevoll »Epsi« nannte. Eines Tages bat sie ihren Mann, ein Huhn zu schlachten. Archimedes hatte wenig Übung im Schlachten, das Henne flatterte davon. Der Mann rannte hinterher, seine Frau schaute zu. Und Archimedes rief:

Hab sie gleich E psi .

In Franken, wo die Buchstaben »b« und »p« gleich ausgesprochen werden, klingt dies tatsächlich wie die Schrödinger-Gleichung. Natürlich ist das nur eine Spaß-Geschichte. Aber warum kann das gar nicht so gewesen sein?

Wie klingt ein Wasserstoff-Atom? Schrödinger dachte an die schwingende Saite einer Geige oder an die schwingende Membran einer Trommel, als er die Energien des H-Atoms berechnete. Seine Gleichung $\mathcal{H}\Psi = E\Psi$ hat Lösungen für jeden Wert von E. Aber wie geht es dann zu, dass der Grundzustand des Atoms und die angeregten Zustände nur ganz bestimmte Werte haben? Nun, er wusste, bei der Berechnung des Grundtons und der Obertöne der schwingenden Saite oder der schwingenden Trommel-Membran muss beachtet werden: Die Saite und die Membran sind an der Seite eingespannt. Diese *Randbedingungen* erzwingen, dass die Saite und die Membran nur mit ganz bestimmten Frequenzen schwingen und damit nur ganz bestimmte Töne abgeben können. Wie ist das beim H-Atom, das hat doch keinen Rand. Das stimmt, aber es gibt eine Bedingung, die aus allen Energiewerten E, die bestimmten Energien des Grundzustandes und der angeregten Zustände aussondert. Diese notwendige Bedingung ist: Die Wellenfunktion Ψ muss für große Abstände des Elektrons von Proton gegen null gehen, und zwar so, dass das Quadrat der Wellenfunktion, also die Aufenthalts-Wahrscheinlichkeit, integriert über den ganzen Raum gleich 1 ist. Denn das Elektron ist ja irgendwo. Diese Bedingung heißt: *Die Wellenfunktion muss normierbar sein.*

Also: Wir hören zwar keinen Klang des H-Atoms, aber seine Energie hat nur ganz bestimmte Werte, so wie die Saite der Geige und die Trommel-Membran nur ganz bestimmte Grund- und Ober-Töne haben.

3.7 Tunnel-Effekt

Alpha-Teilchen tunneln durch einen Potential-Berg Beim Vergleich mit der klassischen Mechanik hält die Quanten-Mechanik noch eine andere Überraschung bereit: den *Tunnel-Effekt*. Was ist das? Du weißt: Wenn keine Reibung wirkt, ist die Summe der kinetischen Energie und der potentiellen Energie konstant. Das ist der Energie-Satz. Stell dir vor, ein Teilchen bewegt sich in einem Potential, das so aussieht wie in Abb. 3.16 gezeigt. In einem solchen Potential-Topf mit Potential-Schwellen bewegt sich, zum Beispiel, ein Alpha-Teilchen in einem Uran-Atomkern. Der Kern besteht aus 92 Protonen und 146 Neutronen. Je zwei Protonen und zwei Neutronen sind besonders eng mit-

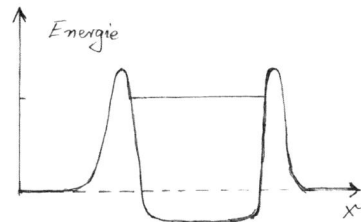

Abb. 3.16 Energie im Potential-Topf

einander verbunden, das ist ein Alpha-Teilchen. Die horizontale Linie in der Abb. 3.16 markiert den Wert der gesamten Energie des Alpha-Teilchens mit der höchsten Energie. Die gesamte Energie ist kinetische Energie plus potentielle Energie. Im Inneren des Potential-Topfes bewegt sich das Teilchen mit soviel kinetischer Energie hin und her, wie der Differenz der Energiewerte zwischen dem Boden des Potential-Topfes und der horizontalen Linie entspricht. Dort, wo die horizontale Linie, links und rechts, auf die Potential-Schwellen trifft, bleibt für die kinetische Energie nichts mehr übrig. Nach den Regeln der klassischen Mechanik muss ein Teilchen dort umkehren und es kommt niemals über den Potential-Berg hinüber, wenn es keine zusätzliche Energie bekommt. Die Gesetze der Quanten-Mechanik sind anders. Ein Teilchen kann ein wenig in die Potential-Schwelle eindringen. Wenn der Berg nicht zu hoch und, vor allem, die Schwelle nicht zu dick ist, kann ein Teilchen aus dem Potential-Topf entweichen. Es sieht so aus, als hätte das Teilchen einen Tunnel durch den Potential-Berg hindurch gefunden. Deshalb der Name *Tunnel-Effekt*.

Beim radioaktiven Zerfall von Uran 238 entweicht ein Alpha-Teilchen aus dem Atomkern mithilfe des Tunnel-Effektes. Der Zerfall vieler solcher Atomkerne scheint regellos zu sein, weil niemand vorhersagen kann, wann aus welchem Atomkern als nächstes ein Alpha-Teilchen entweicht. Aber es gibt doch ein strenges Gesetz: Von allen vorhandenen Atomkernen wird innerhalb der *Halbwertszeit* genannten Zeit die Hälfte der Atomkerne zerfallen sein. Nach der doppelten Halbwertszeit ist nur noch ein Viertel, nach der dreifachen Halbwertszeit nur noch ein Achtel übrig. Wie geht das weiter, nach Zeiten, die viermal oder fünfmal länger sind als die Halbwertszeit? Es gibt Atomkerne, die schnell, innerhalb von Sekunden zerfallen können. Bei anderen kann es Tage, Jahre oder gar Millionen von Jahren dauern. Die Halbwertszeit vom radioaktiven Isotop des Jods sind etwa acht Tage, die vom Cäsium 137 ungefähr 30 Jahre. Bei Uran 235 sind es 700 Millionen Jahre, bei Uran 238 gar viereinhalb Milliarden Jahre, so lange wie die Erde existiert.

Elektronen tunneln noch viel leichter   Elektronen können sich in einem Metall ziemlich frei bewegen. Deshalb leiten Metalle den elektrischen Strom recht gut. Elektronen können aber ohne zusätzliche Energie nicht aus dem Metall heraus. Im Metal sind Elektronen gefangen in einem Potential-Topf. Wir machen nun ein Gedanken-Experiment. An zwei Metall-Stücke, die durch einen kleinen Spalt getrennt sind, legen wir eine kleine elektrische Spannung an. Wie geht das? Das eine Metall-Stück wird mit dem Plus-Pol, das andere mit dem Minus-Pol einer Batterie verbunden. Es fließt kein Strom. Für die Elektronen ist der Spalt zwischen den Metallen eine Potential-Schwelle. Die klassische Physik sagt: Die Elektronen können nicht vom einem Metall durch den Spalt zum anderen Metall gelangen. Das bedeutet: Es fließt kein Strom. Das gilt, wenn der Spalt groß ist. Aber was ist »groß« und was sagt die Quanten-Mechanik? Du hast gerade gehört: Es gibt den Tunnel-Effekt. Wenn der Abstand zwischen den beiden Metall-Stücken ein Mikro-Meter oder größer ist, ist der Tunnel-Effekt so klein, dass praktisch kein Strom fließt. Wenn der Abstand zwischen den beiden Metall-Stücken aber nur ein Nanometer oder kleiner ist, können Elektronen erfolgreich durch die Potential-Schwelle tunneln. Das bedeutet, sie springen von einem Metall-Stück zum anderen und es fließt doch ein elektrischer Strom. Die Stärke dieses elektrischen Stromes, genannt *Tunnel-Strom*, ist also groß bei kleinem Abstand und ist sehr viel kleiner bei größeren Abständen. Dieser Effekt wird beim *Raster-Tunnel-Mikroskop* verwendet.

Das Raster-Tunnel-Mikroskop   Das Raster-Tunnel-Mikroskop wurde 1981 von Gerd Binnig und Heinrich Rohrer erfunden (Nobelpreis 1986). Dabei wird eine Metall-Spitze, im Abstand von einem Nanometer, oder weniger, über eine Metall-Oberfläche bewegt. Der gemessene Tunnel-Strom ist größer an der Stelle, wo ein Metall-Atom auf der Oberfläche liegt und näher an der Spitze ist. Liegt auf der Oberfläche ein anderes Atom oder Molekül, wo die Elektronen nicht so gut tunneln können, so ist dort der Tunnel-Strom kleiner. Die Spitze wird Zeile für Zeile, wie in einem Raster, über die Oberfläche geführt. Der Tunnel-Strom wird für jedem Punkt aufgezeichnet, es entsteht ein »Bild« der Oberfläche. Du hast schon Bilder gesehen, die punktweise erzeugt werden: In den alten, dicken Fernsehern mit den großen Bildschirmröhren werden Bilder durch einen Elektronen-Strahl in einem Raster erzeugt. Du hast schon bemerkt; beim Tunnel-Mikroskop schaut man nicht hindurch, wie bei dem gewöhnlichen Mikroskop.

Mit dem gewöhnlichen Mikroskop kannst du Dinge erkennen, die größer als die Wellenlänge des Lichtes sind, also nicht kleiner als ungefähr ein Mikrometer. Atome sind über eintausend mal kleiner. Wie kann es sein, dass einzelne Moleküle oder sogar Atome, die kleiner als ein Nanometer groß sind, »gesehen« werden können? Kann die Spitze des Raster-Tunnel-Mikroskop wirklich so spitz gemacht werden, dass ihre Dicke kleiner als ein Nanometer ist? Nein, aber das muss auch nicht sein. Die Atome an der Spitze ordnen sich selbst so an, dass eines ganz vorne ist, und von diesem Atom aus springen die Elektronen zur Oberfläche hinüber. Du kannst dir denken: Bewegung der Spitze über die Oberfläche hinweg muss sehr genau kontrolliert werden. Wackeln der Messanordnung oder Schwingungen des Bodens verwischen das »Bild«. Das wollen die Experimentatoren vermeiden.

3.8 Drehimpuls und Spin, Stern-Gerlach-Experiment

Koordinaten in einem gedrehten Koordinatensystem Einen Ort auf einer Fläche kannst du durch zwei Koordinaten angeben. Dabei musst du den Ursprung oder Nullpunkt festlegen und die Richtungen deiner Koordinatenachsen bestimmen. Wenn du einem Freund mitteilen möchtest, wo du einen Schatz im Garten versteckt hast, kannst du sagen: Nullpunkt ist die linke hintere Ecke des Hauses. Gehe von dort vier Meter nach rechts am Haus entlang, und dann dreizehn Meter senkrecht weg vom Haus. Die Koordinaten des Schatzes sind (4, 13). Du könntest deinen Freund aber auch bitten, einen Kompass zu verwenden und zuerst elf Meter nach Westen und dann acht Meter nach Süden zu gehen. Nun sind die Koordinaten (11, 8). Der gleiche Ort hat verschiedene Koordinaten, wenn die Koordinatenachsen gegeneinander verdreht sind. Wie die Koordinaten sich ändern, wenn die zweiten Koordinatenachsen um einen bestimmten Winkel gegen die ersten Koordinatenachsen verdreht werden, kannst du aus der Abb. 3.17 entnehmen.

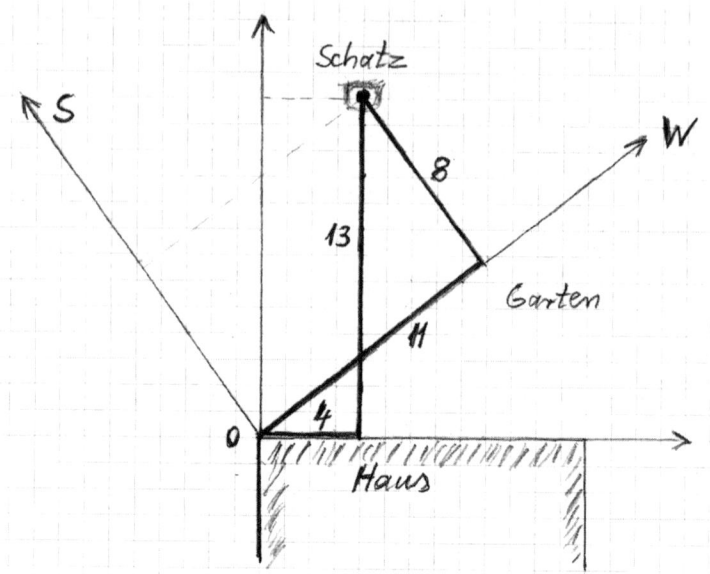

Abb. 3.17 Lage des Schatzes hinter dem Haus, zwei Koordinatensysteme.

Die zweiten Koordinaten können auch berechnet werden. Dies brauchen wir nicht zu machen, aber wir wissen: Wenn wir die zweiten Koordinatenachsen einmal rundherum drehen, so müssen die zweiten Koordinaten gleich den ersten Koordinaten sein.

Was geschieht mit der Wellenfunktion bei einer Drehung? Die Wellenfunktion eines Elektrons ändert sich auch, wenn bei der Beschreibung der Quanten-Mechanik Koordinatenachsen gedreht werden. Die Wellenfunktion bei Verwendung der zweiten Koordinatenachsen ist gleich der Wellenfunktion für die ersten Koordinatenachsen multipliziert mit einer Zahl. Diese Zahl wird berechnet aus dem Drehwinkel mal dem Drehimpuls des Elektrons, dividiert durch die Planck-Konstante $\hbar$. Genauer ist es die Komponente des Drehimpulses in Richtung der Drehachse. Die Drehachse ist senkrecht zu den gedrehten Koordinatenachsen. Die Vorschrift zur Berechnung der Zahl, die angibt, wie sich die Wellenfunktion verändert, wenn die Koordinatenachsen gedreht werden, ist eine Cosinus-Kurve, wo nach rechts Drehwinkel mal Drehimpuls, genauer: Drehwinkel mal magnetischer Quantenzahl, aufgetragen ist.

Was passiert hier, wenn die Koordinatenachsen einmal rundherum gedreht werden? Natürlich erwartest du: Die zweite Wellenfunktion für die gedrehten Koordinatenachsen muss dann gleich der ersten Wellenfunktion sein. Aus der Rechenvorschrift folgt: Die Komponente des Drehimpulses kann nur null mal, plus oder minus einmal, plus oder minus zweimal und so weiter der Planck-Konstanten $\hbar$ sein. Diese *Quantisierung des Drehimpulses* war von Bohr und Sommerfeld erraten worden, die Quantenmechanik von Schrödinger gibt den Beweis dafür. Die Physiker nennen die Komponente des Drehimpulses, dividiert durch $\hbar$, auch *magnetische Quantenzahl M*. Ist der Betrag des Drehimpulses gleich L mal $\hbar$ mit $L = 1$ so gilt: M kann einen der drei Werte 0 oder 1 oder –1 haben. Für $L = 2$ ist einer der fünf Werte 0, 1, –1, 2, –2 möglich. Du bemerkst: Der größte Wert für M ist gleich L, der kleinste ist $-L$. Überlege: Wie viele Werte sind für M möglich, wenn L gleich 3 ist? Was gilt für $L = 0$?

Richtungs-Quantelung und Stern-Gerlach Experiment Die Komponente des Drehimpulses, zum Beispiel die Richtung des Drehimpulses bezüglich eines Magnetfeldes, kann nicht alle beliebigen Werte zwischen L und $-L$ mal $\hbar$ annehmen. Nur einige bestimmte Werte sind möglich. Diese *Richtungs-Quantelung* wurde schon von Bohr und Sommerfeld vorhergesagt, von vielen Physikern damals aber nicht so recht geglaubt. Dennoch machten Stern und Gerlach ein Experiment zum Nachweis der Richtungs-Quantelung. Dazu schickten sie einen Strahl von Silber-Atomen durch ein Magnetfeld, welches eine Kraft auf die Atome ausübte, senkrecht zu der Flugrichtung der Atome. Die Drehimpulse der Silber-Atome hatten keine Vorzugsrichtung, bevor sie in das Magnetfeld flogen. Ohne Richtungs-Quantelung, wenn also der Drehimpuls jede beliebige Richtung zum Magnetfeld einnehmen könnte, hätte der Atom-Strahl einfach breiter werden sollen. Tatsächlich fanden Stern und Gerlach eine Aufspaltung des Strahls in zwei Atom-Strahlen. Die Existenz der Richtungs-Quantelung wurde experimentell bestätigt im Jahre 1922, also noch bevor Heisenberg 1925 und Schrödinger 1926 die »richtige« Quanten-Mechanik gefunden hatten.

Es war eine Überraschung: Es gibt einen Spin einhalb Doch halt! Aufspaltung in zwei Strahlen, bedeutet dies nicht: Die magnetische Quantenzahl M nimmt nur zwei verschiedene Werte an? Richtig!

Haben wir vorhin einen Fall gesehen, wo M nur zwei mögliche Werte haben konnte? Nein! Nun, Stern und Gerlach nahmen diese Überlegung nicht ernst. Sie vermuteten, der Drehimpuls sei 1 mal $\hbar$ und der Wert $M = 0$ spielt bei ihrem Experiment keine Rolle. Nur die beiden Werte $M = 1$ und $M = -1$ sind für ihr Experiment wichtig. Erst einige Jahre später wurde erkannt: Es gibt auch den Drehimpuls 1/2 mal $\hbar$ und in diesem Fall hat die magnetische Quantenzahl nur zwei mögliche Werte: $M = 1/2$ und $M = -1/2$.

Die Quanten-Mechanik sagt: Der Drehimpuls eines Teilchens, bestimmt durch seine Bewegung, muss eine ganze Zahl mal $\hbar$ sein. Dies ist ein *ganzzahliger Drehimpuls*. Der *halbzahlige Drehimpuls* 1/2 mal $\hbar$ ist ein *innerer Drehimpuls*, den die Physiker *Spin* nennen. Viele Elementarteilchen wie Elektronen, Protonen, Neutronen und Neutrinos besitzen diesen *Spin ein Halb*. Wenn du an Sonne und Erde denkst, kannst du dir wohl überlegen: Der Bahndrehimpuls der Erde ist bestimmt durch die Bewegung der Erde um die Sonne. Und natürlich hat die Erde auch einen inneren Drehimpuls, da sie sich täglich einmal um ihre eigene Achse dreht. Ein durch die Luft fliegender Ball hat einen Bahndrehimpuls. Ein *angeschnittener Ball* dreht sich um seine Achse und hat zusätzlich einen inneren Drehimpuls. Ist das mit dem Spin gar nicht so überraschend? Doch! Die Drehung eines Balls oder auch eines Moleküls, als Ganzes, kann auch nur einen ganzzahligen inneren Drehimpuls haben, genau wie der Bahndrehimpuls. Wieso kann es dann einen Spin 1/2 geben? Der innere Drehimpuls wird durch eine *Zustands-Funktion* beschrieben. Ähnlich wie die Wellenfunktion ändert sich auch die Zustands-Funktion bei Drehung der Koordinatenachsen. Nur ist diese Änderung doch überraschend anders. Werden die Achsen einmal rundherum, also um 360 Grad gedreht, so wird die Zustands-Funktion mit minus eins multipliziert, denn 360 mal 1/2 ist 180 und dort hat die in Abb. 3.18 gezeigte Kurve den Wert –1. Erst nach einem zweimaligen Drehen ist sie wieder so wie vorher. Darf denn das sein? Dies wäre ja so ähnlich, wie wenn du dich einmal rundherum drehst und alles, was dich umgibt, siehst du dann wie im Spiegel. Und du müsstest dich nochmals rund herum drehen, um alles wieder richtig zu sehen. Das kann ja nicht sein! Die Quanten-Mechanik sagt uns: Wellenfunktionen und Zustands-Funktionen können wir nicht direkt beobachten. Was wir beobachten und messen können wird bestimmt durch das Quadrat dieser Funktionen. Und weil minus eins mal minus eins gleich plus eins ist, ist es auch

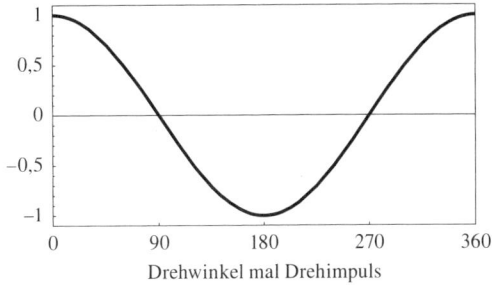

Abb. 3.18 Cosinus, nach rechts: Drehwinkel mal Drehimpuls.

erlaubt, dass eine Zustands-Funktion bei einer Rundherum-Drehung der Koodinatenachsen mit minus eins multipliziert sein darf. Deshalb darf es einen Spin 1/2 geben. Natürlich ist auch ein Spin 1 möglich, ebenso 3/2, 2 usw.

Im Jahre 1925 haben die damals jungen holländischen Physiker George Uhlenbeck und Abraham Goudsmit gewagt zu behaupten: Das Elektron hat einen inneren Drehimpuls und dieser muss ein Spin 1/2 sein, mit nur zwei Möglichkeiten zur Orientierung in einem Magnetfeld: entweder nach oben oder nach unten. Damit konnten sie bestimmte beobachtete Spektren von Atomen erklären. Das Experiment von Stern und Gerlach hatte gerade auch nur zwei Orientierungen gezeigt, aber eben für ein Silber-Atom mit nicht einem, sondern mit 47 Elektronen. Von 46 Elektronen im Atom haben 23 einen Spin nach oben, 23 nach unten, also in der Summe einen inneren Drehimpuls null. Der Spin 1/2 des 47. Elektrons sorgt für die Aufspaltung im Magnetfeld.

Pauli rechnet mit Spin einhalb Wolfgang Pauli (Abb. 3.19) vermutete zur gleichen Zeit: Das Elektron muss zwei Möglichkeiten für einen inneren Zustand haben. Trotzdem hat er, wie viele andere Physiker zu jener Zeit, zunächst nicht glauben wollen, dass es einen Spin 1/2 gibt. Einige Zeit später war er aber doch davon überzeugt und er hat das richtige Rechnen mit Zustands-Funktionen für Spin 1/2 erfunden.

Warum ist Helium anders als Wasserstoff? Bisher haben wir das einfachste Atom, das Wasserstoff-Atom, betrachtet, bei dem sich nur ein Elektron um den Atomkern bewegt. Wie können wir die Eigenschaften von einem Atom mit zwei Elektronen, dem Helium-Atom, verste-

Abb. 3.19 Wolfgang Pauli. Quelle: MPG Archiv, Berlin-Dahlem.

hen, oder gar von den anderen Atomen mit mehr Elektronen? Warum sind die verschiedenen Atome so unterschiedlich wie Wasserstoff und Helium, wie Kohlenstoff und Schwefel, Gold und Silber? Und wie ist das mit den Molekülen, in denen manche Atome sich verbinden und andere nicht? Wolfgang Pauli hat 1925 ein wichtiges Gesetz gefunden, mit dem wir dies verstehen können. Dieses Gesetz ist das *Pauli-Prinzip*.

3.9 Pauli, Atome und Periodensystem

Das Periodensystem der Elemente Du hast schon einmal ein Periodensystem der Elemente gesehen, wo die Namen von Atome mit ihren Abkürzungen in einer Tabelle stehen, in Reihen und Spalten angeordnet. Der Anfang des periodischen Systems der Elemente ist in Abb. 3.20 gezeigt. Die Abkürzung H für Wasserstoff und He für Helium kennst du schon. Andere sind C für Kohlenstoff, N für Stickstoff, O für Sauerstoff, Fe für Eisen, Cu für Kupfer, Ag für Silber und Au für Gold. Die Abkürzungen stammen meistens von lateinischen Namen, die oft in den englischen oder den französischen Worten für die Elemente zu erkennen sind. Welche kennst du?

In der Tabelle stehen über oder neben den Namen der Atome Zahlen, 1 und 2 bei H und He, 3 bei Li (das ist Lithium), z. B. 6 bei C, 7 bei N, 8 bei O, 26 bei Fe und 29 bei Cu. Diese Zahlen heißen Ordnungszahlen. Sie geben an, wie viele Protonen und damit positive

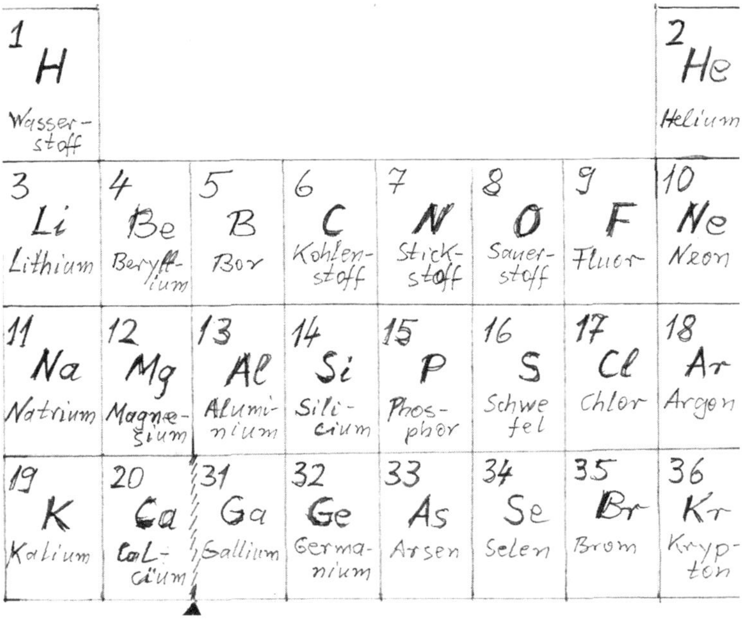

1 H Wasserstoff							2 He Helium
3 Li Lithium	4 Be Beryllium	5 B Bor	6 C Kohlenstoff	7 N Stickstoff	8 O Sauerstoff	9 F Fluor	10 Ne Neon
11 Na Natrium	12 Mg Magnesium	13 Al Aluminium	14 Si Silicium	15 P Phosphor	16 S Schwefel	17 Cl Chlor	18 Ar Argon
19 K Kalium	20 Ca Calcium	31 Ga Gallium	32 Ge Germanium	33 As Arsen	34 Se Selen	35 Br Brom	36 Kr Krypton

Abb. 3.20 Der Anfang des periodischen Systems der Elemente.

elektrische Elementarladungen der Atomkern enthält. Im elektrisch neutralen Atom ist der Kern dann von genau so vielen, elektrisch negativ geladenen Elektronen umgeben. Dies sind zwei beim Helium, z. B. sechs beim Kohlenstoff und 26 beim Eisen. Lange vor Erfindung der Quanten-Mechanik hatten Chemiker gelernt, die verschiedenen Elemente zu unterscheiden. Sie haben aber auch Ähnlichkeiten zwischen manchen von ihnen festzustellen. Die Namen der Atome der ähnlichen Elemente sind in Spalten untereinander angeordnet. Die Physik kann dies verständlich machen. Dazu brauchen wir die Energiestufen des Elektrons im Wasserstoff-Atom und das Pauli-Prinzip.

Das Pauli-Prinzip macht den Unterschied Im H-Atom hat das Elektron einen Grundzustand mit Bahndrehimpuls L gleich null. Im ersten angeregten Zustand, mit höherer Energie, kann der Bahndrehimpuls die Werte null und einmal $\hbar$ haben. Im zweiten angeregten Zustand sind L gleich null, einmal und zweimal $\hbar$ möglich. Im dritten angeregten Zustand ist auch zusätzlich der Bahndrehimpuls L gleich drei mal $\hbar$. Diese Energiestufen beschreiben das Termschema des Wasserstoff-Atoms. Was hilft dies für Atome mit zwei oder mehr

Elektronen? Die Idee ist: Überlege, wie ein zweites und, für höhere Ordnungszahlen, weitere Elektronen im Termschema mit möglichst niedriger Energie untergebracht werden können und dabei das Pauli-Prinzip beachtet wird. Ja was hat denn Pauli gesagt? Das Pauli-Prinzip ist wie eine Spielregel, die nicht verletzt werden kann: In einem Atom darf kein Elektron die gleichen Quantenzahlen besitzen wie ein anderes Elektron. Die Quantenzahlen sind die Energiestufen, die Bahndrehimpuls- und die Spin-Quantenzahlen. Im Grundzustand können zwei Elektronen untergebracht werden mit den zwei unterschiedlichen Spin-Quantenzahlen: Spin nach oben und Spin nach unten. Im ersten angeregten Energiezustand ist Platz für zwei Elektronen mit Bahndrehimpuls null plus zwei mal drei für zwei Elektronen mit Bahndrehimpuls einmal $\hbar$, also insgesamt acht. Du erinnerst dich, für Drehimpuls einmal $\hbar$ gibt es drei Einstellmöglichkeiten, drei verschiedene magnetische Quantenzahlen. Die Zahl zwei kommt von den zwei Einstellmöglichkeiten des Spins. Im zweiten angeregten Zustand des H-Atoms gibt es nach dieser Vorschrift zwei plus zwei mal drei plus zwei mal fünf gleich 18 Plätze. Im dritten angeregten Zustand des H-Atoms gibt es nach dieser Vorschrift zwei plus zwei mal drei plus zwei mal fünf plus zwei mal sieben also gleich 32 Plätze. Die Zahlen 2, 8, 18 und 32 erklären die Länge der Perioden. Die in einer Spalte untereinander stehenden Edelgase He (Helium), Ne (Neon), Ar (Argon), Kr (Krypton) und Xe (Xenon) haben die Ordnungszahlen 2, 10, 18, 36, 54, 86. Berechne die Differenzen! Bei den Edelgasen sind die Energieschalen mit der erlaubten Anzahl von Elektronen gefüllt und besonders fest gebunden. Deshalb gehen die Edelgas-Atome keine chemische Verbindung untereinander oder mit andern Atomen ein. Die Bahndrehimpulse aller Elektronen sind so orientiert, dass ihr Summe gleich null ist. Ebenso ist die Summe der Spins der Elektronen gleich null.

Natürlich ist nicht alles so einfach. Das erkennst du auch in Abb. 3.20. In der ersten Zeile des Periodensystems stehen zwei, in der zweiten und der dritten Zeilen je acht Elemente. In der vierten Zeile stehen zehn Elemente mit den Ordnungszahlen 21 bis 30, die in Abb. 3.20 nicht gezeigt sind. Dazu gehören Eisen (27), Cobalt (28), Nickel (29) und Zink (30). Die Abstände der Ordnungszahlen bei den Edelgasen, am Ende der Zeilen, sind nicht 8, 18, 32, sondern 8, 8, 18, 18, 32. Wenn wir das Energieschema des Wasserstoff-Atoms in Gedanken auffüllen, so haben wir die anziehende Coulomb-

Wechselwirkung des Atomkerns auf die Elektronen gezählt, aber die abstoßende Coulomb-Wechselwirkung der Elektronen untereinander vergessen. In einer angeregten Energiestufe des Wasserstoff-Atoms ist die Energie gleich für die verschiedenen erlaubten Bahndrehimpulse. Dies gilt nur dann, wenn die Energie der Wechselwirkung mit Abstand genau so abnimmt wie bei der Coulomb-Wechselwirkung zwischen zwei Ladungen: Bei doppeltem Abstand hat die Energie genau den halben Wert. In einem Atom mit vielen Elektronen spüren die äußeren Elektronen die positive Ladung des Kerns und die negativen Ladungen der inneren Elektronen. Dann nimmt für sie die Energie bei größerem Abstand nicht mehr so ab, wie bei der Coulomb-Wechselwirkung zwischen zwei Ladungen.

Warum gilt das Pauli-Prinzip?   Alles schön und gut, aber warum gilt das Pauli-Prinzip? Wir schauen uns das Helium-Atom mit seinen zwei Elektronen an. Die Wellenfunktion oder Zustands-Funktion des Atoms ist bestimmt durch die Koordinaten und die Spin-Quantenzahlen der beiden Elektronen. In Gedanken können wir die Elektronen nummerieren mit 1 und 2. Die Elektronen können nicht unterschieden werden. Was wir beobachten und messen können, darf sich nicht ändern, wenn wir in der Nummerierung der Elektronen 1 und 2 vertauschen. Wir könnten zunächst vermuten: Die Wellenfunktion der beiden Elektronen ändert sich nicht bei einer solchen Vertauschung. Weit gefehlt! Bei Elektronen, wie bei allen Teilchen mit halbzahligem Spin, muss die Wellenfunktion nach Vertauschung der Nummerierung gleich minus eins mal der ursprünglichen Wellenfunktion sein. Dies ist erlaubt, da ja alles, was beobachtet und gemessen wird, durch das Quadrat der Wellenfunktion bestimmt ist und eben minus eins mal minus eins gleich plus eins ist. Wenn wir, wie vorhin, zunächst die Wechselwirkung der beiden Elektronen miteinander vergessen, ist die Wellenfunktion des Atoms bestimmt durch das Produkt der Wellenfunktion je eines Elektrons.

Stell dir vor, die Wellenfunktion mit ihren Quantenzahlen können wir durch Farben oder durch schwarz-weiß unterscheiden. Wir legen eine weiße und eine schwarze Kugel in eine Schachtel, die weiße markieren wir mit der Ziffer 1, die schwarze mit der Ziffer 2. In eine zweite Schachtel legen wir ebenfalls solche Kugeln, markieren jetzt aber die schwarze mit 1 und die weiße mit 2, so wie in der Abb. 3.21. Die beiden Schachteln sind mit ihrem Inhalt klar zu unterscheiden,

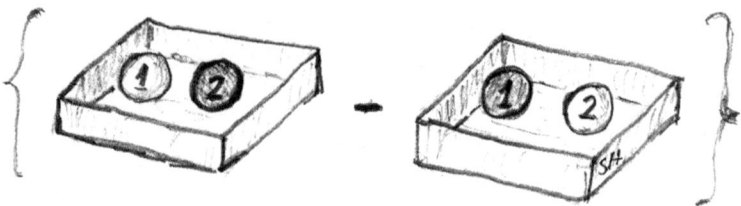

Abb. 3.21 Schwarze und weiße Kugeln mit unterschiedlichen Nummerierungen 1 und 2.

es gibt eine Differenz zwischen beiden. Wenn in beiden Schachteln nur weiße Kugeln liegen, gibt es keinen Unterschied mehr. Genauso wenn dort nur schwarze Kugeln liegen. Beim Rechnen mit Wellenfunktionen für Elektronen ist die Differenz zwischen dem ursprünglichen Zustand und dem mit den vertauschten Elektronen zu bilden, um die Wellenfunktion des Atoms mit zwei Elektronen zu erhalten. Sind die Quantenzahlen gleich, eben wie die gleichen Farben der Kugeln, so erhältst du null. Damit die Wellenfunktion mit dem richtigen Verhalten bei Vertauschung der Elektronen nicht null ist, müssen die Quantenzahlen der beiden Elektronen verschieden sein, wie eben Pauli sagte. Das Pauli-Prinzip gilt auch für mehr als zwei Elektronen. Daraus folgt die Spielregel für den Aufbau der Atome und für das Periodensystem.

3.10 Helium-Atom und Wasserstoff-Molekül

Was ist beim Helium-Atom anders als beim Wasserstoff-Atom? Das Wasserstoff-Atom ist das einfachste Atom: Ein Elektron ist an den einfachsten Atomkern, an das Proton gebunden. Das Proton ist viel, viel kleiner als das Atom, und das Elektron ist noch viel, viel kleiner als das Proton. Die Größe des Wasserstoff-Atoms ist bestimmt durch den mittleren Abstand des Elektrons vom Proton. Das Elektron hat nicht einen festen Ort wie die Erde auf ihrer Bahn um die Sonne. Im Grundzustand ist das Elektron einfach irgendwo rundherum um das Proton anzutreffen. Wir wissen schon, das Atom ist rund wie eine Kugel.

Das nächste einfache Atom ist das Helium-Atom. Im Kern sind zwei Protonen, eng verbunden mit zwei Neutronen. Neutronen tragen keine Ladung, sie sind ein klein wenig schwerer als Protonen. Freie Neutronen zerfallen nach etwa einer viertel Stunde in ein Proton, ein Elektron und ein ganz, ganz leichtes Teilchen, das Neutrino. Im Helium-Atomkern sind die Neutronen stabil, dort zerfallen sie nicht. Zwei Protonen und zwei Neutronen sind besonders fest und eng miteinander verbunden. Beim radioaktiven Zerfall mancher schwerer Atomkerne mit mehr als 90 Protonen und mehr als 120 Neutronen werden diese vier, wie ein Tröpfchen, aus dem Kern herausgeschleudert. Diese Tröpfchen wurden »Alpha-Teilchen« genannt, bevor bekannt war, dass es der Kern des Helium-Atoms ist. Das Alpha-Teilchen, also der Helium-Atomkern, trägt zwei positive Elementarladungen. Zum elektrisch neutralen Helium-Atom gehören zwei Elektronen mit je einer negativen Elementarladung.

Wie fest sind die Elektronen im Atom gebunden? Die Energie, die mindestens nötig ist, um ein Elektron von einem Atom loszureißen, heißt Ionisations-Energie. Der Wert der Ionisations-Energie sagt uns, wie fest ein Elektron im Atom gebunden ist. Beim Wasserstoff-Atom ist dieser Wert 13,6 Elektronen-Volt. Die Einheit Elektronen-Volt verwenden die Physiker ja gerne, wenn sie über die Energie bei Atomen reden. Wie stark ist die Bindung der Elektronen im Helium-Atom? Im einfach positiv geladenen Helium-Ion, wo der Atomkern nur von einem Elektron umgeben ist, ist die Bindung viermal so stark, weil die Ladung des Atomkerns doppelt so groß ist wie im Wasserstoff-Atom. Die Bindungs-Energie ist also 4 mal 13,6 gleich 54,4 Elektronen-Volt. Wie stark ist nun das zweite Elektron im elektrisch neutralen Helium-Atom gebunden? Wenn es gleich stark gebunden wäre wie das erste, wäre die Ionisations-Energie gleich 54,4 Elektronen-Volt. Die zwei Elektronen stoßen sich aber gegenseitig ab, deshalb muss die Bindung etwas schwächer sein. Tatsächlich ist der Wert der Ionisations-Energie 24,6 Elektronen-Volt, also deutlich kleiner, aber immer noch größer als im Wasserstoff-Atom. Wegen der festeren Bindung der Elektronen im Helium-Atom ist dieses auch kleiner als das Wasserstoff-Atom und erst recht kleiner als alle Moleküle, die ja aus zwei oder mehreren Atomen aufgebaut sind.

Das einfachste Molekül ist das Wasserstoff-Molekül Es wird auch H_2 genannt, da es aus zwei H-Atomen zusammengesetzt ist. Die zwei Elektronen bewegen sich um die beiden Protonen und halten diese in einem festen Abstand voneinander, der so groß ist wie der Radius des Wasserstoff-Atoms. Zwei nackte Protonen, also ohne die Elektronen, würden voneinander wegfliegen, da sie gleiche Ladungen haben und sich deshalb abstoßen. Die Elektronen sorgen für die Bindung zwischen den Protonen. Sogar ein Elektron schafft es, zwei Protonen beieinander zu halten, wie im positiv geladenen $H_2{}^+$ Ion. Dort ist die Bindungs-Energie 2,7 Elektronen-Volt. Die Bindung im elektrisch neutralen Wasserstoff-Molekül ist sehr stabil. Die Bindungs-Energie ist 5,3 Elektronen-Volt.

Die Differenz der Energie von zwei getrennten Wasserstoff-Atomen und dem Wasserstoff-Molekül ist die *Dissoziations-Energie*. Sie beträgt 4,5 Elektronen-Volt, ist kleiner als die Ionisations-Energie, aber immer noch sehr groß im Vergleich mit der kinetischen Energie der Moleküle im Gas bei Zimmertemperatur. Deshalb können die Moleküle im Gas lustig miteinander stoßen, ohne dass sie dabei in zwei getrennte Atome zerbrechen. Stöße zwischen Molekülen geschehen oft. In der Luft, die uns umgibt stoßen die Stickstoff- und Sauerstoff-Moleküle mehr als 10^9 mal in jeder Sekunde. Die Wasserstoff-Moleküle in einer Gasflasche tun dies noch öfter.

Wasserstoff kann brennen, dabei entsteht Wasser Übrigens, große Warnung: Der Wasserstoff reagiert gerne mit Sauerstoff. Wasserstoff brennt, dies kann auch explosionsartig geschehen. Ballone und Zeppeline sollten deshalb mit Helium und nicht mit Wasserstoff gefüllt werden. Bei der Verbrennung von Wasserstoff entsteht Wasser. Aus zwei Wasserstoff-Molekülen H_2 und einem Sauerstoff-Molekül entstehen zwei Wasser-Moleküle H_2O. Diese Verbrennung ist sauber, es entsteht weder Ruß noch CO_2, wie bei der Verbrennung Kohle oder Öl. Die kontrollierte Verbrennung von Wasserstoff ist also besser. Woher aber soll der Wasserstoff kommen? Nun, aus der Spaltung von Wasser-Molekülen in Wasserstoff und Sauerstoff. Dazu braucht man aber wieder Energie. Dies ist sinnvoll, wenn die Energie von Wind, Wasser oder von der Sonne geliefert wird.

Symmetrische und antisymmetrische Wellenfunktionen Du erinnerst dich: Die Elektronen müssen das Pauli-Prinzip befolgen. Das ist wie eine Spielregel, die nicht verletzt werden kann: In einem Atom darf kein Elektron die gleichen Quantenzahlen besitzen wie ein anderes Elektron. Die Quantenzahlen sind die Energiestufen, die

Bahndrehimpuls- und die Spin-Quantenzahlen. Im Grundzustand vom Helium-Atom haben die zwei Elektronen zwei unterschiedliche Spin-Quantenzahlen: Spin nach oben und Spin nach unten. Bei Vertauschung der Nummerierung 1 und 2 der beiden Elektronen ändert sich der Bahn-Anteil der Wellenfunktion nicht. Man sagt, er ist symmetrisch. Der Spin-Anteil wird mit dem Faktor −1 multipliziert. Man sagt, er ist antisymmetrisch. Die gesamte quantenmechanische Zustands-Funktion, Bahn-Anteil mal Spin-Anteil, ist antisymmetrisch bei der Vertauschung der Nummerierung, wie es für Elektronen sein muss. Im Helium-Atom ist auch ein Zustand möglich, bei dem der Bahn-Anteil antisymmetrisch ist und der Spin-Anteil symmetrisch. Dies bedeutet: gleiche Spin-Quatenzahlen für die Elektronen. Der gesamte Elektronen-Spin ist dann 1 mal $\hbar$. Die Energie dieses Zustands liegt 20 Elektronen-Volt über dem Energie-Grundzustand. Es sind aber immer noch fast fünf Elektronenvolt nötig, um das zweite gebundene Elektron abzutrennen.

Ortho-Helium und Para-Helium   Das Helium-Atom mit dem Elektronen-Spin 1 mal $\hbar$ wird auch *Ortho-Helium* genannt. Das vorher betrachtete Helium-Atom mit zwei unterschiedlichen Spin-Quantenzahlen heißt auch *Para-Helium*. Ortho-Helium kann den absolut tiefsten Energie-Zustand nur erreichen, wenn die Spin-Quantenzahl eines der Elektronen durch Einwirkung eines Magnetfeldes geändert wird. Dazu muss ein Spin umklappen, damit Ortho-Helium in Para-Helium verwandelt wird.

Welche Symmetrien gelten beim Wasserstoff-Molekül?   Das Wasserstoff-Molekül ist ja ähnlich zum Helium-Atom, außen sind jeweils zwei Elektronen. Wie ist es da mit den Spins der beiden Elektronen? Tatsächlich sind im Wasserstoff-Molekül die Spin-Quantenzahlen der Elektronen unterschiedlich. Der gesamte Elektronen-Spin ist gleich null. Nähern sich zwei Wasserstoff-Atome mit parallelem Elektronen-Spin, so können sie sich nicht in einem Molekül binden. Im ganzen Weltraum ist Wasserstoff das häufigste Element. In interstellaren Wolken zwischen den Sternen ist das Wasserstoff-Atom das häufigste Atom. Auf der Erde und auch im physikalischen Labor findet ein Wasserstoff-Atom sehr schnell ein anderes passendes Atom, um mit ihm ein Molekül zu bilden.

Genau wie das Elektron haben auch die viel schwereren Kern-Teilchen Proton und Neutron einen Spin $1/2\ \hbar$. Im Alpha-Teilchen, dem Kern des Helium-Atoms, werden zwei Protonen und zwei Neutronen durch Kern-Kräfte ganz eng beieinander gehalten. Diese Kern-Kräfte sind viel stärker als die elektrische Abstoßung zwischen den Protonen im Kern. Die Kern-Kräfte haben aber eine sehr kurze Reichweite. Diese Kräfte wirken nur so weit wie die Größe der Atomkerne. Die Spins der Protonen und Neutronen im Alpha-Teilchen sind so orientiert, dass der gesamte Kern-Spin gleich null ist.

Im Wasserstoff-Molekül spüren die beiden Protonen die Kern-Kräfte nicht, da sie zu weit auseinander sind, im Vergleich mit der Reichweite der Kern-Kräfte. Die beiden Spins der Protonen können parallel oder anti-parallel, also entgegengesetzt sein. Der gesamte Kern-Spin ist dann gleich 1 mal $\hbar$ oder null. Halt, die beiden Protonen sind identische Teilchen und wir sollten uns auch für die Protonen überlegen was geschehen muss, wenn wir die Nummerierung der Teilchen vertauschen: Die quantenmechanische Zustands-Funktion muss auch für die Protonen antisymmetrisch sein. Die Kern-Spin-Zustands-Funktion ist antisymmetrisch für den gesamten Kern-Spin gleich null. So ist es im energetisch tiefsten Zustand des Moleküls.

Moleküle drehen sich wie Hanteln, aber doch anders! Das Molekül H_2 hat noch einen weiteren *Freiheitsgrad*: Es kann sich drehen wie eine Hantel. Der Drehimpuls dieser Rotations-Bewegung der Protonen umeinander ist gequantelt wie der Bahndrehimpuls: Es sind nur Rotations-Drehimpulse mit L gleich 0, 1, 2, 3, 4, ... mal $\hbar$ möglich. Der Rotations-Anteil der Wellenfunktion ist symmetrisch bei Vertauschung der Nummerierung der Protonen, wenn $L/\hbar$ eine gerade Zahl, also 0, 2, 4 und so weiter ist. Für ungerade Werte 1, 3, 5, und so weiter von $L/\hbar$ ist der Rotations-Anteil der Wellenfunktion antisymmetrisch. Da die gesamte quantenmechanische Zustands-Funktion, gleich Rotations-Anteil mal Spin-Anteil antisymmetrisch sein muss gegen die Vertauschung der beiden Protonen, sind zwei Fälle möglich:

1. Gesamter Kern-Spin gleich null, Rotations-Drehimpuls gleich 0, 2, 4 ... mal $\hbar$,
2. Gesamter Kern-Spin gleich 1 mal $\hbar$, Rotations-Drehimpuls gleich 1, 3, 5 ... mal $\hbar$.

Im ersten Fall spricht man von *Para-Wasserstoff*, im zweiten von *Ortho-Wasserstoff*. Der Kern-Spin 1 mal $\hbar$ hat drei verschiedene magnetische

Quantenzahlen. Deshalb findet man im natürlich vorkommenden Wasserstoff-Gas drei Viertel Ortho-Wasserstoff und nur ein Viertel Para-Wasserstoff. Die Energie der Rotations-Bewegung ist viel, viel kleiner die Bindungs-Energie oder die Ionisations-Energie. Bei Zimmertemperatur werden durch Stöße Rotationen bis zu L gleich 4 mal $\hbar$ angeregt.

3.11 Wasserstoff-Isotope und Helium-Isotope

Was sind Isotope? Isotope sind Atome mit der gleichen Anzahl von Protonen, aber einer unterschiedlichen Anzahl von Neutronen im Atom-Kern. Im elektrisch neutralen Atom ist die Anzahl der Elektronen gleich der Anzahl der Protonen. Die chemischen Eigenschaften der Isotope eines Elementes sind deshalb gleich. Die Anzahl der Protonen plus der Anzahl der Neutronen in einem Atom-Kern heißt *Atomgewicht*. Isotope haben die gleiche Ordnungszahl, aber unterschiedliches Atomgewicht.

Es gibt drei Wasserstoff-Isotope Im normalen Wasserstoff ist der Kern eben ein Proton. Ein Proton kann durch Kern-Kräfte mit einem Neutronen fest verbunden sein. Dieser Kern wird *Deuteron* genannt. Der Kern-Spin des Deuterons ist 1 mal $\hbar$. Das Wasserstoff-Atom mit dem Deuteron als Kern heißt Deuterium. Es wird mit D bezeichnet. Manchmal wird auch der Name *schwerer Wasserstoff* verwendet. Enthalten Wasser-Moleküle Deuterium, wie in HDO oder D_2O, so spricht man von schwerem Wasser. Die Kern-Kräfte können auch zwei Neutronen mit einem Proton binden. Das Atom heißt Tritium. Dieses ist aber nicht stabil, es ist radioaktiv. Die Hälfte der Kerne zerfällt in ungefähr zwölf Jahren.

Deuterium kann mit normalem Wasserstoff ein Molekül bilden, das HD. Da hier die beiden Atom-Kerne unterscheidbar sind, können die Rotations-Drehimpulse, anders als bei H_2, tatsächlich die Werte L gleich 0, 1, 2, 3, 4 und so weiter mal $\hbar$ annehmen. Beim Deuterium-Molekül D_2 sind entweder nur gerade oder nur ungerade Werte von $L/\hbar$ möglich.

Was ist Helium-Drei und Helium-Vier? Der Kern des normalen Helium-Atoms enthält vier Nukleonen, du weißt schon, zwei Protonen und zwei Neutronen. Es wird deshalb auch als Helium-4 bezeichnet, um es vom Isotop Helium-3 zu unterscheiden. Der Kern von Helium-3 enthält natürlich auch zwei Protonen, aber nur ein Neutron. Bei einer ungeraden Anzahl von Nukleonen kann der Kern-Spin nicht null sein. Tatsächlich ist hier der Kern-Spin gleich 1/2 mal $\hbar$.

3.12 Fermionen und Bosonen

Fermionen haben antisymmetrische Wellenfunktionen Im Helium-Atom sind zwei Elektronen, die wir nicht unterscheiden können. Aber in Gedanken können wir die Elektronen nummerieren mit 1 und 2. Was wir beobachten und messen können, darf sich nicht ändern, wenn wir in der Nummerierung der Elektronen 1 und 2 vertauschen. Wir könnten zunächst vermuten: Die Wellenfunktion der beiden Elektronen ändert sich nicht bei einer solchen Vertauschung. Aber nein! Bei Elektronen, wie bei allen Teilchen mit halbzahligem Spin, muss die Wellenfunktion nach Vertauschung der Nummerierung gleich minus eins mal der ursprünglichen Wellenfunktion sein. Man sagt dafür auch die *Wellenfunktion ist antisymmetrisch* gegenüber der Vertauschung der Nummerierung. Dieses verwunderliche Verhalten der Wellenfunktion ist erlaubt, da ja alles, was beobachtet und gemessen wird, durch das Quadrat der Wellenfunktion bestimmt ist und eben minus eins mal minus eins gleich plus eins ist. Solche Teilchen mit halbzahligem Spin, also mit Spin gleich 1/2 mal $\hbar$, wie Elektronen, Protonen oder Neutronen heißen *Fermionen*. Der Name erinnert an den italienischen Physiker Enrico Fermi.

Bosonen haben symmetrische Wellenfunktionen Gibt es auch Teilchen, bei denen eine Vertauschung der Nummerierung 1 und 2 von zwei gleichartigen Teilchen die Wellenfunktion nicht ändert? Ja, solche Teilchen gibt es, sie heißen *Bosonen*. Sie sind benannt nach dem indischen Physiker Bose. Die Bosonen haben ganzzahlige Spin, also mit 0 mal oder 1 mal oder 2 mal $\hbar$. Zusammengesetzte Teilchen, die aus einer geraden Anzahl von Fermionen bestehen, also aus 2 oder 4 oder 6 Fermionen aufgebaut sind, sind Bosonen. Das sind zum Beispiel das H-Atom, das Deuteron, das Helium-4-Atom. Das Helium-3-Atom dagegen ist ein Fermion. Alle Teilchen, die aus einer ungeraden Anzahl von Fermionen aufgebaut sind, also aus einem, aus drei, aus fünf und so weiter Fermionen bestehen, sind Fermionen.

Fermion oder Boson, das macht einen Unterschied! Ist es wichtig, zu wissen ob ein Teilchen ein Fermion oder ein Boson ist? Ja, wenn zwei oder mehrere gleichartige Teilchen zusammenkommen, benehmen sich Fermionen und Bosonen recht unterschiedlich.

Ein Fermion mag andere gleichartige Fermionen nicht.

Du weißt schon, in Atomen mit zwei und mehr Elektronen muss jedes Elektron in Zuständen mit verschiedenen Quantenzahlen sein. Das ist das Pauli-Prinzip. Es erklärt, warum die verschiedenen Atome unterschiedliche Eigenschaften haben, warum das Periodensystem der Elemente so ist wie es ist und warum unterschiedliche Atome unterschiedliche chemische Verbindungen miteinander eingehen.

Ein Boson mag andere gleichartige Bosonen.

Wenn möglich tun Bosonen etwas, was Fermionen absolut verboten ist: Sie gehen gerne gemeinsam in einen Zustand, wo viele die gleichen Quantenzahlen haben. Wenn viele Bosonen von alleine in ihren Grundzustand, den Zustand mit der niedrigsten Energie gehen, so heißt das *Bose-Einstein-Kondensation*. Die Worte Kondensation und kondensieren kennst du vom Wasser. Wenn du im Sommer eine Tüte Milch aus dem Kühlschrank nimmst, so wird sie außen schnell feucht. Das in der Luft als Gas gelöste Wasser setzt sich als flüssiges Wasser auf die kalte Oberfläche der Tüte. Das Wasser kondensiert: Es geht vom gasförmigen Zustand in den flüssigen Zustand über. So etwas ähnliches passiert auch bei der Bose-Einstein-Kondensation. Teilchen gehen bei tiefen Temperaturen in einen Zustand über, wo sie sich miteinander bewegen, so ähnlich wie die Vögel oder die Fische in einem Schwarm.

Warum tauchen hier die Namen Bose und Einstein auf? Haben sie zusammengearbeitet? Nein. Aber was hat der eine und was hat der andere mit der Bose-Einstein-Kondensation zu tun? Doch langsam! Du hast schon gehört: In einem Gas mit höherer Temperatur gibt es mehr schnellere Atome. Vor weit über 100 Jahren hatten sich Maxwell und Boltzmann überlegt: Welche kinetische Energie und damit welche Geschwindigkeit haben die Atome in einem Gas mit einer bestimmten Temperatur? Die Formel für die Häufigkeit der verschiedenen Geschwindigkeiten heißt *Maxwell-Boltzmann-Verteilung*. So ein Verteilungs-Gesetz nennen Physiker auch *Statistik*. Maxwell und Boltzmann haben natürlich mit der klassischen Mechanik gerechnet. Der indische Physiker Bose überlegte sich im Jahre 1924: Wie ist die Verteilung der kinetischen Energie, wenn die Gesetze der Quanten-Physik gelten, so wie Max Planck das gefunden hatte? Bose nahm an, mehrere gleichartige Atome können den gleichen quantenmechanischen Zustand besetzen. Ihm zu Ehren wurden später solche Teilchen Bosonen genannt. Nun, Bose hat seine Ideen in einen Aufsatz aufgeschrieben und diesen an Einstein geschickt. Bose bat Einstein zu lesen, zu prüfen, ob die Überlegungen und Berechnungen stimmen und den Aufsatz an eine wissenschaftliche Zeitschrift zu schicken. Einstein gefiel die Arbeit von Bose und er schickte sie an die Zeitschrift für Physik mit seiner Empfehlung zur Veröffentlichung. Einstein bemerkte aber, und hat dies in einer Publikation aufgeschrieben: Unterhalb einer tiefen Temperatur passen die Berechnungen von Bose nicht mehr. Es gibt dann nicht mehr genügend Energiezustände, um alle Teilchen unterzubringen. Stimmen die Berechnungen von Bose etwa nicht mehr, wenn die Temperatur zu klein ist? Doch, sie stimmen, überlegte Einstein. Es passiert einfach etwas anderes: Mehr und mehr Teilchen gehen gemeinsam in den Grundzustand. Dieser Vorgang wurde später Bose-Einstein-Kondensation genannt. Aber eigentlich wurde diese Kondensation von Einstein vorhergesagt. Bose hat die Statistik berechnet, die heute Bose-Einstein-Statistik genannt wird.

Helium-4 wird suprafluid bei sehr niedrigen Temperaturen Helium, genauer das Helium-4-Atom ^{4}He, wird erst bei vier Grad Kelvin flüssig. Der Nullpunkt der Kelvin-Skala ist die absolut tiefste Temperatur. Unterhalb von etwa zwei Grad Kelvin wird Helium *superflüssig*, es kann ohne Reibung fließen, es gibt keine Viskosität mehr. Der superfluide Zustand von Helium hat sicherlich etwas mit der Bose-Einstein-Kondensation zu tun. Wegen der Wechselwirkung der Atome in der

Flüssigkeit ist das doch was anderes als sich Einstein überlegt hatte. Die gewöhnliche Gas-Flüssigkeit-Kondensation wird durch die Anziehungs-Kräfte der Atome untereinander hervorgerufen.

Bose-Einstein-Kondensation in Gasen Einstein hatte behauptet: In einen Gas gibt es eine Kondensation auch ohne Anziehung, also *aus dem Nichts*, nur wegen den Gesetzen der Quanten-Mechanik. In Experimenten wurde lange, lange versucht, die Bose-Einstein-Kondensation in einem Gas aus Wasserstoff Atomen nachzuweisen. Erst 70 Jahre nach den theoretischen Arbeiten von Bose und Einstein ist es in trickreichen Experimenten mit Natrium- und Rubidium-Atomen gelungen, den Nachweis zu erbringen. Dafür erhielten 2001 die Amerikaner Eric Allin Cornell und Carl Wieman und der deutsche Physiker Wolfgang Ketterle den Nobelpreis.

3.13   Strahlung und Auswahlregeln*

Wie gelangt ein Atom von einer Energiestufe in eine andere? Der französische Physiker de Broglie hat einmal recht schön gesagt: »Licht bringt uns Kunde von der Welt.« Licht gibt uns auch Informationen über Atome und Moleküle. Du erinnerst dich an den Titel *Atombau und Spektrallinien* des Buches von Sommerfeld. Atome emittieren und absorbieren Licht mit Frequenzen, das für sie eine Art Fingerabdruck ist. Du weißt schon: emittieren und absorbieren sind gelehrtere Worte für aussenden und aufnehmen. Du weißt auch: Die Frequenz des von einem Atom emittierten oder absorbierten Lichtes muss zu der Differenz zwischen der Energie zweier Energiestufen passen: Die Energiedifferenz ist gleich der Frequenz mal der Planck-Konstanten. Es gelten aber noch andere Regeln für die Übergänge zwischen Energiestufen, die *Auswahlregeln*.

Regeln für Übergänge Es gibt verschiedene Arten der durch Strahlung verursachten Übergänge zwischen Energiestufen. Die wichtigsten sind *elektrische Dipol-Übergänge* Dipol bedeutet Zwei-Pol. Ein elektrischer Dipol besteht aus einer positiven und einer negativen Ladung, so wie das Proton und das Elektron im Wasserstoff-Atom. Die *Auswahlregel* für den elektrischen Dipol Übergang lautet:

> Die Bahndrehimpulse L der Anfangs- und der End-Energiestufe müssen sich um plus oder minus *eins* unterscheiden.

Diese Übergänge heißen *erlaubte Übergänge*. Am einfachsten können wir uns das beim Wasserstoff-Atom überlegen. Abbildung 3.22 zeigt das *Term-Schema*, also die Energiestufen des Atoms. Im Grundzustand gilt $L = 0$. Im ersten angeregten Zustand ist $L = 0$ und $L = 1$ mal $\hbar$ möglich. Im zweiten angeregten Zustand gibt es $L = 0$, $L = 1$ und $L = 2$ mal $\hbar$. Die erlaubten Dipol-Übergänge sind durch Pfeile angegeben. Bei Absorption zeigt der Pfeil nach oben, bei Emission nach unten. Ein Übergang vom ersten angeregten Zustand mit $L = 0$ in den Grundzustand ist *verboten* für elektrische Dipol-Übergänge. Kann ein so angeregtes Atom trotzdem in den Grundzustand gelangen? Ja! Es gibt noch andere Strahlungs-Übergänge, die viel seltener vorkommen, bei denen aber die Bahn-Drehimpuls-Quantenzahl L im Anfangs- und Endzustand gleich sein dürfen. Diese heißen *magnetischer Dipol-Übergang* und *elektrischer Quadrupol-Übergang*.

Beim elektrischen Quadrupol-Übergang darf sich L auch um 2 mal $\hbar$ unterscheiden. Ein angeregtes Atom kann seine Energie auch ohne Strahlung abgeben. Das geschieht bei Stößen mit anderen Atomen. Hierbei und auch bei der Anregung von Atomen durch Stösse mit Elektronen, wie in einem 1914 von James Franck und Gustav Hertz durchgeführten Experiment, gelten die Auswahlregeln nicht.

Auswahlregeln gelten für Absorption, spontane und induzierte Emission
Wenn ein Atom von einem Zustand mit höherer Energie von alleine, durch Aussendung von Strahlung, in einen Zustand mit kleinerer Energie übergeht, so heißt das *spontane Emission*. Das Licht der Sonne und das einer Glühbirne entsteht durch spontane Emission vieler, vieler Atome. Wenn einem Atom elektromagnetische Strahlung mit der passenden Frequenz angeboten wird, so kann es unter Beachtung der der Auswahlregeln, in einen energetisch höheren Zustand übergehen. Das ist die Absorption von Strahlung. Weil dies nicht von alleine passiert, wie die spontane Emission, heißt dies *induzierte Absorption*. Trifft die Strahlung auf ein Atom im angeregten Zustand, so kann auch ein Übergang in einen Zustand mit niedrigerer Energie stattfinden. Das ist die *induzierte Emission*. Die Auswahlregeln gelten

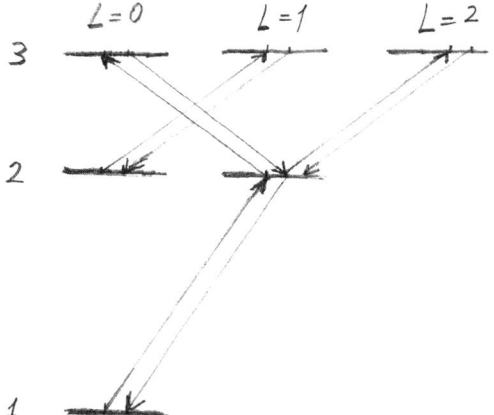

Abb. 3.22 Erlaubte Dipol-Übergänge zwischen den niedrigsten Energie-Stufen des Wasserstoff-Atoms. Die Ziffer 1 am linken Rand markiert den Grundzustand, die Ziffern 2 und 3 weisen auf den ersten und den zweiten angeregten Zustand hin.

für all diese Übergänge. Bei einem *Gas-Laser* werden Atome in einen angeregten Zustand gebracht. Strahlung bei der Laser-Frequenz führt zur induzierten Emission. Im Laser strahlen viele Atome ihr Licht im Takt ab und nicht durcheinander, wie bei der spontanen Emission in einer Glühbirne.

Warum gelten die Auswahlregeln? Wichtig für die Dipol-Strahlung ist der *elektrische Dipol*. Das ist ein Vektor, gleich der Ladung mal dem Ortsvektor, welcher von der einen Ladung zur anderen zeigt. Die klassische Physik sagt: Strahlung entsteht, wenn es eine Beschleunigung, also eine zweite zeitliche Änderung des Dipol-Vektors gibt. Zum Beispiel, wenn eine der beiden Ladungen gegen die andere hin- und herschwingt oder die eine um die andere kreist. Das gilt auch für die Quantenmechanik, aber die Frage lautet hier anders: Was ist die Wahrscheinlichkeit, dass ein Atom von einem Zustand in einen anderen übergeht? Was bedeutet hier Wahrscheinlichkeit? Stellen wir uns vor, wir haben viele gleichartige Atome, die anfangs alle im gleichen Zustand sind. Wir können dann fragen: Wie viele haben nach einer bestimmten Zeit einen Übergang in den neuen Zustand gemacht? Diese Zahl, dividiert durch die gesamte Anzahl der betrachteten Atome gibt die Wahrscheinlichkeit an. Passt die Frequenz, mit der der Dipol sich zeitlich ändert, zu der Energiedifferenz zwischen den beiden

Zuständen, so nimmt die Übergangs-Wahrscheinlichkeit linear mit der Zeit zu. Die Stärke des Übergangs kann ausgerechnet werden. Dazu muss man die Wellenfunktionen des Elektrons im Anfangs- und im End-Zustand kennen. Die Berechnung ergibt null für verbotene Übergänge und einen bestimmten Zahlenwert (ungleich null) für die erlaubten Übergänge.

Das Photon hat den Spin ein mal $\hbar$ Die Auswahlregel für die elektrischen Dipol-Übergänge können wir uns auch anders merken. Du weißt: Am Anfang der Quanten-Physik stand die Idee von Max Planck, Atome tauschen nur Energie-Quanten mit dem Licht aus und Einstein sagte: Das Licht besteht aus Energie-Quanten. Die Energie eines Licht-Quants ist gleich Planck-Konstante mal Frequenz des Lichtes. Diese Quanten wurden später *Photonen* genannt. Die Photonen haben einen inneren Drehimpuls oder Spin. Der Wert des Photonen-Spins ist gleich ein mal der Planck-Konstanten $\hbar$. Der gesamte Drehimpulse des Elektrons im Atom und des Photons bleibt bei der Absorption und Emission konstant. Bei der Absorption gibt das Photon seinen Drehimpuls an das Atom ab, also muss nachher der Bahndrehimpuls des Elektrons um ein mal $\hbar$ größer sein als vor dem Übergang. Wir haben die Rechenregel $L_{\text{nachher}} = L_{\text{vorher}} + 1$ für die Absorption und $L_{\text{nachher}} = L_{\text{vorher}} - 1$ für die Emission.

Bei Emission nimmt das Photon einen Drehimpuls mit, also muss nach dem Übergang der Bahndrehimpuls des Elektrons um ein mal $\hbar$ kleiner sein als vorher. Du siehst, so sind die Auswahlregeln doch ganz einfach. Gut, einfach zu merken.

Aber Vorsicht. Bei der Absorption kann der Drehimpuls des Atoms auch um $\hbar$ kleiner sein als vorher. Wie geht das? Drehimpulse sind Vektoren, haben also eine Richtung. Ist der Photonen-Spin entgegengesetzt gerichtet zum Bahndrehimpuls des Elektrons vor dem Übergang, so ist der Bahndrehimpuls nachher eben um $\hbar$ kleiner. Das ist die Rechenregel $L_{\text{nachher}} = L_{\text{vorher}} + (-1) = L_{\text{vorher}} - 1$. Ähnlich ist es bei der Emission. Der Bahndrehimpuls des Elektrons ist nachher um $\hbar$ größer, wenn der Photonen-Spin entgegengesetzt zum Elektronen-Bahndrehimpuls ist. Hier ist die $L_{\text{nachher}} = L_{\text{vorher}} - (-1) = L_{\text{vorher}} + 1$.

Alles schön und gut. Aber woher wissen wir eigentlich, dass der innere Drehimpuls des Photons genau ein mal $\hbar$ ist? Dazu drehen wir einfach den Spieß um. Die Rechnungen der Quanten-Mechanik liefern die Auswahlregeln. Damit die Drehimpuls-Erhaltung gilt, muss das Photon eben den inneren Drehimpuls ein mal $\hbar$ haben.

Zwei-Quanten-Absorption bei starker Strahlung Bei einer sehr starken Strahlung können zwei Photonen gemeinsam einen Übergang in einem Atom verursachen. Dies heißt *Zwei-Quanten-Absorption*. Dabei ist die Frequenz mal der Planck-Konstanten nur gleich der Hälfte der Differenz der Energien der Anfangs- und Endzustände. Der Bahndrehimpuls des Elektrons ändert sich dann um zweimal $\hbar$ oder gar nicht. Im erstem Fall sind die Photonen-Spins parallel, um zweiten Fall entgegengesetzt gerichtet.

Wie groß sind Quanten-Sprünge? Übrigens, wenn ein Elektron im Atom einen Übergang von einer höheren Energiestufe zu einer mit niedriger Energie macht und dabei ein Photon abstrahlt, sagen Physiker, das Elektron springt vom höheren Energie-Niveau zum niedrigeren. *Niveau* ist dabei nur ein anderes Wort für Stufe. Dieser Sprung heißt auch *Quanten-Sprung*. Mit einem Quanten-Sprung gibt ein Atom ein Energie-Quant ab, dessen Energie aber sehr klein ist. Damit du das Licht einer Lampe sehen kannst, müssen jede Sekunde viele, viele Quanten-Sprünge stattfinden. Manche Leute benutzen das Wort Quanten-Sprung aber für Veränderungen, die für sie ganz groß und wichtig sind.

3.14 Dirac und das relativistische Elektron*

Dirac erfindet eine neue Gleichung für schnelle Elektronen Die Gesetze der klassischen Mechanik gelten für Geschwindigkeiten, die deutlich kleiner sind als die Lichtgeschwindigkeit, also klein verglichen mit dreihundert Tausend Kilometer pro Sekunde. Wenn die Geschwindigkeiten nicht sehr klein sind im Vergleich mit der Lichtgeschwindigkeit, muss mit den Gesetzen der speziellen Relativitäts-Theorie gerechnet werden. Die Quanten-Mechanik von Schrödinger gilt nur, wenn die Effekte der speziellen Relativitäts-Theorie keine Rolle spielen. Ein solcher relativistischer Effekt ist die Vergrößerung der Masse bei zunehmender Geschwindigkeit, sodass sich kein Teilchen mit Lichtgeschwindigkeit bewegen kann. Der englische Physiker Paul Dirac (Abb. 3.23) erfand eine Gleichung für die Quanten-Mechanik des

Elektrons, die auch gilt, wenn Effekte der Relativitäts-Theorie wichtig werden. Ihm zu Ehren heißt diese Gleichung *Dirac-Gleichung*. Der Spin des Elektrons wird in seiner Gleichung mit behandelt. Das Elektron hat den Spin 1/2 mal $\hbar$, mit nur zwei Möglichkeiten sich in einem Magnetfeld einzustellen. Wenn das Magnetfeld nach oben zeigt, kann der Spin eben entweder nach oben oder nach unten zeigen, aber nicht irgendwie quer dazu stehen. Durch die zwei Zahlenpaare $\{1, 0\}$ und $\{0, 1\}$ können diese Spin-Zustände beschrieben werden. Das wusste schon Pauli, als er den Spin des Elektrons beschrieb. Dirac merkte aber, er braucht in seiner Gleichung vier Quadrupel von Zahlen, wie zum Beispiel $\{1, 0, 1, 0\}$. Wenn das Elektron sich langsam bewegt, im Vergleich mit der Lichtgeschwindigkeit, findet Dirac die Ergebnisse wieder, die vorher schon Pauli für Spin 1/2-Teilchen erhalten hatte. Zusätzlich folgt aus der Dirac-Gleichung die richtige Feinstruktur der Spektrallinien des Wasserstoff-Atoms. Die Größe der Aufspaltung der Spektrallinien ist bestimmt durch das Quadrat der Sommerfeld-Konstante.

Eine Merkwürdigkeit fand Dirac: Lösungen mit negativer Energie für freie Teilchen. In der klassischen Mechanik hat ein freies Teilchen nur kinetische Energie und diese ist stets positiv. Wo kommt das her und was soll das? In der Relativitäts-Theorie ist das Quadrat der Gesamt-Energie H eines freien Teilchens gleich dem Quadrat der kinetischen Energie plus dem Quadrat der Ruhe-Energie. Die Ruhe-Energie ist gleich der Ruhe-Masse m mal der Lichtgeschwindigkeit c zum Quadrat. Das ist die berühmte Formel von Einstein:

$$E = m c^2 .$$

Somit ist

$$H^2 = \left(\frac{p^2}{2\,m} \right)^2 + (m c^2)^2 .$$

Wenn wir das Quadrat der Gesamt-Energie kennen, müssen wir die Wurzel ziehen, um die Gesamt-Energie selbst zu erhalten. Dabei gibt es zwei Lösungen: einen positiven und einen negativen Wert. So wie zum Beispiel die Wurzel aus 9 nicht nur 3 ist, sondern auch -3 sein kann, weil eben auch -3 mal -3 gleich 9 ist. Was sollen die Lösungen mit negativer Gesamt-Energie bedeuten? Diracs Antwort war: *Anti-Teilchen*. Die Dirac-Gleichung beschreibt nicht nur das Elektron, sondern auch das *Anti-Elektron*. Im Jahre 1932 hat Carl David Anderson

Abb. 3.23 Paul Dirac. Quelle: MPG Archiv, Berlin-Dahlem.

den experimentellen Nachweis für die Existenz des Anti-Elektrons erbracht, er nannte dieses neue Elementar-Teilchen *Positron*. Dirac erhielt 1933 den Nobelpreis für seine Theorie. Drei Jahre später bekam Anderson den Nobelpreis für seine Entdeckung, gemeinsam mit Victor Hess, der schon viel früher die *Höhenstrahlung* erforscht hatte.

Anti-Teilchen und Löcher? Nun, ein Anti-Teilchen hat die gleiche Masse, den gleichen Spin, aber die entgegengesetzte Ladung wie das Teilchen. Das Elektron ist ja negativ geladen, also hat das Positron die gleich große positive Ladung. Wenn Teilchen und Anti-Teilchen sich treffen, so vernichten sie sich gegenseitig und es entsteht elektromagnetische Strahlung. Als Dirac die Lösungen seiner Gleichung diskutierte, war das Positron noch nicht entdeckt worden. Dirac hatte eine fantastische Idee: Das Vakuum, also der leere Raum, ist nicht leer. Dort sind alle negativen Energie-Zustände mit Elektronen besetzt, und zwar einfach besetzt, schließlich sind Elektronen Fermionen. Von diesen Elektronen mit negativer Energie merken wir nichts. Erst wenn genügend große Energie angeboten wird, kann ein Elektron aus dem See der Elektronen mit negativer Energie herausgehoben werden und es bleibt ein *Loch* mit positiver Ladung zurück. Das Loch ist das Anti-Teilchen. Dieser Vorgang heißt *Paar-Erzeugung*, eben weil dabei Elektron und Positron paarweise entstehen, aus Energie. Obwohl das Bild vom *Dirac-See* wohl nicht ernst gemeint ist, wurde die Paar-Erzeugung von Teilchen und Anti-Teilchen später in Experimenten beobachtet. Die Physiker Hans Bethe und Richard Feynman hatten eine andere Idee zur Beschreibung von Anti-Teilchen: Das Anti-Teilchen ist ein Teilchen, für das die Zeit rückwärts läuft. Auch ein schönes Bild, das gut ist für Rechnungen, aber die echte Zeit läuft leider immer nur vorwärts.

3.15   Erzeugung und Vernichtung von Teilchen*

Wir wissen: Teilchen können erzeugt und Teilchen können vernichtet werden. Wie kann die Quanten-Mechanik so etwas beschreiben? Eigentlich ganz einfach, wie du sehen wirst, aber es klingt schon etwas ungeheuerlich: Dazu benutzt man *Erzeugungs-Operatoren* und *Vernichtungs-Operatoren*.

Wie geht das? Wir betrachten zunächst ein ganz anderes Problem: die Quanten-Mechanik des *harmonischen Oszillators*.

Bei kleiner Auslenkung aus der Ruhelage und wenn die Reibung keine Rolle spielt, verhält sich ein Pendel wie ein harmonischer Oszillator. Die wirkende Kraft nimmt linear mit der Auslenkung zu. Das Potential nimmt quadratisch mit der Auslenkung zu, es wird durch eine Parabel beschrieben. Für ein Teilchen in einem solchen Parabel-Potential sagt die Quanten-Mechanik: Es gibt einen Grundzustand mit der kleinsten möglichen Energie, die größer ist als die Energie am tiefsten Punkt des Potentials. Wegen der Unschärfe-Relation von Heisenberg kann das Teilchen auch im tiefsten Zustand nicht still sitzen, es hat damit eine kinetische Energie. Es gibt auch angeregte Zustände mit höheren Energien. Speziell beim harmonischen Oszillator sind die Abstände der Energiestufen gleich. Also ist, zum Beispiel, der Unterschied der Energie im siebten angeregten Zustand vom sechsten genau so groß wie der vom ersten zum Grundzustand. Aus dem Orts- und Impuls-Operatoren können *Leiter-Operatoren* konstruiert werden, die einen Übergang von einer Energiestufe zur nächsten, entweder nach oben oder nach unten beschreiben. Dabei wird eben die Energie des Oszillators um ein Quant erhöht oder erniedrigt. Aus der Vertauschungs-Relation zwischen Orts- und Impuls-Operatoren folgt eine Vertauschungs-Relation für die Aufstiegs- und Abstiegs-Leiter-Operatoren. Diese Rechenregel bedeutet: Es macht einen Unterschied, ob zuerst ein Abstiegs-Operator und dann ein Aufstiegs-Operator auf einen Energiezustand wirkt oder zuerst ein Aufstiegs-Operator und dann ein Abstiegs-Operator. Ein Beispiel: Anwendung des Abstiegs-Operators auf den Grundzustand muss null ergeben, weil kein tieferer Zustand existiert. Anschließende Anwendung des Aufstiegs-Operators ist immer noch null. Wird dagegen zuerst der Aufstiegs-Operator auf den Grundzustand angewendet, so entsteht der erste angeregte Zustand. Anschließende Anwendung des Abstiegs-Operators führt auf den Grundzustand zurück.

Von Leiter-Operatoren zu Erzeugungs- und Vernichtungs-Operatoren

Was haben Leiter-Operatoren mit *Erzeugungs-Operatoren* und *Vernichtungs-Operatoren.* zu tun? Nun, wir machen ein physikalisches Rollenspiel. Der erste, zweite, dritte und so weiter angeregte Zustand des harmonischen Oszillators soll ein quantenmechanischen Zustand sein, der mit einem, zwei, drei und so weiter Teilchen besetzt ist. Der energetische Grundzustand entspricht dem leeren Zustand mit null Teilchen. Manchmal wird dieser auch Vakuum-Zustand genannt. Aber Vorsicht: Dieser Zustand ist nicht einfach *null* oder *nichts.* Operatoren, die den Übergang in einen Zustand mit einem Teilchen mehr oder einem Teilchen weniger bewirken, heißen *Erzeugungs-Operator* und *Vernichtungs-Operator.* Manchmal nennt man diese auch *Erzeuger* und *Vernichter.* Die Übernahme der *Vertauschungsrelation* für die Leiter-Operatoren auf die Erzeugungs- und Vernichtungs-Operatoren bedeutet nun:

Vernichter mal Erzeuger *minus* Erzeuger mal Vernichter ist gleich eins.

Mit dieser Regel werden *Bosonen* beschrieben. Das sind Teilchen, von denen null, eins, zwei, drei oder viele in einem quantenmechanischen Zustand sein können. Aber wie ist das bei Fermionen? Für diese gilt ja das Pauli-Prinzip: Nur null oder ein Teilchen kann in einem bestimmten quantenmechanischen Zustand sein. Die Rechenregel muss nur ein klein wenig abgeändert werden: *minus* wird durch *plus* ersetzt. Für *Fermionen* gilt:

> Vernichter mal Erzeuger *plus* Erzeuger mal Vernichter ist gleich eins.

So ein kleiner Unterschied in den Rechenregeln, und doch gibt es so große Unterschiede der physikalischen Eigenschaften von Fermionen und Bosonen!

3.16 Was wäre, wenn an der Planck-Konstanten gedreht wird?

Eine Fantasie-Geschichte

Dear Albert Einstein,
please find enclosed my notes indicating that the Planck constant can be altered. Please have a look at my calculations. I would appreciate your comments and a suggestion, where this important finding should be published.

Yours sincerely,
Paul Dirac.

$$* * *$$

An einem schönen, spätsommerlichen Tag im Herbst bekam Professor Max Planck überraschend Besuch an der Berliner Universität. Vor ihm stand sein über zwanzig Jahre jüngerer Kollege Albert Einstein, den er als Professor an die Akademie der Wissenschaften nach Berlin geholt hatte, der sich an der Universität aber nur selten blicken ließ. Einstein machte einen ungewohnt aufgeregten Eindruck.

Einstein: Gleich zur Sache, Herr Kollege. Gestern bekam ich einen Brief von Dirac mit einem kurzen Manuskript. Er hat eine Idee, wie man an Ihrer Konstanten h drehen kann, ich meine, wie sie verändert werden kann. Den Buchstaben h haben sie ja gewählt, weil es eine *Hilfs-Konstante* ist, und deren Zahlenwert muss nicht unveränderlich sein, schrieb Dirac.

Max Planck war verblüfft, er holte tief Luft.

Planck: Ja, ja, ich habe mich schon etwas gewundert, als ich den Querstrich durch das h bemerkte. Dirac hat das benutzt, anstatt h durch 2π zu schreiben. Mich erinnert das $\hbar$ an eine Drucker-Presse oder eine Wein-Presse, wo mit dem querstehenden Stab gedreht wird. Aber am h sollte man nicht drehen, denn das hätte weitreichende Konsequenzen.

Einstein: Genau deswegen bin ich hier, ich brauche Ihren Rat und Ihre Hilfe. Die Rechnungen von Dirac scheinen einen Fehler zu enthalten. Ich glaube, ich weiß wie es richtig ist. Wenn das stimmt, dann kann die Planck Konstante h, wie wir Jüngeren sie nennen, verändert werden. Das müssen wir auf jeden Fall verhindern. Zuerst will ich meine Berechnungen nochmals kontrollieren und dann darf ich Sie bitten, das zu überprüfen. Danach überlegen wir, was weiter zu tun ist. Vielleicht können wir uns übermorgen wieder treffen.

Planck: Ja, das sollten wir. Ich werde Max von Laue bitten, bei dem Gespräch mit dabei zu sein.

Einstein: Gut, dem Laue vertraue ich. Andere Kollegen sollten nichts von dieser Sache merken. Ich schlage vor, wir treffen uns im Romanischen Café. Das liegt etwas ab von der Universität und die Künstler und Schriftsteller, die dort sind, kennen uns wohl nicht.

Gesagt, getan. Zwei Tage später saßen Max Planck, Albert Einstein und Max von Laue im Romanischen Café, am Kurfürstendamm (Abb. 3.24). Laue ergriff sofort das Wort.

Laue: Das ist ein hochbrisantes Thema. Ganz nebenbei habe ich gestern Walter Nernst gefragt, ob er sich vorstellen kann, was passiert, wenn die Planck Konstante verändert wird. »Nein, nein, das darf nicht sein«, rief Nernst. »Wenn h null wird, gilt ja mein Wärme-Theorem nicht mehr. Das nennen andere den dritten Hauptsatz der Thermodynamik. Zwei junge Holländer hatten schon vor einiger Zeit an meinem Wärme-Theorem gezweifelt. Die hätten ja recht, wenn h gleich null wird. Doch halt, vielleicht könnte man Geld verdienen, wenn man weiß, wie man h nur ein wenig verändert.«

Abb. 3.24 Planck, von Laue und Einstein im Romanischen Café in Berlin. Ob Rita auch im Café war und dort die berühmten Physiker gezeichnet hat?

Einstein: Typisch Nernst, aber, nach meinen Berechnungen, kann h gar nicht null werden, auch wenn es verändert wird. Meine Herren, ich darf Sie bitten, meine Aufzeichnungen mit mir anzusehen und meine Berechnungen zu kontrollieren.

Die Herren taten so, als lesen sie Zeitung. Nach einer Stunde führten sie ihr Gespräch fort.

Planck: Ich hab noch nicht alles verstanden, sehe aber keinen Fehler.

Laue: Ja, die Berechnungen scheinen zu stimmen. Was bedeutet das? Denken wir nur an das Wasserstoff-Atom. Bei Verdoppelung des Wertes von h wäre das Atom viermal so groß und die Bindungs-Energie des Elektrons nur ein Viertel so groß, wie sie jetzt ist. Würde dagegen h halbiert, so würde der Radius des Atoms nur ein Viertel so groß, aber die Bindungs-Energie wäre viermal größer. Wie ändert sich die Anziehung zwischen Molekülen? Was geschieht mit der Festigkeit von Festkörpern? Wie ist das mit der Beugung von Elektronen am Kristall-Gitter? Die ganze Welt und alles rundherum würde verändert. Was für ein Durcheinander könnte das geben. Wir dürfen eine Veränderung von h nicht zulassen!

Richtig, sagte Einstein, und Planck nickte.

Einstein: Ich werde an Paul Dirac einen Brief schreiben und ihn bitten, von seiner neuen Theorie niemanden zu erzählen. Er möge sich überlegen, was mit dem Dirac-See passieren könnte, läuft er über, trocknet er aus? Es könnte gefährlich werden, wenn Anti-Teilchen entweichen. Dass seine Berechnungen nicht stimmen, werde ich ihm gar nicht verraten. Er könnte sonst selbst die richtige Lösung finden.

Planck: Das ist gut, aber sollten wir nicht einige Kollegen informieren. Ich denke an Schrödinger, Sommerfeld, Born, Heisenberg, Pauli.

Nein, auf keinen Fall, antworteten Einstein und Laue unisono.

Einstein: Schrödinger denkt über *Physik und das Leben* nach. Vielleicht hätte er eine Idee, dass ein verändertes h gut für die Biologie wäre.

Laue: Aus meiner Zeit an Sommerfelds Institut in München weiß ich, Sommerfeld ist sehr praktisch. Er hat sich ja früher mit solchen Dingen wie der Theorie der Eisenbahnbremsen und der Theorie der Schmiermittelreibung beschäftigt. Inzwischen kennt er sich auch genau mit der neuen Quanten-Mechanik aus. Zu seinem Buch *Atombau und Spektrallinien* ist gerade ein Ergänzungsband erschienen. Ihm wäre zuzutrauen, dass er versuchen könnte, Atome umzubauen. Nicht auszudenken! Heisenberg gehört zu den jungen Physikern, die alles ausprobieren, was möglich ist. Er würde wohl glatt seine Unschärfe-Relation verändern. Ich hab gehört, er denkt gerade über die Physik der Atom-Kerne nach. Wer weiß, was dort eine Veränderung von h bewirken könnte.

Planck: Vielleicht würde Sommerfeld doch vor einer Veränderung von h zurückschrecken, da ja dann auch seine Feinstruktur-Konstante verändert werden würde.

Einstein: Born ist vertrauenswürdig und verlässlich. Aber ich habe gehört, er hat einen jüngeren Mitarbeiter, der über die mögliche Veränderlichkeit von Naturkonstanten nachdenkt. Also sollten wir auch Born nicht benachrichtigen. Pauli können wir hier vergessen. Der hat zwar, schon im Alter von 21 Jahren, eine gute Zusammenfassung über meine Relativitätstheorie geschrieben, aber in der Quanten-Mechanik glaubt er ja doch nur, was er selbst ausgedacht und bewiesen hat.

Planck: Also, was machen wir nun?

Kurze Pause.

Planck: Wir sollten uns gegenseitig versprechen, unser Wissen über die Veränderbarkeit von h nicht weiterzuerzählen und schon gar nicht zu publizieren. Einstein sollte seine Aufzeichnungen dazu vernichten. Das sollten wir gemeinsam in feierlicher Form tun. Das geht natürlich nicht hier.

Einstein: Ich schlage vor, wir treffen uns am Sonntag in meinem neuen Sommerhaus in Caputh.

Planck und Laue stimmten diesem Vorschlag zu. Sie fanden das Haus in Caputh, auch wenn es etwas weiter weg war von der Havel, genauer vom Templiner See, als sie vermutet hatten. Einstein begrüßte seine Kollegen freudig.

Einstein: In das Gästebuch tragen Sie sich bitte erst beim nächsten Besuch ein. Zur feierlichen Form unseres Versprechens gehört ein musikalischer Auftakt. Ich habe an das Thema aus dem vierten Satz von Beethovens Neunter gedacht. Auf Ihre Begleitung am Klavier, Herr Planck, muss ich leider verzichten, da ich kein Klavier hier habe. Danach verbrennen wir meine Notizen und streuen die Asche in den See.

Planck: Für die musikalische Begleitung hätte ich üben müssen, Sie vielleicht auch, denn das Solo in der Neunten ist für Kontrabass und nicht für die Violine geschrieben. Also lassen wir die Musik. Feiern können wir ja hinterher.

Laue: Verbrennen halte ich für nicht gut. Wir sollten die Aufzeichnungen über die Veränderbarkeit von h einfach im See versenken.

Einstein: Gut, Versprechen und Versenken machen wir auf hoher See. Ich habe ja ein Boot hier und wir segeln gemeinsam hinaus.

Abb. 3.25 Planck, Einstein und von Laue vor der Ausfahrt am Templiner See, gezeichnet von Rita, frei nach einem Foto im Archiv der Max Planck Gesellschaft in Berlin-Dahlem.

Einstein fand in der Küche einen kleinen Leinen-Sack. Dahinein steckte er, vor den Augen von Planck und Laue, seine Notizen, legte auf das Papier einen Stein und band den Sack zu. Max Planck und Max von Laue folgten Albert Einstein zu seinem Segelboot am Templiner See. Bei schönem, fast noch sommerlichem Wetter im Spätherbst war das ein angenehmer Spaziergang. Versteckt im Schilf lag das Boot am Steg (Abb. 3.25). Es war schnell flott gemacht. Planck und Laue wussten: Einstein ist ein guter Segler. Er musste das auch sein, denn er konnte nicht gut schwimmen. Sie fuhren hinaus. Die Sonne stand schon tief, als sich die drei Männer die Hände reichten und gelobten, ihr Wissen geheim zu halten, wie die Planck Konstante verändert werden könnte. Dann ließ Einstein den kleinen Sack ins Wasser gleiten. Die Papiere mit seinen Berechnungen, die geheim bleiben sollten, versanken am Grund des Templiner Sees.

Zwei Wochen später, vor dem Kolloquium der Physikalischen Gesellschaft zu Berlin, bittet Einstein die Kollegen Planck und Laue zu eine kurzen Besprechung, nach dem Vortrag.

Einstein: Ich bekam noch einen Brief von Dirac. Er teilte mit, er habe einen Fehler in den Berechnungen gefunden, die er mir vorher geschickt hat. Er bittet mich, das ganze zu vergessen. Es ist ja auch besser, wenn die Planck Konstante nicht verändert werden kann.

Lächelnd und wohlgemut verabschiedeten sich Max Planck und Max von Laue von Albert Einstein. Danach Laue zu Planck: Vielleicht funktionieren die Überlegungen von Einstein zur Veränderung von h gar nicht, obwohl wir keinen Fehler bemerkt haben. Auch Einstein kann sich verrechnet haben. Schließlich hatte er 1906 in seiner Formel für die Viskosität von Lösungen einen Faktor 1 an der Stelle, wo der richtige Wert 2,5 ist, wie erst später sein Assistent Hopf berechnet hat. Wie auch immer, es ist gut, dass niemand außer uns weiß, wie Ihr h verändert werden könnte.

So behält die Naturkonstante h ihren Wert und das $\hbar$ den Querstrich. Daran kann nicht gedreht werden.

$$* * *$$

Überlege und rate: Was ist an dieser Geschichte frei erfunden und was könnte doch stimmen?

4
Erhaltungssätze und Symmetrien

4.1 Der vermisste Autoschlüssel

Wenn Opa im Haus seinen Autoschlüssel oder gar seine Brille sucht, hast du schon den tröstenden Spruch von Oma gehört: »Das Haus verliert nichts«. Richtig, wenn wir sicher sind, dass die Schlüssel im Haus sind, wird die Zahl der Schlüssel im Haus sich nicht ändern, auch wenn Opa den Schlüssel, den er sucht, noch nicht gefunden hat. Der Physiker Opa tröstet sich mit den Worten: »Die Zahl der Schlüssel im Hause ist eine *Erhaltungsgröße*, wenn kein Schlüssel aus dem Haus hinausgetragen und keiner hereingebracht wurde. Also weiß ich: Die Zahl der Schlüssel im Haus ist konstant. Also muss auch der Schlüssel, den ich suche, hier sein, aber wo? Also weiter suchen.«

Erhaltungssätze sagen: Eine bestimmte physikalische Größe bleibt erhalten, das heißt sie ändert sich nicht, ist eben konstant. Erhaltungssätze sind wichtige physikalische Gesetze. Es gibt Erhaltungssätze für die Energie, den Impuls, den Drehimpuls. Diese Gesetze gelten für die ganze Welt. Aber wenn wir die Gesetze nur auf einen Teil der Welt anwenden wollen, müssen wir prüfen, ob die Voraussetzungen für die Gültigkeit erfüllt sind. So wie dem Opa der Erhaltungssatz für die Zahl der Schlüssel im Haus nur hilft, wenn er sicher weiß, dass er den Autoschlüssel nicht in der Garage gelassen hat.

4.2 Wann gelten Erhaltungssätze?

Um physikalische Vorgänge zu beschreiben und zu verstehen, betrachten Physiker oft nur Teilsysteme, also nur einen kleinen Teil der Welt. Ein solches Teilsystem kann groß sein, wie unser Planetensystem mit der Sonne, den Planeten und ihren Monden. Ein Teilsystem

Opa, was macht ein Physiker? Erste Auflage. Siegfried Hess.
© 2014 WILEY-VCH Verlag GmbH & Co. KGaA. Published 2014 by WILEY-VCH Verlag GmbH & Co. KGaA.

kann auch sehr klein sein, wie das Wasserstoff-Atom, bestehend aus einem Proton und einem Elektron. Ein Teilsystem kann auch ein Pendel sein: ein kleines Stück Holz an einer Schnur, die du mit der Hand hältst und schwingen lässt.

Wie weiß man, ob für ein Teilsystem Erhaltungssätze gelten? Nun, man könnte die richtigen Gleichungen aufschreiben und lösen, um herauszufinden, ob die Energie, ob der Impuls, ob der Drehimpuls des Teilsystems sich ändert oder nicht. Das kann ganz schön kompliziert sein. Oft geht es auch ohne Rechnen, einfach durch Nachdenken, und das kannst du! Du musst prüfen, ob bei dem Teilsystem, das betrachtet wird, eine bestimmte *Symmetrie* oder *Invarianz* vorliegt. Du kennst symmetrische Figuren, die entstehen, wenn du aus einem gefalteten Papier ein Herz oder einen Schmetterling ausschneidest. Du weißt auch, dass ein Quadrat sich nicht ändert, also invariant ist, wenn du es um 90 Grad drehst. Was hat das mit Erhaltungssätzen zu tun?

4.3 Das Noether-Theorem

Diese Frage hat Emmy Noether (Abb. 4.1) beantwortet. Sie war eine der ersten Frauen, die an einer Universität Mathematik studiert haben. Zunächst war Emmy Noether Lehrerin für Englisch und Französisch geworden. Ihr Vater war Professor für Mathematik an der Universität Erlangen. Bei ihm und bei einem Kollegen hörte sie schon Vorlesungen über Mathematik, bevor sie die offizielle Erlaubnis bekam, an der Universität zu studieren und Prüfungen abzulegen. Später arbeitete sie an der Universität Göttingen. Dort fand und formulierte sie das nach ihr benannte Theorem. Ein *Theorem* ist ein Wort für einen wichtigen Satz.

Die Entdeckung von Emmy Noether ist:

> Aus einer Symmetrie oder Invarianz folgt ein Erhaltungssatz.

Dies wird *Noether-Theorem* genannt. Emmy Noether hat ihr Theorem für die klassische Mechanik bewiesen. Der Zusammenhang zwischen Symmetrie und Erhaltungssatz gilt auch für die Quanten-Mechanik.

Abb. 4.1 Emmy Noether. Quelle: Universität Göttingen.

Wir wollen uns drei Beispiele merken:

- Aus der *Translations-Invarianz* folgt die *Erhaltung des Impulses,*
- Aus der *Rotatations-Invarianz* folgt die *Erhaltung des Drehimpulses,*
- Aus der *Invarianz gegen Verschiebung des Zeit-Nullpunktes* folgt die *Erhaltung der Energie.*

Was bedeutet das? Nun, schön der Reihe nach.

4.4 Translations-Invarianz

Wir betrachten zunächst zwei Teilchen, die vom Rest der Welt praktisch nichts spüren. Das Wechselwirkungs-Potential hängt nur von der Differenz ihrer Ortsvektoren ab. Bei einer Translation werden ihre Ortsvektoren beide um den gleichen konstanten Vektor verschoben, so wie in der Abb. 4.2. Auf die Lage des gemeinsamen Nullpunktes der Ortsvektoren kommt es dabei nicht an.

An der Differenz ihrer Ortsvektoren ändert sich bei dieser Translation nichts. Das Potential ist also invariant gegenüber der Translation. Aus dem Zusammenhang zwischen Kraft und Potential folgt dann Newtons *actio gleich reactio*: Die auf beide Teilchen wirkenden Kräfte sind entgegengesetzt gleich. Die Summe der Kräfte ist null und damit ist der gesamte Impuls, das ist die Summe der Impulse, konstant.

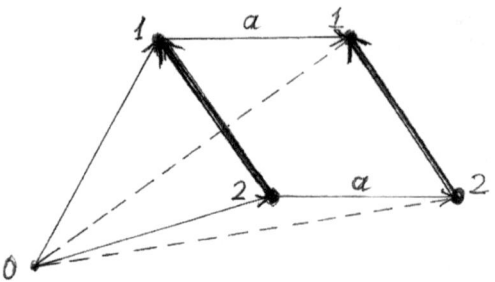

Abb. 4.2 Verschiebung von Teilchen 1 und 2.

Diese Überlegung gilt genauso, wenn für drei, vier oder auch sehr viele Teilchen das Potential nur von den Differenzen der Ortsvektoren der Teilchen abhängt. Es gilt dann Translations-Invarianz, die Summe der Kräfte ist null und die Summe der Impulse ist konstant. Wenn auf ein System von Teilchen zusätzliche *äußere Kräfte* wirken, hängt das zusätzliche Potential von der Position jedes einzelnen Teilchens ab. Dieses Potential ändert sich bei einer Verschiebung, die Translations-Invarianz gilt eben nicht. Die Summe aller Kräfte ist dann ungleich null und die Summe der Impulse ist nicht konstant.

4.5 Rotations-Invarianz

Wieder betrachten wir zunächst zwei Teilchen, die vom Rest der Welt praktisch nichts spüren. Das Wechselwirkungs-Potential soll nun nur vom Abstand beider Teilchen, also nur vom Betrag der Differenz ihrer Ortsvektoren, aber nicht von deren Richtung abhängen. Bei einer Rotation, also einer Drehung ihrer Ortsvektoren um einen gemeinsamen Drehpunkt, wird der Abstand der beiden Teilchen nicht verändert, so wie in der Abb. 4.3 zu sehen ist. Auf die Lage des gemeinsamen Nullpunktes der Ortsvektoren und des Drehpunktes kommt es dabei nicht an. Aus dem Zusammenhang zwischen Kraft und Potential folgt dann nicht nur: die auf beide Teilchen wirkenden Kräfte sind entgegengesetzt gleich. Hier gilt nun zusätzlich: Die Richtungen der Kräfte sind parallel zum Verbindungs-Vektor. Hieraus wiederum folgt: Die Summe der Drehmomente ist null. Warum ist das so? Bei den zwei Teilchen steht das Drehmoment gleichzeitig senkrecht auf dem Vektor, der von einem Teilchen zum

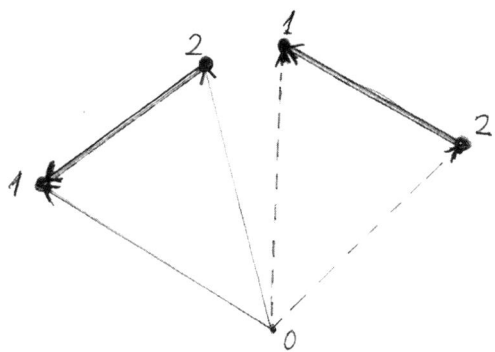

Abb. 4.3 Drehung der Positionen der Teilchen 1 und 2.

anderen zeigt, und ist senkrecht zur Kraft, die von einem auf das anderen ausgeübt wird. Sind diese beiden Vektoren parallel zueinander, hat das Drehmoment keine bestimmte Richtung, es ist einfach gleich null. Wenn die Summe der Drehmomente null ist, ist die Summe der Drehimpulse konstant. Diese Überlegung gilt genauso für viele Teilchen, wenn das Potential nur vom Betrag der Differenzen der Ortsvektoren der Teilchen abhängt.

Hier ist die Rede von Teilchen. Die gemachten Überlegungen gelten auch für große Körper, sogar so groß wie Sonne und Erde, wenn wir uns zur Beschreibung der Bewegung deren Masse in ihren Mittelpunkten vereinigt denken. Das Gravitations-Potential, das zwischen der Sonne, den Planeten und ihren Monden wirkt, erfüllt Translations-Invarianz und Rotations-Invarianz. Der gesamte Impuls und der gesamte Drehimpuls sind dann konstant. Das ist aber nur eine sehr gute Näherung bei Berechnungen der Bewegungen innerhalb des Sonnensystems. Der Einfluss der anderen Sterne der Milchstraße wird dabei ja weggelassen.

4.6 Verschiebung des Zeit-Nullpunktes

Kräfte und das zugehörige Potential hängen von den Ortsvektoren der Teilchen ab, für die wir die Bewegung studieren wollen. Die Ortsvektoren verändern sich mit der Zeit, somit ändern sich auch die Zahlenwerte für die Kräfte und das Potential. Dies heißt *implizite Zeit-Abhängigkeit*. Eine zusätzliche, von außen einwirkende zeitliche Veränderung von Kräften und Potential heißt *explizite Zeit-Abhängigkeit*. Gibt es bei der Berechnung einer Bewegung keine explizite Zeit-Abhängigkeit, so kann der Zeit-Nullpunkte gewählt werden, wie wir wollen. Das ist die Invarianz gegenüber Verschiebung des Zeit-Nullpunktes. Nun, bei rein implizierter Zeit-Abhängigkeit des Potentials ist die gesamte Energie, also die Summe der kinetischen und der potentiellen Energie konstant.

Ein Beispiel für Bewegung mit expliziter Zeit-Abhängigkeit ist ein Pendel, dessen Pendellänge während der Schwingung von außen geändert wird. Die Energie des Pendels allein ist dann nicht mehr konstant. Die Schaukel, mit der du dich bewegst, ist ein solches Pendel mit veränderlicher Pendellänge. Bei einem ausgedehnten Körper am Ende einer Pendelschnur bestimmt das Trägheitsmoment die effektive Pendellänge. Durch deine Bewegungen veränderst du die Abstände von Oberkörper und Beinen zum Drehpunkt. Damit ändern sich das Trägheitsmoment und die effektive Pendellänge. Um gut zu schaukeln, musst du deine Bewegungen natürlich im richtigen Takt mit der Schwingung der Schaukel machen. Du erinnerst dich an die Frage: Wo kommt eigentlich die Energie her, mit der du die Schaukel zu höheren Schwingungen bringst? Klar, du lieferst die Energie durch deine Körperbewegungen.

Wie schon erwähnt, der Zusammenhang zwischen Symmetrien und Erhaltungssätzen gilt auch in der Quanten-Mechanik. Dies hat Eugene Paul Wigner bewiesen und er hat überlegt, wie Symmetrien die Beschreibung physikalischer Eigenschaften der Materie einfacher machen. Wigner hat dafür 1963 den Nobelpreis bekommen.

Es gibt weitere Invarianzen, deren physikalische Konsequenzen ohne das Noether-Theorem diskutiert werden. Das sind die *Paritäts-Invarianz* und die *Zeitumkehr-Invarianz*. Was bedeutet das?

4.7 Paritäts-Operation und Paritäts-Invarianz

Wir betrachten zunächst ein Teilchen mit dem Ortsvektor r. Die Paritäts-Operation bedeutet: Wir setzen das Teilchen an den Ort $-r$. Das Wort *Operation* bedeutet: Wir tun etwas. Die ursprüngliche Geschwindigkeit v des Teilchens geht bei der Paritäts-Operation in $-v$ über. Ebenso werden der Impuls und die zeitliche Änderung des Impulses bei dieser Operation mit minus eins multipliziert. Diese Multi-

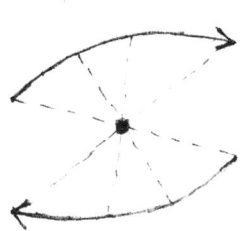

Abb. 4.4 Zwei mögliche Bahnen eines Kometen bei seiner Bewegung um die Sonne. Anwendung der Paritäts-Operation an jedem Punkt der oberen Bahnkurve ergibt die untere Bahn.

plikation eines Vektors mit minus eins bedeutet: Der Vektor zeigt nun in die genau entgegengesetzte Richtung. Wie verhält es sich mit der Kraft? Wenn das Potential invariant ist, also sich nicht ändert bei der Paritäts-Operation ergibt der Zusammenhang zwischen Kraft und Potential: Die Kraft wird bei der Paritäts-Operation ebenfalls mit minus eins multipliziert. Das bedeutet: Anwendung der Paritäts-Operation auf die Bewegungsgleichung von Newton, *zeitliche Änderung des Impulses ist gleich Kraft*, ergibt je ein Minuszeichen auf beiden Seiten der Gleichung. Das ist nichts Neues. Multiplikation einer Gleichung mit der gleichen Zahl auf beiden Seiten, hier mit minus eins, ändert ja nichts daran, dass beide Seiten gleich sind.

Aus der Paritäts-Invarianz folgt in der klassischen Mechanik: Haben wir eine Bahnkurve als Lösung der Bewegungsgleichung gefunden, so ist die durch Paritäts-Operation erhaltene Bahnkurve ebenfalls eine Lösung. Ein Beispiel ist in Abb. 4.4 gezeigt.

Polare und axiale Vektoren Du hast gehört: Der Ortsvektor, die Geschwindigkeit, der Impuls werden bei der Paritäts-Operation mit der Zahl -1 multipliziert. Gibt es Vektoren, die sich bei dieser Operation nicht ändern? Ja, die gibt es. Der Bahn-Drehimpuls ist ein Beispiel. Schau dir die Abb. 2.43 an. Ersetze den Ort r und die Geschwindigkeit v durch $-r$ und $-v$ und bestimme nun mit Daumen, Zeigefinger und Mittelfinger der rechten Hand die Richtung des Drehimpulses. Der Drehimpuls ist ein Vektor, der seine Richtung nicht ändert bei der Paritäts-Operation. Solche Vektoren heißen auch *axiale Vektoren*, um sie *polaren Vektoren* zu unterscheiden, die eben ihr Vorzeichen ändern bei der Paritäts-Operation. Genau wie der Bahn-Drehimpuls ändert bei der Paritäts-Operation der innere Drehimpuls eines Teilchens seine Richtung nicht. Das gilt für den Spin des Elektrons, den Spin des Protons oder den Spin eines Atom-Kerns.

4.8 Verletzung der Paritäts-Invarianz und Pauli

Die Gravitation und die Coulomb-Kräfte zwischen elektrischen Ladungen und die Kräfte zwischen Atomen und Molekülen bestimmen
die physikalischen Vorgänge, die wir beobachten, und sie bestimmen
die Eigenschaften der uns umgebenden Materie. Die wirkenden Kräfte genügen der Paritäts-Invarianz. So dachten Physiker lange Zeit:
Die Paritäts-Invarianz gilt immer und überall. Um 1960, als ich noch
Student war, wurde erzählt: Wolfgang Pauli wettete eine Kiste guten
Rotweines auf die Erhaltung der Parität bei allen Vorgängen in der
Natur. Und er verlor. Wie kam das? Experimente zum Beta-Zerfall
zeigten: Es gibt Vorgänge in der Natur, wo die Paritäts-Invarianz eben
nicht gilt. Du hast wohl schon gehört: Bei radioaktiven Atomen gibt es
Alpha-, Beta- und Gamma-Strahlen. Die unterschiedlichen Strahlungen wurden nach den ersten Buchstaben des griechischen Alphabets,
eben *alpha*, *beta* und *gamma* benannt, bevor klar war, was eigentlich
der Unterschied zwischen diesen Strahlungen ist. Nun, heute wissen
wir: Die Gamma-Strahlung ist eine elektro-magnetische Strahlung, so
wie das Licht oder die Röntgenstrahlung, nur mit höherer Frequenz.
Gamma-Strahlung entsteht, wenn ein Atom-Kern von einem angeregten Zustand mit höherer Energie in einen Zustand mit tieferer
Energie übergeht. Bei Alpha- und Beta-Strahlung ändert sich die Ordnungszahl des Atom-Kerns. Der ursprüngliche Atom-Kern zerfällt.
Deshalb sprechen wir auch vom Alpha- und Beta-Zerfall eines Kerns.
Die Ordnungszahl ist die Zahl der Protonen im Atom-Kern. Beim Al-
pha-Zerfall wird ein Alpha-Teilchen aus dem Atom-Kern hinausge-
schleudert. Das Alpha-Teilchen besteht aus zwei Protonen und zwei
Neutronen. Beim Beta-Zerfall verwandelt sich ein Neutron im Atom-
Kern in ein Proton. Dabei kommt ein Elektron aus dem Kern her-
aus. Die elektrische Ladung bleibt bei diesem Vorgang erhalten. Das
bedeutet: Die Ladung des Atom-Kerns vor dem Zerfall ist gleich der
Ladung des Kerns nachher plus der negativen Ladung des Elektrons.
Somit ist die positive Ladung des Kerns und damit die Ordnungszahl
um eins größer nach dem Beta-Zerfall. Messungen der kinetischen
Energie der emittierten Elektronen gaben Rätsel auf. Es war Pauli, der
sagte: Damit beim Beta-Zerfall die Energie-Erhaltung, und auch der
Impuls-Satz und der Drehimpuls-Satz gelten, muss beim Beta-Zerfall ein zusätzliches Teilchen emittiert werden. Dieses Elementar-Teilchen besitzt wohl eine sehr kleine Masse, ist also viel leichter als das

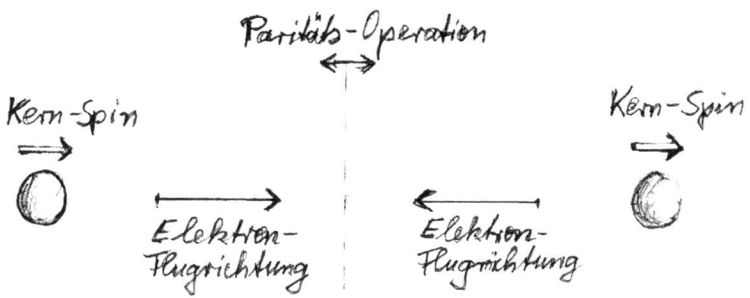

Abb. 4.5 Kern-Spin und Elektron-Flugrichtung bei Paritäts-Operation.

Elektron. Es nimmt so viele kinetische Energie mit, dass die Energie-Erhaltung gilt. Das neue Teilchen hat keine Ladung, aber einen Spin einhalb mal $\hbar$, wie das Elektron, das Proton und das Neutron. Pauli gab diesem Teilchen den Namen *Neutrino*. Und er hatte recht, als er auf die Gültigkeit der Erhaltungssätze von Energie, Impuls und Drehimpuls beim Zerfall des Atom-Kerns vertraute. Das Neutrino wurde später in Experimenten gefunden. Nochmals 20 Jahre später, im Jahre 1956, behaupteten zwei junge chinesische Physiker, die in den USA arbeiteten: Beim Beta-Zerfall sollte die Paritäts-Invarianz verletzt sein. Diese Physiker hießen Tsung Dao Lee und Chen Ning Yang. In einfachen Worten war ihre Behauptung: Beim Beta-Zerfall kann die Natur zwischen *rechts* und *links* unterscheiden. Wie viele andere Physiker wollte Pauli dies nicht glauben, er wettete dagegen. Kurze Zeit später, im Jahre 1957, machte Frau Chien-Shiung Wu mit Mitarbeitern das von Lee und Yang vorgeschlagene Experiment. In einem starken Magnetfeld wurde der Spin des Kerns von Cobalt-60-Atomen ausgerichtet und gezählt, wie viele Elektronen beim Beta-Zerfall in Richtung des Kern-Spins und wie viele in die entgegengesetzte Richtung flogen. In Abb. 4.5 ist dies angedeutet. Bei der Paritäts-Operation wird die Flug-Richtung der Elektronen umgedreht, Der Kern-Spin ändert seine Richtung aber nicht. Wenn die Paritäts-Invarianz gilt, müssten gleich viele Elektronen nach rechts wie nach links fliegen. Das Experiment bewies: Nach rechts und links flogen unterschiedlich viele Elektronen. Lee und Yang hatten recht und Pauli verlor seine Wette. Ungewöhnlich schnell, noch im gleichen Jahr, bekamen Lee und Yang den Physik-Nobelpreis für ihre Theorie. Pauli hatte den Nobelpreis schon über 20 Jahre vorher für das nach ihm benannte Pauli-Prinzip erhalten.

Die Kraft, die Protonen und Neutronen im Atomkern zusammen hält, heißt *starke Kraft*, denn sie ist viel stärker als die Coulomb-Kraft, also die abstoßende elektrische Kraft zwischen den Protonen. Die Kraft, die den Beta-Zerfall bestimmt, heißt *schwache Kraft*. Deshalb sagen Physiker auch: Die Erhaltung der Parität gilt nicht bei der schwachen Kraft.

4.8.1 Verletzt der Antrieb eines Schiffes mit einer Schraube die Parität?

Ist das mit der Verletzung der Parität wirklich so überraschend? Passiert das nicht, wenn Schrauben gedreht werden? Eine sich gleichmäßig drehende Schiffsschraube hat eine Winkelgeschwindigkeit. Diese ist, genau wie der Drehimpuls, ein Axial-Vektor, hat also positive Parität. Das Schiff wird davon vorwärts bewegt, es hat eine Geschwindigkeit. Die Geschwindigkeit ist ein polarer Vektor, hat negative Parität. Wenn die Schiffsschraube sich schneller dreht, fährt das Schiff auch schneller. Also muss es eine Gleichung geben, die sagt: *Geschwindigkeit ist gleich einer Zahl mal Winkelgeschwindigkeit.* Eine solche Gleichung würde die Parität verletzen, weil links und rechts physikalische Größen mit unterschiedlichen Paritäten stehen. Aber halt, wie wäre das, wenn anstelle einer Rechts-Schraube eine Links-Schraube verwendet wird? Bei gleichem Drehsinn würde das Schiff dann rückwärts fahren. Die Gleichung muss also richtig lauten: *Geschwindigkeit ist gleich einer Zahl mal »Schraubenfaktor« mal Winkelgeschwindigkeit.*

Nun wird die Paritäts-Erhaltung nicht mehr verletzt. Der »Schraubenfaktor« ist »plus eins« oder »minus eins«, je nachdem, ob es eine Rechts- oder eine Links-Schraube ist. Dieser Schraubenfaktor ist ein *Pseudo-Skalar*, er ändert sein Vorzeichen bei der Paritäts-Operation. Das bedeutet, bei der Paritäts-Operation muss auch die *Händigkeit* der Schraube vertauscht werden, aus rechts wird links, und umgekehrt.

Bei dem Wort »Händigkeit« denken wir an den Unterschied zwischen der rechten und der linken Hand. Für Händigkeit wird auch etwas gelehrter *Chiralität* gesagt. Das Wort stammt aus der griechischen Sprache. Überlege, wie ist das mit der Parität, wenn der Wind den Rotor einer jener Windräder antreibt, die Strom erzeugen?

Pseudo-Skalar, ist das wieder ein merkwürdiges Ding! Ja und nein, denn jeder von uns hat einen Pseudo-Skalar in der Hand. Wie das? Nehme zunächst die rechte Hand. Die Richtungen von Daumen, Zeigefinger und Mittelfinger geben die Richtung von drei polaren Vektoren an, wir nennen diese D, Z und M. Das Vektorprodukt von D mit Z ergibt einen axialen Vektor, der in die Richtung von M zeigt. Das Skalarprodukt von diesem Axial-Vektor mit M ergibt einen Skalar, also etwas, was sich nicht ändert bei einer Drehung des Koordinatensystems. Bei der Paritäts-Operation ändert dieser Skalar aber sein Vorzeichen, denn er ist das Produkt von drei polaren Vektoren, deshalb der Name Pseudo-Skalar. Damit wird er von einem echten Skalar unterschieden. Vergewissere dich mit den Fingern deiner linken Hand: hier hat der Pseudo-Skalar das umgekehrte Vorzeichen. Nach den Regeln der rechten Hand zeigt nämlich das Vektor-Produkt, gebildet mit D und Z der linken Hand, entgegengesetzt zum M der linken Hand. Der Pseudo-Skalar zeigt uns den Unterschied zwischen rechts und links an, deshalb die Namen Händigkeit und Chiralität. Aber was hat das mit einer Schraube zu tun? Nun, wenn du eine Rechts-Schraube nach rechts drehst, kannst du sie, von dir weg, in ein Gewinde hinein schrauben. Die Achse und Richtung deiner Drehung bestimmt die Richtung eines Axial-Vektors. Die Bewegung der Schraube in das Gewinde hinein bestimmt einen polaren Vektor. Also ist das Skalarprodukt dieser beiden Vektoren ein Pseudo-Skalar. Bei einer Links-Schraube hat dieser Pseudo-Skalar das umgekehrte Vorzeichen, denn bei einer Rechts-Drehung bewegt sich diese auf dich zu.

Wenn der Motor eines Schiffes nur in eine Richtung drehen könnte, bräuchte es zwei Schiffsschrauben, eine Links- und eine Rechts-Schraube, damit das Schiff vorwärts und rückwärts fahren kann. Der Schalter dafür würde mit P, wie »Parität«, bezeichnet. Wenn der Motor sich in beide Richtungen drehen kann, genügt eine Schiffsschraube, um vorwärts und rückwärts zu fahren. Hier könnte der Schalter mit T, wie *time reversal*, das englische Wort für Zeit-Umkehr, bezeichnet werden. Was es mit der Zeit-Umkehr, auf sich hat, wollen wir uns gleich überlegen. Jonas hatte aber noch eine, nein vielmehr zwei Fragen, zur Parität.

Noch zwei Fragen   Opa, wer hat eigentlich den Wein getrunken, den Pauli bei seiner Wette verloren hat? Hat Pauli (Abb. 4.6) vielleicht doch recht? Kann es denn beim Beta-Zerfall nicht auch so etwas wie Rechts- und Links-Schrauben geben?

Nun, zur ersten Frage muss ich sagen: »Ich weiß es nicht«. Bei der zweiten Frage könnte ich das gleiche sagen, aber ich erzähle noch

Abb. 4.6 Pauli spricht, Heisenberg hört zu. Quelle: MPG Archiv, Berlin-Dahlem.

etwas anderes. Für die Physik der Atom-Kerne und Elementar-Teilchen gilt das *CPT-Theorem*. Das besagt: Es gilt die *CPT*-Invarianz. Hier steht C für das englische Wort *charge*, die elektrische Ladung, gemeint ist aber Ladungs-Konjugation, und das wiederum meint: Ersetze ein Teilchen durch sein Anti-Teilchen. Nicht mehr überraschend, P und T stehen für Parität und Zeit-Umkehr. Das CPT-Theorem bedeutet genauer: Wenn bei einem physikalischen Geschehen gleichzeitig Teilchen durch Anti-Teilchen ersetzt werden, sowie die Paritäts-Operation und die Zeit-Umkehr gemacht werden, so ist das wiederum ein physikalisch erlaubter Vorgang. Wenn nun Vorgänge betrachtet werden, bei denen die Zeit-Umkehr gilt, ist die CP-Invarianz erfüllt. Bei dem vorhin betrachteten Beta-Zerfall, wo bei fester Richtung des Kern-Spins, die Elektronen nach rechts aus dem Atom-Kern heraus fliegen, sollten bei Anti-Teilchen mit gleicher Spin-Richtung die Elektronen nach links fliegen. Pauli hätte auf CP-Invarianz wetten sollen, anstatt einfach auf P-Invarianz. Aber es wäre wohl fair gewesen, wenn er von seinem verlorenen Wein mitgetrunken hätte.

Ein Experiment zum Beta-Zerfall von Anti-Cobalt-Atomen wurde nicht gemacht. Es ist ja nicht leicht, mit Anti-Materie zu experimentieren. Beim Zerfall von instabilen Elementar-Teilchen, genauer von elektrisch neutralen *K-Mesonen*, wurde später, als Pauli schon nicht mehr lebte, auch eine Verletzung der CP-Invarianz gefunden. Das überraschte viele Physiker. Bei den physikalischen Vorgängen, die wir täglich wahrnehmen, gilt die P-Invarianz.

4.9 Zeitumkehr-Invarianz

Die Zeit kannst du nicht rückwärts laufen lassen, auch wenn man sich das manchmal wünscht. So, was soll *Zeitumkehr* sein? Und dann gar *Zeitumkehr-Invarianz*! Nun, vorstellen können wir uns schon, wie es wäre, wenn die Zeit rückwärts liefe. So, wie in einem Film, der rückwärts läuft. Stell dir vor, ein Fußball-Spieler hat über den Torwart hinweg den Ball ins Tor geschossen. Das wurde gefilmt. Läuft der Film nun rückwärts, so fliegt der Ball aus dem Tor wieder hinaus aufs Spielfeld. Du erkennst sofort, in Wirklichkeit kann das nicht sein. Oder doch? Wenn der Ball im Tor eine Geschwindigkeit bekommt, die genau entgegengesetzt gleich zu der ist, mit der er hineinflog, so könnte er auf der gleichen Bahnkurve wieder hinaus fliegen. Und der Torschütze müsste rückwärts laufen, damit es so aussieht wie im rückwärts laufenden Film.

Wir wissen: Die Zeit läuft stets vorwärts. Wir können aber eine Bewegung erzeugen, die so aussieht wie bei umgekehrt laufender Zeit. Dazu müssen wir zu einem Zeitpunkt die Geschwindigkeit umkehren. Die Physiker nennen dies *Zeitumkehr-Operation*, auch T-Operation. Der Geschwindigkeits-Vektor wird dabei mit der Zahl -1 multipliziert. Dies bedeutet, die Richtung der Geschwindigkeit dreht sich um, die Größe der Geschwindigkeit bleibt gleich. Bei der Zeitumkehr-Operation werden auch der Impuls und der Drehimpuls mit der Zahl -1 multipliziert. Die Beschleunigung und die zeitliche Änderung des Impulses bleiben gleich. Wenn die Kraft sich nicht ändert bei der Zeitumkehr-Operation, so ändert sich in der Bewegungsgleichung von Newton auf beiden Seiten nichts. Dann gilt die *Zeitumkehr-Invarianz*. Das bedeutet in der klassischen Mechanik:

> Bei gültiger Zeitumkehr-Invarianz kann eine Bahnkurve genau so gut vorwärts wie rückwärts durchlaufen werden.

Die Zeitumkehr-Invarianz gilt in einer Mechanik ohne Reibung. Das ist die Beschreibung mechanischer Vorgänge mit der Bewegungsgleichung von Newton, aber eben ohne Reibungskräfte oder mit der Hamilton-Mechanik. Die Zeitumkehr-Invarianz gilt auch in der Quanten-Mechanik.

Bei der Paritäts-Operation kehren der Ortsvektor und der Impuls ihre Richtung um, der Drehimpuls bleibt unverändert. Wie ist das bei der Zeitumkehr? Nun, hier bleibt der Ortsvektor unverändert, der Impuls und Drehimpuls kehren ihre Richtung um. Betrachte nochmals die Abb. 2.43. Der Planet läuft links um die Sonne herum, der Drehimpuls zeigt nach oben. Anwendung der Zeitumkehr-Operation auf diese Bewegung ergibt: Der Planet läuft rechts um die Sonne und der Drehimpuls zeigt nach unten. Beide Bewegungen sind möglich. Welche Bewegung tatsächlich stattfindet hängt davon ab, wie die Bewegung angefangen hat.

5
Verstehen

Kann man die *Physik verstehen*? Ja, natürlich. Hier sollten wir darüber nachdenken: Was bedeutet *Verstehen*?

»Aha« sagen wir manchmal, wenn wir etwas verstanden oder begriffen haben. Was ist dabei geschehen? Wir haben das Neue, was wir gesehen oder gehört haben, verglichen mit etwas, was wir schon wussten. Um zu verstehen, müssen wir schon etwas wissen und wir müssen Vergleiche und Zusammenhänge herstellen können. Ohne Lernen und Wissen gibt es kein Verstehen.

Was meint ein Physiker, wenn er sagt, er verstehe die Physik? Der Physiker meint dabei nie die ganze Physik, sondern ein bestimmtes Geschehen, ein Phänomen, eine Beobachtung oder das Ergebnis eines Experiments.

Manchmal sagt ein Physiker: Ja, ich verstehe, was beobachtet wird, denn es widerspricht keinem der Erhaltungssätze und keinem der Gesetze der Physik, die ich kenne. Mit etwas anderen Worten hat dies schon vor ungefähr 200 Jahren der Dichter Goethe gesagt:

Natur hat zu nichts gesetzmäßige Fähigkeit, was sie nicht gelegentlich ausführte und zutage brächte.

Manche Beobachtungen und Entdeckungen der Physik werden zufällig gemacht. In den meisten Fällen müssen Physiker erst nachdenken und Hypothesen, Vermutungen, aufstellen, um die richtigen Fragen an die Natur zu stellen. Und es bedarf des Geschicks der Experimentatoren, um der Natur die Chance zu geben, eine bestimmte ihr innewohnende Fähigkeit zu zeigen. Wie lange hat es doch gedauert, bis es gelang, die Bose-Einstein-Kondensation in Gasen auszuführen und nachzuweisen. Und gar der experimentelle Nachweis des Higgs-Teilchens am Forschungszentrum CERN, bei Genf in der Schweiz. Die Vorarbeit und die Mitarbeit von vielen, vielen Physikern, Mathematikern und Ingenieuren, der erfolgreiche Betrieb der größ-

Opa, was macht ein Physiker? Erste Auflage. Siegfried Hess.
© 2014 WILEY-VCH Verlag GmbH & Co. KGaA. Published 2014 by WILEY-VCH Verlag GmbH & Co. KGaA.

ten Maschine der Welt und großen Detektoren sind notwendig, um das Higgs-Teilchen nachzuweisen. Im Radio, im Fernsehen und in den Zeitungen wurde 2012 darüber berichtet. Ein Jahr später erhielten François Englert und Peter Higgs den Nobelpreis für Physik. Fast 50 Jahre vorher hatten sie die Existenz eines solchen Teilchens vorhergesagt.

Auch heute gibt es noch neue Entdeckungen in der Physik, gewonnen mit Experimenten, die in einem Labor auf einen Tisch passen. Nachdenken, Rechnen mit Bleistift und Papier oder mit dem Computer, liefert immer noch neue Einsichten.

Manchmal möchten Physiker etwas genau wissen und sagen: Ich verstehe, was beobachtet wurde, wenn ich den gemessenen Wert einer physikalischen Größe auch richtig berechnen kann. Dann weiß ich nämlich, dass die Annahmen stimmen, die den Rechnungen zugrunde liegen. Manchmal ist ein Physiker auch zufrieden, wenn er eine Kurve, also eine mathematische Funktion, angeben kann, auf der die gemessenen Werte der physikalischen Größen liegen. Für das Spektrum der Strahlung hat Max Planck eine Funktion gefunden, die mit den gemessenen Daten übereinstimmte. Ein Jahr später, im Jahre 1900 fand er ein Erklärung für seine Funktion. Dazu machte er die kühne Annahme: Die Energie ist quantisiert und er führte eine neue Naturkonstante ein, eben die Planck-Konstante h. Das war der Beginn der Quanten-Mechanik.

Meistens liegt das Verstehen und Erklären der Physik zwischen den beiden Extremen: Die beobachteten Phänomene stehen nicht im Widerspruch zu den bekannten Gesetzen der Physik oder Messwerte liegen auf berechneten Kurven. Auch Physiker können an Grenzen kommen, wo sie sagen: Das ist eben so, auch wenn ich es nicht verstehe. Ein Beispiel: Wir verstehen, ein Löffel fällt von Tisch nach unten, weil die Erdanziehung wirkt. In der Raumstation ISS fällt der Löffel nicht, obwohl auch dort die Gravitation der Erde wirkt. Durch die Bewegung der Raumstation um die Erde wirkt die Flieh-Kraft, die dort oben die Erdanziehung auf den Löffel gerade ausgleicht. Die Zeit, die hier bei uns auf der Erde ein Löffel braucht, um vom Tisch auf den Boden zu fallen können wir sogar ausrechnen. Dazu brauchen wir den Zahlenwert der Erdbeschleunigung. Warum ist dieser Wert so groß wie er ist? Nun, die Erdbeschleunigung ist bestimmt durch den Radius der Erde, die Masse der Erde und den Zahlenwert der Gravitations-Konstanten. Größe und Masse der Erde sind eben so, wie es sich aus den Anfangsbedingungen der Entstehung der Planeten ergeben hat. Die Gravitations-Konstante ist eine Naturkonstante, deren Zahlenwert gemessen werden, aber bis heute durch keine weitergehende Erklärung verstanden werden kann. Das gilt auch für die anderen Naturkonstanten, wie die Planck-Konstante, die Lichtgeschwindigkeit, die Ladung und die Masse von Elektron und Proton.

Beim Verstehen und Begreifen physikalischer Vorgänge greifen wir gerne auf die Anschauung und die Erfahrungen in unserer unmittelbaren Umgebung zurück. In der Mechanik geht das ganz gut. Bei komplizierten Vorgängen kann man einfache Modelle machen, die nicht alles ganz genau, aber doch das Wesentliche erklären. Wir verstehen, wie die Standuhr funktioniert: Die Länge des Pendels muss stimmen, damit die Zeiger die Uhrzeit richtig anzeigen. Das Gewicht wird gebraucht, um die Reibung auszugleichen. Wie alle Zahnräder ineinandergreifen, muss der Uhrmacher wissen.

Oft werden komplizierte Vorgänge, wie die gleichzeitige Bewegung vieler Körper, in Gedanken zerlegt in einzelne Teile, die leichter zu verstehen sind. Denke nur an unser Sonnensystem mit allen Planeten und deren Monde. Die Gesetze von Kepler gelten für die Bewegung eines Planeten um die Sonne. Das ist eine Vereinfachung. Damit können wir vieles, aber doch nicht alles verstehen, was in unserem Sonnensystem geschieht. Die Planeten beeinflussen sich auch gegenseitig. Wie Detektive konnten Astronomen aus den beobachten Abweichungen der Bahnkurve von den Berechnungen für Saturn, den Planeten Uranus aufspüren. Aus der Störung der Bahnkurve des Uranus schließlich konnten sie auch noch Neptun finden. Es ist auch eine Vereinfachung, wenn wir die angeregten Zustände eines Elektrons im Wasserstoff-Atom verwenden, um das Verhalten von drei oder elf Elektronen im Grundzustand von Lithium oder Natrium zu erklären. Dabei wird zwar das Pauli-Prinzip berücksichtigt, die gegenseitige, abstoßende Coulomb-Wechselwirkung der Elektronen wird ja ganz außer acht gelassen. Solche Vereinfachungen können gute Näherungen sein. Die Grenzen der Anwendbarkeit von Näherungen müssen geprüft und berücksichtigt werden.

Zum Verstehen dienen manchmal auch einfache Modelle, die eine starke Vereinfachung der physikalischer Vorgänge sind. Diese werden englisch auch *toy models*, also »Spielzeug-Modelle« genannt. Dies sind keine Spielzeuge zum Anfassen, sondern einfache Hypothesen, die in Zeichnungen dargestellt oder in vereinfachenden Gleichungen

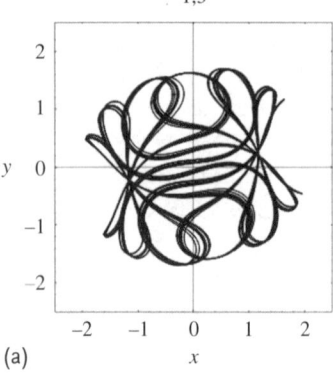
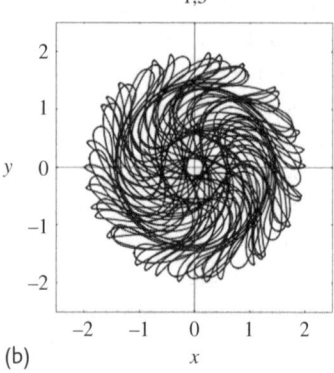

Abb. 5.1 Zwei Kurven, am Computer berechnet mit Gleichungen, bei denen an einer Stelle die Zahlen 1,3 (a) und 1,5 (b) verwendet wurden.

formuliert und gelöst werden. Tatsächlich hat das Wort »Spiel« dabei doch seine Berechtigung. Physiker »spielen« gerne, mit physikalischen Geräten, mit Gedanken und Theorien, mit Gleichungen und deren Lösungen. Spielen bedeutet hier: ausprobieren, die Fantasie schweifen lassen. Manche *Zufalls-Endeckung* wurde so gemacht, die sich später als nützlich erwiesen hat. Ein bekanntes Beispiel ist die Entdeckung der *X-Strahlen*, die wir in Deutschland *Röntgen-Strahlen* nennen. Der spielerische Umgang mit Gleichungen und die Berechnung von Lösungen kann Kurven ergeben, die schön und interessant aussehen. Darüber freuen sich Physiker auch dann, wenn solche Kurven nur mathematische Spielereien sind. Ein Beispiel ist in Abb. 5.1 gezeigt.

Verstehen basiert auf Wissen. Physik kann man auch verstehen mit Formeln und Gleichungen. Die Beugung von Elektronen, der Tunnel-Effekt und andere Phänomene der Quanten-Mechanik sind nicht zu verstehen, wenn wir meinen, in der Welt der Atome und Moleküle müsste alles so sein, wie in der uns vertrauten Welt der Mechanik. Mit den Gleichungen der Quanten-Mechanik können die Quanten-Phänomene berechnet und auch verstanden werden.

Verstehen erfordert Wissen, und Wissen muss erworben werden Dazu müssen wir lernen und uns mit den Grundlagen der Physik vertraut machen. Es gibt viele Anwendungen der Physik. Ludwig Boltzmann (Abb. 5.2) sagte vor über 100 Jahren: Die Physik gibt den speziellen

Abb. 5.2 Ludwig Boltzmann. Quelle: MPG Archiv, Berlin-Dahlem.

Wissenschaften die Gesetze. Die Physiker wissen auch, wo die Gesetze angewandt werden können und wo die Grenzen der Anwendbarkeit sind.

Die Physik einfacher Phänomene kann Spaß machen, das Verstehen von komplizierten Vorgängen kann eine Herausforderung sein. Manchmal ist das Einfache doch komplizierter als man zunächst denkt. Wie im richtigen Leben müssen wir in der Physik lernen, Beobachtungen und Erfahrungen machen. Oft brauchen wir Geduld, bis wir verstehen, warum etwas so ist, wie es ist.

»Aber, Opa, das kannst du unseren Eltern erzählen, sag uns lieber: Wie sind die Kurven in Abb. 5.1 entstanden?« Nun, das ist eine längere Geschichte. Es gibt *Polymer-Moleküle*, wo viele Kohlenstoff-Atome, gemeinsam mit Wasserstoff und anderen Atomen, wie in einer langen Perlenkette aneinander hängen. Das Wort *Polymer* stammt von den griechischen Wort *polumeros*, das bedeutet: *besteht aus vielen Teilen*. Plastiktüten und andere Gegenstände aus Plastik bestehen aus Polymer-Ketten-Molekülen. Schwimmen solche Moleküle in Wasser oder einem anderen Lösungsmittel, so bilden sie ein Knäuel. Das Knäuel ist nicht starr. Die Atome der Molekül-Kette bewegen sich und werden auch ständig von den umgebenden Wasser-Molekülen gestoßen. Starke Verformungen eines Molekül-Knäuels passieren in einer strömenden Flüssigkeit. Diese Verformungen, bis hin zu einem

Aufwickeln eines Knäuels, kann in Molekulardynamik-Computer-Simulationen für viele Tausend Teilchen studiert werden. Die dabei wichtigen physikalischen Vorgänge sollten auch in einem einfachen »Spiel-Modell« mit nur einem Teilchen verstanden werden können, dachte ich. Ein Teilchen in einem dreidimensionalen harmonischen Oszillator-Potential ist ein schon lange verwendetes Modell. Die Wirkung der umgebenden Flüssigkeit wird durch einen »Thermostaten« simuliert. Die Bewegungsgleichungen des Oszillators müssen dazu ergänzt werden durch eine Zwangskraft oder durch eine zusätzliche Gleichung. Der harmonische Oszillator hat eine Zentralkraft und der Thermostat ändert zwar den Betrag des Impulses, aber nicht seine Richtung. Der Drehimpuls ändert seine Richtung dabei nicht. Für ein Molekül in einer Flüssigkeit ist das aber nicht so, denn das Molekül dreht sich manchmal rechts und manchmal links herum. Das Spiel-Modell muss also noch ergänzt werden durch eine Kraft, die die Richtung des Impulses, aber nicht seinen Betrag ändert. Der englische Name dafür ist *twirler*, das bedeutet »Quirl« oder »Rührer«. Für diese Kraft gilt eine eigene Gleichung. Thermostat und *twirler* werden nicht einfach frei erfunden, sondern nach Rechenregeln abgeleitet. Das neue Spiel-Modell ist invariant unter Zeit-Umkehr und es leistet, auch für strömende Flüssigkeiten, was von ihm erwartet wurde. Ich stellte mir dann die Frage: Wie sehen eigentlich die Bahnkurven eines zweidimensionalen Oszillators aus, wenn nichts strömt, kein Thermostat wirkt, aber der *twirler* eingeschaltet ist. Es wirkt also eine Kraft, die die Drehrichtung des Oszillators ändert. Die Stärke der Einwirkung des *twirlers* auf den Oszillator wird durch eine Zahl c vorgegeben. Diese kann verschieden gewählt werden. Ich erlebte eine Überraschung. Bei Veränderung dieser Zahl c werden die Bahnkurven viel unterschiedlicher und exotischer, als ich mir vorher vorstellen konnte. Zwei Beispiele sind in Abb. 5.1 gezeigt. Dort wurden $c = 1{,}3$ und $c = 1{,}5$ gewählt. Für $c = 0$, also für den gewöhnlichen zweidimensionalen harmonischen Oszillator, ist die entsprechende Bahnkurve eine Ellipse, die immer wieder und wieder durchlaufen wird.

Wie kompliziert sind die Gleichungen?

Wir rechnen mit dimensionslosen Größen. Die x- und y-Komponenten des Ortsvektors nennen wir x und y, die x- und y-Komponenten des Impulses heißen p und q, die Masse m setzen wir gleich 1.

Dann ist

$$\dot{x} = p , \quad \dot{y} = q .$$

Für den gewöhnlichen zweidimensionalen harmonischen Oszillator, mit der »Federkonstanten« k, gilt $\dot{p} = -kx$, $\dot{q} = -ky$. Wir setzen $k = 1$. Der *twirler* wird beschrieben durch eine zusätzliche Kraft. Die Stärke der Wirkung dieser ablenkenden Kraft ist durch eine Zahl c festgelegt. Die zeitliche Änderung der Komponenten des Impulses ist

$$\dot{p} = -x + cw(xp + yq)q , \quad \dot{q} = -y - cw(xp + yq)p .$$

Die neue Variable w beschreibt den *twirler*. Die zeitliche Änderung von w ist bestimmt durch den Bahndrehimpuls $L = xq - yp$, es gilt nämlich

$$\dot{w} = c(xq - yp) .$$

Für die Kurven in Abb. 5.1 wurden die Anfangsbedingungen

$$x(0) = \sqrt{2} , \quad y(0) = 0 ,$$
$$p(0) = 1 , \quad q(0) = -1 , \quad w(0) = 0.001$$

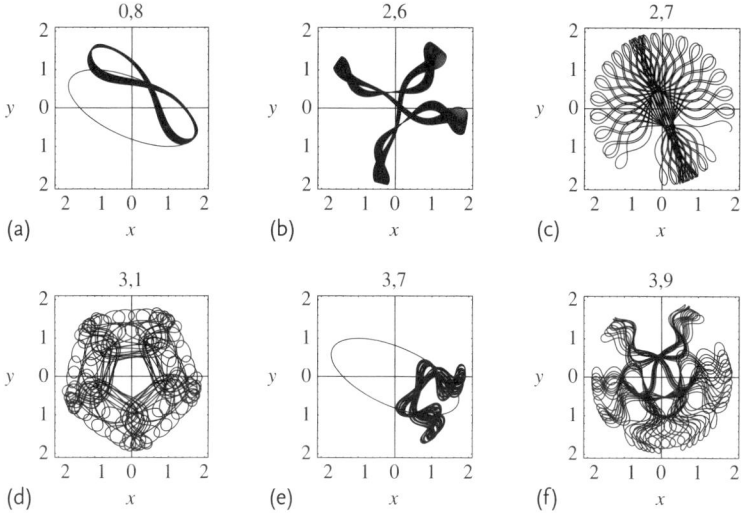

Abb. 5.3 Bahnkurven des harmonischen Oszillators mit *twirler*, (a) für $c = 0.8$, (b) 2,6 und (c) 2,7, (d) für $c = 3.1$, (e) 3,7 und (f) 3,8. Zum Vergleich ist bei (a) und (e) die Bahn-Ellipse für $c = 0$ gezeigt. Frei nach S. Hess, Z. Naturforsch. 58a, 377 (2003).

gewählt. Damit ist die Gesamtenergie $E = 1/2(x^2 + y^2 + p^2 + q^2) = 2$. Die Kurven wurden aufgezeichnet über die Zeit $t = 64\pi \approx 200$.

Weil die Kurven so schön und vielfältig sind, in Abb. 5.3 noch einige Beispiele für die Wirkung des *twirlers* auf die Bewegung des harmonischen Oszillators. Die Ellipsen in den Diagrammen für $c = 0,8$ und $c = 3,7$ sind die Bahnkurven für $c = 0$, mit den gleichen Anfangsbedingungen.

Anhang

A.1 Teekessel

Beim »Teekessel-Spiel« denken sich zwei Mitspieler ein Wort mit mehr als einer Bedeutung aus, wie »Bank« oder »Hahn«. Die beiden geben Hinweise auf je eine der beiden Bedeutungen: Die anderen Mitspieler dürfen das Wort erraten. Wer es zuerst erraten hat, darf sich einen Partner wählen, ein neues Teekessel-Wort überlegen, nun die Hinweise geben und die anderen raten lassen. Ein Beispiel: »Mein Teekessel ist groß und prächtig«; »Meinen Teekessel habe ich an meinem Fahrrad«; »In meinem Teekessel wohnt eine Prinzessin« und so weiter. Du hast wohl jetzt schon erraten, was hier gemeint ist.

Auch das Wort *Teekessel* ist ein Teekessel. Mathematiker und Physiker, Astronomen, Chemiker und Ingenieure verwenden manche Worte, mit ganz bestimmter Bedeutung, die eben anders ist, als du es gewohnt bist. Einige solcher Teekessel-Worte hast du schon gelernt. Hier findest du eine alphabetisch geordnete Liste.

Ableitung
1. Herleitung, Folgerung;
2. Differenziation, Steigung einer Kurve

Achse
1. Ein Rad dreht sich um seine Achse, Dreh-Achse;
2. In einem Diagramm hast du Achsen, die horizontale Achse (x-Achse) und die vertikale Achse. (y-Achse)

Atom
1. Etwas unteilbares, kleinster Bestandteil;
2. ... besteht aus dem Atom-Kern und der Elektronen-Hülle darum herum.

Bahn
1. Ein Weg, wo du gehen oder fahren kannst, Abkürzung für Eisen-Bahn;

Opa, was macht ein Physiker? Erste Auflage. Siegfried Hess.
© 2014 WILEY-VCH Verlag GmbH & Co. KGaA. Published 2014 by WILEY-VCH Verlag GmbH & Co. KGaA.

2. Eine gedachte Kurve, auf der sich ein Körper bewegt.

Beschleunigung 1. Etwas wird schneller;

2. Die zeitliche Veränderung der Geschwindigkeit, die erste Ableitung der Geschwindigkeit nach der Zeit, die zweite Ableitung des Weges.

Bindung 1. Etwas ist gebunden, dein Schuh ist am Ski befestigt;

2. Elektronen sind in einem Atom gebunden, Atome sind in Molekülen gebunden.

Brechung 1. Ein dürrer Stock bricht, wenn er zu stark gebogen wird;

2. Ein Lichtstrahl kann gebrochen werden, ohne dass etwas zerbricht.

Beugung 1. Du kannst dich beugen;

2. Licht und Teilchen können gebeugt werden, sie gelangen an Orte, wohin sie ohne Beugung nicht kämen.

Chaos 1. Ein Durcheinander;

2. Kompliziertes Verhalten mechanischer Systeme, empfindliche Abhängigkeit von den Anfangsbedingungen, Wetter.

differenzieren 1. Einen Unterschied machen, unterschiedlich behandeln;

2. Die Ableitung einer Funktion bilden.

Dimension 1. Größe und Ausdehnung;

2. Anzahl der Koordinaten, die gebraucht werden, um einen Punkt im Raum festzulegen, du kennst 3D;

3. Die Einheiten physikalischer Größen, Beispiel: Die Dimension der Geschwindigkeit ist Länge durch Zeit.

Druck 1. Du drückst mit Druck einen Druck-Knopf zu;

2. Kraft pro Fläche, bei gleicher Gewichts-Kraft wirkt ein höherer Druck auf den Boden, wenn der Absatz eines Schuhes kleiner ist;

3. Bedrucktes Papier, ein gedrucktes Bild.

Einheit 1. Zwei oder mehrere Dinge können eine Einheit bilden;

2. ... wird benötigt, um zu wissen, was Zahlenwerte für physikalische Größen bedeuten. Beispiel: Die Einheit der Geschwindigkeit ist *Meter pro Sekunde*, m/s oder *Kilometer pro Stunde*, km/h.

Energie 1. Du hast viel Energie und möchtest dich bei Spiel und Sport bewegen;

2. Verschiedene Arten der Energie können ineinander umgewandelt werden, die Energie hat die Dimension *Masse mal Geschwindigkeit zum Quadrat* oder *Kraft mal Länge.*

Fehler 1. Macht man nicht gerne;

2. Ungenauigkeit bei einer Messung, Abweichung von einem Mittelwert.

Feld 1. Acker, der Bauer pflügt das Feld;

2. Eine Funktion, die an jedem Ort des Raumes bestimmte Werte hat.

Funktion 1. Etwas wird gemacht oder kann gemacht werden, ein Amt oder Aufgabe;

2. Ordnet einer oder mehreren Variablen einen Zahlenwert zu, kann gezeichnet werden.

Geschwindigkeit 1. Fährst du mit hoher Geschwindigkeit, bist du *schnell*, im englischen: *speed*;

2. Die Geschwindigkeit, im englischen *velocity*, ist ein Vektor, hat einen Betrag (Schnelligkeit, speed) und eine Richtung.

Gewicht 1. Etwas von *hohem Gewicht* ist wichtig und bedeutsam;

2. Masse mal Erdbeschleunigung, die Gewichts-Kraft zeigt zum Erdmittelpunkt.

Grad 1. Gibt an, wie groß ein Winkel ist;

2. Gibt den Wert einer Temperatur an;

3. *In hohem Grad* bedeutet *sehr.*

Grafik 1. Ein gedrucktes Bild;

2. Eine grafische Darstellung, ein Diagramm, gezeichnete Funktion.

Größe 1. Abmessung oder Ausdehnung von etwas;

2. Eine physikalische Größe beschreibt, was in der Physik benötigt wird. Beispiele: Die Masse, die

Geschwindigkeit, der Impuls, die Kraft sind physikalische Größen.

Impuls
1. Anstoß als Aufforderung;
2. Masse mal Geschwindigkeit.

Kern
1. Eine Kirsche hat einen Kern, den Kirsch-Kern;
2. Ein Atom hat einen Kern, den Atom-Kern.

klassisch
1. Mozart und Beethoven komponierten *klassische Musik*;
2. Mit der *klassischen Mechanik* werden physikalische Vorgänge beschrieben, bei denen die Effekte der Quanten-Mechanik und der Relativitätstheorie keine Rolle spielen.

Körper
1. Jeder Mensch hat einen Körper;
2. Ein Gegenstand ist ein *fester Körper*; ein Planet oder Stern ist ein Himmels-Körper.

Konstante
1. Etwas, was sich nicht ändert, von Zeit zu Zeit, oder von Ort zu Ort. Beispiel: konstante Energie, kann bei anderen Bedingungen aber einen anderen Zahlenwert haben;
2. Natur-Konstante. Beispiele: Planck-Konstante, Masse des Elektrons, Lichtgeschwindigkeit im *Vakuum*, Zahlenwerte sind unveränderlich fest, bei gewählten Einheiten.

Kraft
1. Wer viel Kraft hat ist stark;
2. ... hat Stärke und Richtung, bewirkt eine zeitliche Veränderung des Impulses.

Kreisel
1. Spielzeug, Kreis-Verkehr;
2. Ein fester Körper, der sich drehen kann.

Kurve
1. Mit dem Fahrrad kannst du Kurven fahren, eine Straße macht eine Kurve;
2. Eine gezeichnete Linie, zeigt den Verlauf einer Funktion.

Ladung
1. ... wird auf einen Wagen aufgeladen;
2. Elektrische Ladungen sind entweder positiv oder negativ.

Leistung
1. Es ist deine Leistung, wenn du etwas Gutes geschafft hast;
2. Arbeit pro Zeit.

Linie
1. Bei der U-Bahn gibt es die Linie 1;

	2. ... kann mit einem Stift gezeichnet werden.
Lösung	1. Brauchen wir für ein Problem;
	2. Gibt uns an, was aus einer Gleichung folgt;
	3. Zucker im Wasser ergibt eine Zucker-Lösung.
Masse	1. Was *sehr viel* ist, heißt manchmal *große Masse*;
	2. Die Masse eines Körpers ist schwer und träge.
Mechanik	1. ... lässt Maschinen richtig funktionieren;
	2. Teil der Physik, beschreibt Kräfte und Bewegungen.
Orbit	1. Bahnkurve;
	2. Die sich um die Erde bewegenden Satelliten sind im Orbit.
Ort	1. Ein Platz, wo du etwas findest, eine Ortschaft;
	2. Position eines sich bewegenden Körpers, der Ortsvektor zeigt von einem Ursprung zur Position.
Parabel	1. Eine Geschichte;
	2. Einfache Kurve, y ist gleich x zum Quadrat.
Phase, Phasen	1. Der Mond hat eine zunehmende und eine abnehmende Phase;
	2. Wasser existiert nicht nur in der flüssigen Phase, sondern hat auch eine gasförmige und eine feste Phase;
	3. Bei periodischen Funktionen bestimmt die Phase, wo der Zeitnullpunkt liegt.
Potenz	1. Können und Macht;
	2. Die hochgestellte Zahl gibt an, wie oft eine Zahl oder eine physikalische Größe mit sich selbst multipliziert wird.
Quadrat	1. Ein Rechteck mit gleich langen Seiten;
	2. Die zweite Potenz einer Zahl oder einer physikalischen Größe.
Quanten	1. Teile, Portionen;
	2. Kleinste Einheiten der Energie.
Quantensprung	1. Übergang eines Atoms von einem Energiezustand in einen anderen unter Aussendung von Licht;
	2. Eine für wichtig gehaltene Veränderung außerhalb der Physik.

Raum	1. Ein Zimmer;
	2. Der Weltraum;
	3. Ortsvektoren im dreidimensionalen Raum.
Schwankung	1. wackeln, hin- und herbewegen;
	2. Abweichung eines Messwertes von einem Mittelwert.
Spannung	1. ... bietet ein interessanter Film;
	2. Bestimmt die Höhe des Tones einer Geigensaite;
	3. Die elektrische Spannung wird in *Volt* angegeben.
Steigung	1. Einer Straße, merkst du beim Fahrrad fahren;
	2. Gibt an, wie eine gezeichnete Kurve ansteigt; Ableitung.
System	1. Etwas Zusammenhängendes;
	2. Mehrere miteinander betrachtete Teilchen oder Körper;
	3. Ein Koordinatensystem.
Trägheit	1. Fast Faulheit;
	2. Widerstand einer Masse gegen Änderung ihrer Bewegung.
Ursprung	1. Der Anfang;
	2. Nullpunkt eines Koordinatensystems.
Weg	1. Wo du gehen und fahren kannst;
	2. Eine gedachte Kurve, auf der sich ein Gegenstand bewegt.
Wirkung	1. ... des Medikaments, hilft dir hoffentlich;
	2. Arbeit mal Zeit, nicht verwechseln mit der Leistung.
Wurzel	1. Eine Pflanze hat eine Wurzel;
	2. Die Wurzel aus 9 ist 3, weil 3 mal 3 gleich 9 ist. Die Wurzel ist die *Umkehr-Operation* zum Quadrieren.

A.2 Physiker und Mathematiker, Astronomen, Chemiker und Ingenieure

Geordnet nach Geburtsjahr, angegeben sind: Ort der Geburt; Jahr und Ort des Todes.

Archimedes	*285 v. Chr. (vor Christi Geburt) Syrakus, Sizilien (heute Italien); †212 v. Chr. Syrakus
Nikolaus Kopernikus	*1473 Thorn, Preußen (heute Polen); †1543 Frauenberg, Preußen (heute Polen)
Tycho Brahe	*1546 Schloss Knutstorp, Schonen, Dänemark (heute Schweden); †1601 Prag, Böhmen (heute Tschechien)
Galileo Galilei	*1564 Pisa, Italien; †1642 Arceti bei Florenz, Italien
Johannes Kepler	*1571 Weil der Stadt, Deutschland; †1630 Regensburg, Deutschland
Christiaan Huygens	*1629 Den Haag, Holland; †1695 Den Haag, Holland
Isaac Newton	*1643 Woolsthorpe, England; †1727 Kensington, England
Gottfried Leibniz	*1646 Leipzig, Deutschland; †1716 Hannover, Deutschland
Leonhard Euler	*1701 Basel, Schweiz; †1783 St. Petersburg, Russland
Jean le Rond d' Alembert	*1717 Paris, Frankreich; †1783 Paris, Frankreich
Henry Cavendish	*1731 Nizza, Frankreich; †1810 London, England
Joseph-Louis Lagrange	*1736 Turin, Italien; †1813 Paris, Frankreich
Charles Auguste de Coulomb	*1736 Angoulème, Frankreich; †1806 Paris, Frankreich
James Watt	*1736 Greenock, Schottland; †1819 Heathfield bei Birmingham, England
Carl Friedrich Gauß	*1777 Braunschweig, Deutschland; †1855 Göttingen, Deutschland

Joseph von Fraunhofer	*1787 Straubing, Deutschland; †1826 München, Deutschland
Gaspard de Coriolis	*1792 Paris, Frankreich; †1843 Paris, Frankreich
Heinrich Gustav Magnus	*1802 Berlin, Deutschland; †1870 Berlin, Deutschland
William Rowan Hamilton	*1805 Dublin, Irland; †1865 Dunsink, Irland
Joseph Liouville	*1809 Saint-Omer, Frankreich: †1882 Paris, Frankreich
Jean Bernard Leon Foucault	*1819 Paris, Frankreich; †1868 Paris, Frankreich
James Clerk Maxwell	*1831 Edinburgh, Schottland; †1879 Cambridge, England
Ernst Mach	*1838 Brünn, Mähren, Österreich (heute Tschechien); †1916 Vaterstetten bei München, Deutschland
Ludwig Boltzmann	*1844 Wien, Österreich; †1906 Triest, Österreich (heute Italien)
Henri Poincaré	*1854 Nancy, Frankreich; †1912 Paris, Frankreich
Heinrich Hertz	*1857 Hamburg, Deutschland; †1894 Bonn, Deutschland
Max Planck	*1858 Kiel, Deutschland; †1947 Göttingen, Deutschland
Walther Nernst	*1864 Briesen, Westpreußen (heute Polen); †1941 Zibelle, Oberlausitz, Deutschland (heute Polen)
Arnold Sommerfeld	*1868 Königsberg, Ostpreußen, Deutschland (heute Kaliningrad, Russland); †1951 München, Deutschland
Ernest Rutherford	*1871 Spring Grove, Neuseeland; †1937 Cambridge, England
Albert Einstein	*1879 Ulm, Deutschland; †1955 Princeton, USA
Max von Laue	*1879 Pfaffendorf, Koblenz, Deutschland; †1960 Berlin, Deutschland
James Franck	*1882 Hamburg, Deutschland; †1964 Göttingen, Deutschland

Max Born	*1882 Breslau, Deutschland (heute Wroclaw, Polen); †1970 Göttingen, Deutschland
Emmy Noether	*1882 Erlangen, Deutschland; †1935 Bryn Mawr, Pennsylvania, USA
Victor Hess	*1883 Schloss Waldstein, Steiermark, Österreich; †1964 Mount Vernon, New York, USA
Niels Bohr	*1885 Kopenhagen, Dänemark; †1962 Kopenhagen, Dänemark
Erwin Schrödinger	*1887 Wien, Österreich; †1961 Alpbach, Tirol, Österreich
Gustav Hertz	*1887 Hamburg, Deutschland; †1975 Berlin, Deutschland
Otto Stern	*1888 Sorau, Schlesien, Deutschland (heute Polen); †1969 Berkeley, Kalifornien, USA
Walther Gerlach	*1889 Biebrich bei Wiesbaden, Deutschland; †1979 München, Deutschland
Louis Victor Prince de Broglie	*1892 Dieppe, Normandie, Frankreich: †1987 Louvecienne bei Versailles, Frankreich
Satyendranath Bose	*1894 Kalkutta, Indien; †1974 Kalkutta, Indien
Wolfgang Pauli	*1900 Wien, Österreich; †1958 Zürich, Schweiz
George Eugene Uhlenbeck	*1900 Batavia, Holländisch Ostindien (heute Jakarta, Indonesien); †1988 Boulder, Colorado, USA
Werner Heisenberg	*1901 Würzburg, Deutschland; †1976 München, Deutschland
Enrico Fermi	*1901 Rom, Italien; †1954 Chicago, USA
Paul Dirac	*1902 Bristol, England; †1984 Tallahassee, USA
Samuel Goudsmid	*1902 den Haag, Holland; †1978 Reno, Nevada, USA

Eugene Paul Wigner	*1902 Budapest, Ungarn; †1995 Princeton, New Jersey, USA
Carl David Anderson	*1905 New York, NY, USA; †1991 Los Angeles, California, USA
Hans Albrecht Bethe	*1906 Strassburg, Deutschland (heute Frankreich); †2005 Ithaka, New York, USA
Chien-Shiung Wu	*1912 Liuho, China: †1997 New York City, USA
Richard Feynman	*1918 Manhattan, New York, USA; †1988 Los Angeles, California, USA
Chen Ning Yang	*1922 Hefei, Anhui, China
Tsung Dao Lee	*1926 Shanghai, China

Bildnachweis

Zeichnungen von Rita Hess: Abb. 2.1, 2.2, 2.3, 2.4, 2.5, 2.6, 2.7, 2.9, 2.11, 2.18, 2.22, 2.23, 2.24, 2.32, 2.59, 3.24, 3.25.

Zeichnung von Killian Hess: Abb. 2.12.

Zeichnungen von Siegfried Hess: Abb. 2.13, 2.14, 2.15, 2.27, 2.29, 2.30, 2.33, 2.34, 2.43, 2.45, 2.53, 2.56, 2.66, 3.13, 3.16, 3.17, 3.20, 3.21, 3.22, 4.2, 4.3, 4.4, 4.5.

Computer-Grafiken des Autors: Abb. 2.10, 2.16, 2.17, 2.19, 2.20, 2.21, 2.28, 2.31, 2.35, 2.37, 2.38, 2.39, 2.40, 2.41, 2.42, 2.44, 2.46, 2.47, 2.48, 2.49, 2.50, 2.51, 2.52, 2.57, 2.58, 2.60, 2.62, 2.63, 2.64, 2.65, 3.1, 3.9, 3.10, 3.14, 3.18, 5.1, 5.3.

Geldscheine im Besitz des Autors: Abb. 2.55, 3.12.

Archiv der Max Planck Gesellschaft, Berlin-Dahlem: Abb. 3.2, 3.3, 3.4, 3.5, 3.6, 3.7, 3.8, 3.11, 3.15, 3.19, 3.23, 4.6, 5.2.

Universitätsarchiv Göttingen: Abb. 4.1.

Fotografie Sigmund Knoll: Abb. 2.25.

Vorlage aus Wikipedia: Abb. 2.8, 2.26, 2.36 (NASA), 2.54, 2.61.

Nachwort

Hier hast du viel über Mechanik und Quanten-Mechanik erfahren. Zu den Grundlagen der Physik, wie zum Kurs *Theoretische Physik*, gehören noch *Elektrodynamik und Optik* und *Thermodynamik und Statistische Physik*. Die Grundlagen brauchen wir für die Physik der Elementar-Teilchen und Atom-Kerne, der Atome und Moleküle, die uns helfen zu verstehen, *was die Welt im Innersten zusammenhält*. Mechanik und Quanten-Mechanik brauchen wir auch für die *Physik der kondensierten Materie*, die uns die Eigenschaften von Flüssigkeiten und Festkörpern erklärt. Was wir gelernt haben in der Mechanik und Quanten-Mechanik, findet Anwendung in Astro-Physik, Geo-Physik, in der Chemischen Physik, Bio-Physik und in der Medizinischen Physik.

Physiker haben gelernt, auch komplizierte Vorgänge zu beschreiben und mit Gleichungen zu modellieren und zu behandeln. Diese Erfahrungen setzen sie auch außerhalb der Physik ein, zum Beispiel beim Studium der Ausbreitung von ansteckenden Krankheiten, bei Finanzgeschäften der Versicherungen und dem Handel der Banken mit Aktien. Auch zur Lenkung von Verkehrsströmen auf Straßen und Autobahnen und von Menschen bei großen Veranstaltungen wenden Physiker mathematische Methoden an, die ursprünglich für physikalische Probleme benutzt wurden.

Ein Wort des Physikers Friedrich Hund (1896–1997) zum Abschluss:

> Wer heute Forscher auf dem Gebiete der Physik werden will, muss sich an *das Komplizierte* wagen. Erfolg wird aber nur haben, wer auch *die Begriffe der einfachen Physik* durchdacht hat.

Opa, was macht ein Physiker? Erste Auflage. Siegfried Hess.
© 2014 WILEY-VCH Verlag GmbH & Co. KGaA. Published 2014 by WILEY-VCH Verlag GmbH & Co. KGaA.

Dank

Opas Dank geht zuerst an die Enkelkinder. Lea und Jonas gaben den Anstoß zu diesem Buch, haben viele Physik-Geschichten angehört, kleine Experimente gemacht und auch Fragen gestellt, die mich überrascht und zum Nachdenken angeregt haben. Rita hat viele Zeichnungen angefertigt und wollte stets wissen: »Wieso und warum?« Die ersten Zeichnungen entstanden schon im Jahre 2010, die letzten 2013. In drei Jahren hat der Stil sich altersgemäß gewandelt, das zeichnerische Können hat sich weiter entwickelt. Den Eltern der Enkelkinder, Gabi und Vincent, Heike und Ortwin, danke ich für Unterstützung und hilfreiche Kritik.

Mein besonderer Dank gilt Valerie Moliere, Consultant Senior Commissioning Editor beim Wiley-VCH Verlag. Sie griff die Idee zu diesem Buch-Projekt begeistert auf, als ich ihr und Prof. Ingo Fischer das erste Mal davon erzählte. Valerie Moliere hat mit viel Geduld und fördernder Kritik das Werden und Wachsen des Manuskriptes begleitet und eine frühe Version einigen anonymen Gutachtern vorgelegt. Auch diesen Gutachtern danke ich für manche nützliche Anmerkungen und Hinweise. Eine spätere Version haben Prof. Sabine Klapp, Dr. Jost Lemmerich, Dr. Klaus Matthäus und Josef Ritter begutachtet und kommentiert. Sabine Klapp danke ich für motivierende Unterstützung. Aus seiner profunden Kenntnis der Geschichte der Physik gab Jost Lemmerich viele hilfreiche Hinweise. Klaus Matthäus, Buchhändler und interessiert an der Geschichte der klassischen Physik und Astronomie, war ein ausgezeichneter Test-Leser. Josef Ritter, Gymnasial-Lehrer für Mathematik und Physik, hat dankenswerterweise das Manuskript in seiner Schule an Kollegen und Schüler weitergereicht und mir viele hilfreiche Kommentare übermittelt. Die positiven Reaktionen der Jugendlichen haben mich ermutigt.

Dem Wiley-VCH Verlag danke ich für die Aufnahme dieses Buches in die Reihe *Erlebnis Wissenschaft*. Ich danke Frau Dr. Waltraud Wüst für die betreuende Begleitung bei der Fertigstellung des Buches, für die Umbenennung des Arbeitstitels von »KinderPhysik« in »OpaPhysik«, schließlich erzählt hier ja »Opa« die Physik für »Jung und Alt«. Der Max-Planck-Gesellschaft danke ich für die Erlaubnis, Fotografien aus dem Archiv in Berlin-Dahlem als Vorlage für Bilder im Buch zu verwenden. Dabei gilt insbesondere mein Dank Dipl. Bibl. Susanne Uebele für ihre Hilfe und Unterstützung bei der Auswahl der Bilder.

Herrn Dr. Ulrich Hunger vom Universitätsarchiv Göttingen danke ich für das Foto von Emmy Noether. Sigmund Knoll hat dankenswerterweise Kopernikus auf dem Denkmal in Krakau fotografiert.

Last, but not least, danke ich meiner Frau Anita ganz herzlich. Ihre Anteilnahme und der motivierende Zuspruch waren wesentlich für das Werden und Gedeihen dieses Buch-Projekts.

Stichwortverzeichnis